ABHANDLUNGEN DER DEUTSCHEN AKADEMIE
DER WISSENSCHAFTEN ZU BERLIN

Klasse für Bergbau, Hüttenwesen und Montangeologie
Jahrgang 1962 Nr. 1

BERICHT

ÜBER DAS
3. LÄNDERTREFFEN DES INTERNATIONALEN BÜROS FÜR GEBIRGSMECHANIK

Rahmenthema

Kritische Einschätzung gebirgsmechanischer Modellversuche und die Grenzen ihrer praktischen Anwendbarkeit

Leipzig, 31. Oktober bis 4. November 1961

Herausgegeben von
Prof. Dr.-Ing. GEORG BILKENROTH
Leiter des Internationalen Büros für Gebirgsmechanik

Bearbeitet von
Dr.-Ing. KARL-HEINZ HÖFER
Wissenschaftlicher Sektretär des Internationalen Büros für Gebirgsmechanik

Mit 124 Abbildungen

AKADEMIE-VERLAG · BERLIN
1962

Vorgelegt von Hrn. BILKENROTH in der Klassensitzung vom 26. 4. 1962

Zum Druck genehmigt am gleichen Tage, ausgegeben am 2. 10. 1962

Erschienen im Akademie-Verlag GmbH, Berlin W 8, Leipziger Straße 3—4

Lizenznummer: 202 . 100/747/62
Gesamtherstellung: VEB Druckerei „Thomas Müntzer" Bad Langensalza
Bestellnummer 2001/62/III/1 · ES 20 F 1, 18 F 2, 18 E 2 · Preis: DM 32,—

INHALTSVERZEICHNIS

Referate zum Thema

Kritische Einschätzung gebirgsmechanischer Modellversuche und die Grenzen ihrer praktischen Anwendbarkeit

Zum 3. Ländertreffen des Internationalen Büros für Gebirgsmechanik vorgelegte Arbeiten

Wissenschaftliche Aussprache

Arbeitsprogramm · Schlußwort

Exkursion in den Mansfelder Kupferschieferbergbau

BEGRÜSSUNGSANSPRACHE

des Leiters des Internationalen Büros für Gebirgsmechanik bei der Deutschen Akademie der Wissenschaften zu Berlin, Herrn Professor Dr.-Ing. G. Bilkenroth

Meine sehr geehrten Herren!

Das Internationale Büro für Gebirgsmechanik bei der Deutschen Akademie der Wissenschaften zu Berlin hatte in diesem Jahr zu seinem 3. Ländertreffen eingeladen. Sie haben dieser schon fast traditionellen Einladung zur gemeinsamen Diskussion gebirgsmechanischer Probleme Folge geleistet, und ich freue mich, Sie hier in Leipzig recht herzlich begrüßen zu können.

Gleichzeitig darf ich Ihnen für das dem „Internationalen Büro für Gebirgsmechanik" bezeugte Vertrauen und für Ihre bisherige Mitarbeit und Unterstützung danken. Obwohl die Tätigkeit des Internationalen Büros für Gebirgsmechanik erst seit der Internationalen Gebirgsdrucktagung 1958 in Leipzig datiert, genießt seine Arbeit doch schon allgemeine Anerkennung und wird in vielen Ländern mit großem Interesse verfolgt. Die Deutsche Akademie der Wissenschaften zu Berlin selbst und sein Präsidium verfolgen mit größter Aufmerksamkeit diese für die Grundlagen des Bergbaues und der Geomechanik so wichtige Arbeit und unterstützen sie im höchsten Grade. Es ist mir deshalb eine besonders angenehme Pflicht, in unserer Mitte den Präsidenten der Deutschen Akademie der Wissenschaften zu Berlin,

Herrn Professor Dr. W. Hartke,

begrüßen zu können, der es trotz seiner großen anderweitigen wissenschaftlichen und dienstlichen Verpflichtungen ermöglicht hat, heute zu uns zu kommen.

Hochverehrter Herr Präsident!

Ich darf Ihnen an dieser Stelle für die dem Internationalen Büro für Gebirgsmechanik gewidmete Aufmerksamkeit und gegebene Hilfe danken. Ich bitte Sie, sich persönlich über die Art der Arbeit des Internationalen Büros für Gebirgsmechanik zu informieren, und ich darf der Hoffnung Ausdruck geben, daß die Deutsche Akademie der Wissenschaften zu Berlin auch für die künftige Tätigkeit des Büros Ihre wertvolle Unterstützung leiht.

Als Gast begrüße ich besonders

Herrn Vizeminister Professor Dr. Krupinski,

Vorsitzender des Bergbaurates des Staatsrates der Volksrepuplik Polen.

Herr Professor Krupinski ist uns kein Unbekannter. Seine wissenschaftlichen Arbeiten über Lagerstättenberechnungen und über die Projektierung von Bergwerksanlagen sind weit über die Grenzen der Volksrepublik Polen bekannt. Seine Arbeit im Internationalen Bergbau-Komitee hatte den Bergleuten aller Länder Gelegenheit gegeben, Herrn Professor Krupinski als Initiator auf den großen Internationalen Bergbaukongressen kennenzulernen. Ich darf Ihnen, Herr Minister, für Ihre Teilnahme am 3. Ländertreffen herzlich danken und hoffe, daß die persönliche Überzeugung Ihren Eindruck über die Notwendigkeit der internationalen Zusammenarbeit auf dem wichtigen Gebiet der Gebirgsmechanik verstärkt, den Sie bisher durch die entsprechenden Berichte von der Arbeit des Internationalen Büros für Gebirgsmechanik bekommen haben.

Meine sehr geehrten Herren! Zu unserem 3. Ländertreffen darf ich nunmehr die Wissenschaftler und Ländervertreter begrüßen, die bereits an den bisherigen Ländertreffen teilgenommen haben und ständig als Mitarbeiter an den Aufgaben des I.B.G. tätig sind.

Es sind dies:

Aus der Sowjetunion
die Herren PANOV und
PROTODJAKONOV

aus der Volksrepublik Polen
die Herren KNOTHE und
LITWINISZYN

aus der Tschechoslowakischen Sozialistischen Republik
die Herren KVAPIL
SIBEK und
KOHOUTEK

aus der Volksrepublik Ungarn
die Herren MARTOS und
RICHTER

aus der Rumänischen Volksrepublik
Herr FODOR

aus Großbritannien
Herr WARDELL

aus Belgien
die Herren STASSEN und
LIEGOIS

aus der Westdeutschen Bundesrepublik
die Herren EVERLING
MOHR und
WÖHLBIER

sowie aus der Deutschen Demokratischen Republik
die Herren BERGER
GIMM
KRÜGER
MEISSER
NEUBERT
ROTTER und
WATZNAUER.

Erstmalig in unserem Kreise vertreten sind folgende Herren, die ich hiermit herzlich begrüße und sie Ihnen damit gleichzeitig vorstellen darf:

Herrn Dr. DENKHAUS,
Direktor des National Mechanical Engineering Research Institute,
Pretoria/Republik Südafrika.

Herr Dr. DENKHAUS ist uns allen durch seine wissenschaftlichen Arbeiten längst bekannt, insbesondere durch seine Arbeiten auf dem Gebiete der Gebirgsschlagforschung in den tiefen Gruben Südafrikas und speziell als Mitarbeiter des Internationalen Büros für Gebirgsmechanik durch das ausgezeichnete Referat, das er zum 2. Ländertreffen einreichte. Wir freuen uns um so mehr, Herrn Dr. DENKHAUS begrüßen zu können, als er die große Entfernung von Pretoria nach Leipzig nicht gescheut hat und nunmehr an unserem Treffen teilnimmt.

Auch Herr Professor SCHWARTZ, Direktor der Bergakademie Nancy/Frankreich, ist uns kein Unbekannter. Schon zur Gebirgsdrucktagung 1958 hatten wir Gelegenheit, Herrn SCHWARTZ als Befürworter einer engen internationalen Zusammenarbeit auf dem Gebiete der Gebirgsmechanik kennenzulernen. Dieses Interesse ist durch seine Teilname an unserem 3. Ländertreffen nunmehr besonders unterstrichen worden, und ich wünsche, daß die hier neugesponnenen persönlichen Kontakte zu einer recht engen Mitarbeit mit unserem Büro führen werden. In diesem Sinne begrüße ich Sie, Herr Professor SCHWARTZ, recht herzlich und ebenfalls Ihren Mitarbeiter, Herrn Ingenieur CHAMBON.

Mit Wissenschaftlern aus Schweden hatte das I.B.G. schon seit seiner Gründung guten Kontakt. Zu jedem Ländertreffen war ein Vertreter von Herrn Professor JANELID anwesend. Um so mehr freue ich mich, daß

Herr Professor JANELID

von der Königlich-Technischen Hochschule in Stockholm es jetzt ermöglicht hat, selbst an unserem 3. Ländertreffen teilzunehmen.

Vom National Coal Board, London, ist als Vertreter von Herrn TANFIELD,

Herr Ingenieur HERNE

zu uns gekommen, den ich hier ebenfalls begrüße und vorstelle.

Des weiteren darf ich begrüßen als Gäste aus der Volksrepublik Ungarn

Herrn Ingenieur RÓZSA,
Abteilungsleiter im Projektierungsbüro für Tiefbau in Budapest und

Herrn Professor SZECHY,
von der Technischen Hochschule in Budapest.

Beide Herren sind Spezialisten der verwandten Gebiete des Grund- und Tunnelbaues.

Ebenfalls auf dem Gebiete der Geomechanik arbeitet

Herr Professor KOBLISKA
von der Fakultät für Bergbau und Geologie der Universität Beograd,

den ich hiermit begrüße und vorstelle.

Aus der Volksrepublik Bulgarien sind die

Herren Professor GANEV und
POPJORDANOV sowie
Ingenieur MINČEV

vom Institut für Bergbau und Geologie der Bulgarischen Akademie der Wissenschaften, Sofia, erstmalig in unserem Kreis vertreten, die ich hiermit vorstelle und auf das herzlichste begrüße.

Eine Reihe von Mitarbeitern unseres Büros konnte leider aus dienstlichen oder persönlichen Gründen nicht an unserem 3. Ländertreffen teilnehmen. Sie haben dies außerordentlich bedauert, wie es in den vorliegenden Schreiben zum Ausdruck gebracht worden ist. Es handelt sich um folgende Herren:

Minister für Kohle und Elektrische Energie
Dr. B. Almăsan, Bukarest,
Professor Averšin, Leningrad,
Direktor Ing. Balla, Prag
Dr. Bendel, Luzern
Professor Borecki, Katowice
Dr. de Braaf, Hoensbroek-Treebeck
Professor Gogala, Ljubljana
Direktor Hill, Johannesburg
Professor Hiramatsu, Kyoto
Dr. Hochstetter, Wien
Dr. Jacobi, Essen
Dr. Müller, Salzburg
Direktor Petyreek, Prag,
Professor Potts, Newcastle
Direktor Tanfield, London
Professor Oberti, Bergamo
Dr. Goffi, Bergamo.

Ich darf Ihnen vorschlagen, daß wir diesen, unseren Mitarbeitern im Büro, von unserer Tagung ein Grußtelegramm übersenden, in dem wir unser Bedauern über die Verhinderung an der Teilnahme zum Ausdruck bringen.

Meine Herren! Ich darf Sie alle nochmals herzlich willkommen heißen und wünsche, daß die kommenden arbeitsreichen Tage für uns alle fruchtbar sein werden und daß außer den fachlichen Verbindungen auch die persönlichen Kontakte weiter gepflegt werden mögen.

Ich darf feststellen, daß den personengebundenen Einladungen zum 3. Ländertreffen des I.B.G. Wissenschaftler aus 14 Ländern Folge geleistet haben. Die Vertreter dieser Länder repräsentieren Leiter und Mitarbeiter der namhaftesten gebirgsmechanischen Forschungsstellen und Wissenschaftler oder Praktiker des Bergbaues und der Geomechanik mit großen langjährigen Erfahrungen. Dies berechtigt uns zu der Hoffnung, daß wir die Aufgabe

> „Kritische Einschätzung gebirgsmechanischer Modellversuche und die Grenzen ihrer praktischen Anwendbarkeit"

mit gutem Erfolg lösen werden.

Ich kann das 3. Ländertreffen nicht besser eröffnen als mit den Schlußworten des Schreibens, in dem der Ihnen allen bekannte österreichische Geomechaniker Herr Dr. Müller aus Salzburg mir gestern seine in letzter Minute notwendige Absage begründete:

> „So wünsche ich, für den Fall, daß es dabei bleiben sollte, daß ich verhindert bin, dem Ländertreffen einen guten Verlauf und fruchtbare Diskussionen und bitte Sie, allen Teilnehmern meine ergebensten Grüße zu entrichten.
> Gerade in einer Zeit, in welcher es politisch so schwierig erscheint, das Entstehen von Spannungen zwischen den Völkern zu verhindern, sollen wir Wissenschaftler, die sich untereinander besser verständigen können, uns aufgerufen fühlen, Brücken von Mensch zu Mensch und damit auch von Volk zu Volk zu schlagen!"

BEGRÜSSUNGSANSPRACHE

des Präsidenten der Deutschen Akademie der Wissenschaften zu Berlin, Professor Dr. WERNER HARTKE

Meine Herren!

Die Deutsche Akademie der Wissenschaften zu Berlin hat die Ehre, der Patron Ihres Gelehrtenkreises zu sein und Ihnen bei Ihren Arbeiten durch die Organisation des Internationalen Büros für Gebirgsmechanik Hilfe zu leisten.

Heute ist das 3. Ländertreffen dieses Büros eröffnet, und unser Präsidium beschloß, den Präsidenten aus diesem Anlaß zu entsenden.

Zur Einleitung des zweiten Ländertreffens im Jahre 1960 wies der Leiter des Büros, unser Mitglied, Herr BILKENROTH, darauf hin, daß die Akademie mit einem zunehmenden Interesse Ihre Arbeiten beobachtet, von den bedeutenden Ergebnissen Kenntnis genommen hat und auf Grund dieser Feststellungen alle erforderlichen Mittel zur Verfügung hält. Meine Anwesenheit als Präsident am heutigen Tage soll ein repräsentatives Bekenntnis der Akademie zu Ihrer Arbeit bilden, meine sehr verehrten Herren.

Die Akademie kam 1958 der Bitte der Leipziger Internationalen Gebirgsdrucktagung, veranstaltet von unserer Sektion für Bergbau, nach, gründete das Büro und ernannte unser Mitglied BILKENROTH zu seinem Leiter. Rein zahlenmäßig zeigt sich der rasche Aufstieg dieses Büros darin, daß 1959 Wissenschaftler aus 16 Bergbauländern, 1960 Wissenschaftler aus 21 Bergbauländern sich beteiligten, und die eindrucksvolle Zahl über die Anwesenheit von Vertretern auf dieser Tagung hat Herr BILKENROTH eben bekanntgegeben.

Meine Herren! Das Büro und seine regelmäßigen Treffen stellen eine sehr intensive Form moderner wissenschaftlicher Arbeit dar. Sie meine Herren, haben wiederholt in Ihren Beratungen, wie ich aus den gedruckten Berichten ersehen habe, über das Verhältnis zu den großen wissenschaftlichen Tagungen sich geäußert und die Notwendigkeit solcher großen wissenschaftlichen Tagungen nicht bestritten. Lassen Sie mich aber offen sagen, daß nach meiner Meinung der Typ der großen Kongresse immer mehr überholt wird. Auf diesem Wege der großen Kongresse würde man ja bei der ungeheuren geographischen Ausbreitung der Wissenschaften, bei dem Eintritt immer neuer Völker in die wissenschaftliche Arbeit zu Mammutkongressen kommen, von denen niemand mehr Nutzen hätte.

Ihre Zusammenkünfte haben den Zweck, in kleinerem Kreise von großen Experten in einer offenen Diskussion spezielle, aber in allen Ländern auftretende Probleme der Gebirgsdruckforschung zu behandeln, und auf diesem Wege hat man offensichtlich rasch eine bessere Arbeit auf diesem wichtigen Fachgebiet erreicht, hat die wissenschaftlichen Erkenntnisse erweitert und vertieft. Ihre Erfahrungen, meine Herren, decken sich mit denen auf anderen Fachgebieten, die wir in der Akademie beobachten können, und zwar gerade mit Erfahrungen auf Gebieten einer besonders neuartigen Thematik. Auch glaube ich — und darauf möchte ich Ihre Aufmerksamkeit heute lenken, weil sie mir am Herzen liegt —, daß die von Ihnen angewandte Art besonders der Förderung des Nachwuchses dienen kann. Und wir alle hier in dieser Sitzung sind ja doch gehalten, uns biologisch einmal überflüssig zu machen, und wir müssen deswegen an das Heranwachsen junger Kräfte denken.

Ihre Diskussionen haben in komplexer Beratungsweise nach den Gesetzmäßigkeiten in den Erscheinungen gesucht, die überall in der Welt und in allen Formen des Bergbaues auftreten. Es geht darum — wie Herr Panov es sagte —, nach einer Systematik auf diesem Gebiet zu suchen.

Das Büro hat sich bisher mit drei Themenkreisen beschäftigt:

1. Methoden der Verformungs- und Spannungsmessungen in den verschiedenen Ländern, und damit ist das Grundprinzip aller exakten Wissenschaft, das Messen, zur Debatte gestellt;

2. die Methodik der Festigkeitsuntersuchungen in den verschiedenen Ländern;

3. — heute in dieser Tagung — die kritische Einschätzung gebirgsmechanischer Modellversuche und die Grenzen ihrer praktischen Anwendbarkeit.

Sehr beachtenswert, außer dieser Thematik, scheint mir Ihre Methode, Kommissionen für spezielle Forschungsthemen zu bilden: Problemkommissionen für Begriffsbestimmung und Gerätetechnik, für bestimmte Messungen und Festigkeitsuntersuchungen.

In diesen von mir ganz kurz aus der Geschichte Ihres Büros wiedergegebenen Entwicklungsstufen spiegelt sich meiner Meinung nach das Wesen Ihrer Arbeit wider: Die bergmännische Gebirgsmechanik beschäftigt sich mit den Störungen des ursprünglichen Gleichgewichts der Erdkruste durch die Schaffung bergbaulicher Hohlräume und mit den dadurch hervorgerufenen Erscheinungen. Damit ist eine wissenschaftliche Schlüsselproblematik technischer, ökonomischer und sicherheitlicher, d. h. aber humanitärer Art, verbunden. Bei der Lösung dieser Probleme bewährt sich die Wissenschaft zu einem neuen Male als die moderne Produktivkraft. Sie verbindet nämlich die exakte Erforschung ungelöster Probleme der Natur mit der Perspektivforschung über prinzipiell gelöste Fragen, mit der Erprobung der Technologie und mit den großen humanitären Komplexen der menschlichen Wohlfahrt, der Kultur und des menschlichen Bewußtseins, deren Grundlage in dem konkreten Fall die Sicherheit des arbeitenden Menschen bildet.

Diese wissenschaftlichen Arbeiten beruhen auf exakter, intensiver und komplexer Methodik. Die angewandten exakten Methoden sind Ihnen bekannt. Aber gestatten Sie, daß ich sie der Systematik halber hier noch einmal wiederhole.
Es handelt sich um folgendes:

1. Makroskopische Beobachtung unter Tage,
2. meßtechnische Untersuchungen in situ,
3. Festigkeitsuntersuchungen,
4. Modellversuche,
5. nicht zuletzt theoretisch-mathematische Untersuchungen.

Die Lösung solcher Fragen erfordert eine gute Zusammenarbeit von Wissenschaftlern der verschiedensten naturwissenschaftlichen Fachgebiete. Darüber hinaus ist auch ein wissenschaftlicher Erfahrungsaustausch im internationalen Maßstab wegen der Mannigfaltigkeit der in den verschiedensten Bergbauzweigen und Revieren auftretenden Erscheinungen von größtem Wert.

Obwohl Ihr Büro in der Hauptsache Fragen der Gebirgsmechanik behandelt, arbeiten in ihm auch Fachleute vieler anderer Gebiete mit, die komplexweise damit zusammenhängen, wie Felsmechanik, Tunnel- und Talsperrenbautechnik, Baugrund- und Bodenerforschung; denn deren Probleme berühren sich eng mit der Gebirgsmechanik und benötigen dieselben wissenschaftlichen Grundlagen. Ihr Leiter hat mit Recht vorhin angedeutet, durch einen bestimmten Ausdruck, daß sich damit Ihre Arbeit zu einer Geomechanik erweitert hat.

Ich habe diesen Überblick über Ihre Arbeiten gegeben — und für die Teilnehmer sicherlich Bekanntes wiederholt —, weil damit grundsätzliche Fragen der Wissenschaft zu beantworten sind: Das höchste Organ unseres Staates, der Staatsrat, hat kürzlich in einer Erklärung formuliert, daß Forschung und Technik als gleichberechtigte Teile der Wissenschaft bei uns anerkannt sind und als solche die Basis unserer ganzen Volkswirtschaft und ihrer Erfolge bilden.

Mir scheint, für die deutsche Wissenschaft ist damit erstmalig eine klare Definition auf diesem Gebiet gefunden und ausgesprochen worden.

Die Praxis unserer Akademie hat sich seit 1945 in dieser Richtung entwickelt. Sie hat sich damit von der traditionellen Form der deutschen Akademien des 19. Jahrhunderts entfernt. Unsere Akademie glaubt aber, damit einer gesetzmäßigen Notwendigkeit zu folgen. Sie betrachtet Ihr Büro, meine Herren, als ein fruchtbares Element solcher akademischer Arbeit, einer akademischen Arbeit, die, auf wissenschaftlichen Prinzipien aufgebaut, der Ökonomie und der Herausbildung der Gesellschaftsordnung dient. Unsere Akademie betrachtet schließlich auch das von Ihnen hier demonstrierte Prinzip gleichberechtigter, freier Zusammenarbeit als wesentliche Grundlage aller Wissenschaft, wie es der guten Tradition der Akademien entspricht, und hält es für eine wesentliche Aufgabe jeder Gesellschaftsordnung, diese Zusammenarbeit zu ermöglichen.

Unsere Akademie begrüßt darum Ihr Kommen, meine Herren. Sie teilt Ihren damit bekundeten Optimismus, daß die gegenwärtigen Spannungen in der Welt keinen letalen Charakter besitzen.

Die Wissenschaft — sage ich — wird immer mehr zur entscheidenden Produktivkraft. Wissenschaftler besetzen darum aber auch die höchsten Positionen in den Staaten in immer höherem Maße. Sie sind bei uns in der höchsten Repräsentanz des Staates, im Staatsrat, vertreten. Die Völker aber wollen mit den Wissenschaftlern die Fortentwicklung der Menschheit und nicht ihr Ende. Dieser Wille setzt sich durch. Die Wissenschaft als Produktivkraft wirkt zugleich auch als politische Kraft des Friedens.

Zum Schluß möchte ich namens der Akademie, aber ich denke auch in Ihrer aller Namen, bei der Eröffnung dieses 3. Ländertreffens unserem Mitglied, Herrn BILKENROTH, dem Leiter Ihres Büros, für seine hervorragenden Leistungen bei der Organisation des Büros und der Treffen herzlich danken. Herr BILKENROTH ist zugleich ein hervorragender Forscher. Aber es sei hier auch gesagt, daß nach unserer Meinung die Kunst der Organisation der Wissenschaft heute ein gleichberechtigter Teil der Wissenschaft neben der Forschung ist. Darum herzlichen Dank, Herr BILKENROTH, für Ihre hervorragenden Leistungen.

Ihnen allen, meine Herren, möchte ich für Ihre Tagung Erfolg wünschen wie bei den vergangenen Ländertreffen.

Die Arbeit des Internationalen Büros für Gebirgsmechanik im Jahre 1961

von K.-H. HÖFER, Leipzig

Meine sehr verehrten Herren!

Vor Jahresfrist beschlossen die Teilnehmer am 2. Ländertreffen des Internationalen Büros für Gebirgsmechanik das Arbeitsprogramm für das Jahr 1961. Gestatten Sie mir, einen kurzen Bericht über die seitdem geleistete Arbeit zu geben.

Wenn auch ein in knappen Worten sachlich gehaltener Bericht im wesentlichen die Art der durchgeführten Arbeiten zeigen kann, so vermag er doch nicht den ganzen Umfang der Kleinarbeit zu enthüllen, der hinter dieser Arbeit steckt, dieser Arbeit, die das Büro und Sie, meine Herren, neben Ihrer hauptamtlichen Tätigkeit freiwillig als Idealisten der Gebirgsmechanik geleistet haben.

Im vergangenen Jahr hatte das Internationale Büro für Gebirgsmechanik Verbindung mit Wissenschaftlern aus 21 Ländern. In dieser Zahl sind auch die USA und die Volksrepublik China mit enthalten, mit denen jedoch die Zusammenarbeit nur lose war. Inzwischen haben sich Wissenschaftler aus drei weiteren Ländern der Arbeit des Internationalen Büros für Gebirgsmechanik angeschlossen, die zwar heute noch nicht hier vertreten sein können, aber in der Zukunft mitarbeiten wollen. Es handelt sich um Wissenschaftler aus Finnland — vertreten durch den Finnischen Bergwerksverein —, um den Ihnen allen bekannten Wissenschaftler D. W. PHILIPS, der zur Zeit in Australien lebt und als Professor an der Universität Sydney tätig ist sowie um Dr. SINGHA aus Indien.

Die letzte Vermittlung kam durch die Freundlichkeit von Herrn Professor MOHR zustande.

Wie in den vorangegangenen Jahren unterrichtete das Internationale Büro für Gebirgsmechanik seine Mitglieder auch in diesem Jahr über gebirgsmechanisch wichtige Arbeiten und Veranstaltungen durch Übersendung entsprechender Informationen. Im Berichtszeitraum übersandte das Büro vier Informationen. Die fünfte Information wurde Ihnen heute mit dem Tagungsmaterial übergeben. Diese Mitteilungen des Büros und diese Informationen können und sollen keine vollständige gebirgsmechanische Dokumentation darstellen, sondern sind Hinweise auf wichtige, uns wesentlich erscheinende Arbeiten, Hinweise auf Arbeiten, wo wir es für notwendig halten, daß sie allen Mitgliedern schnellstens bekannt werden.

Das Arbeitsprogramm für das Jahr 1961 wurde wie folgt erfüllt.

Punkt 1:

Das Wörterbuch für Gebirgsdruckfragen in deutsch, englisch, französisch und russisch ist druckreif zu überarbeiten. Diese Arbeit ist noch im Gange. Auf Wunsch des Präsidiums der Deutschen Akademie der Wissenschaften wurde das Ihnen im vorigen Jahr als Arbeitsexemplar übergebene Wörterbuch noch durch die spanische Sprache ergänzt. Es liegen jetzt zwei Entwürfe vor, die noch überprüft und abgestimmt werden müssen. Es ist zu hoffen, daß wir im nächsten Jahr diese Arbeit endgültig abschließen können.

Punkt 2:

Das im vorigen Jahr übergebene Arbeitsexemplar der Zusammenstellung der Gebirgsdruckweltliteratur wurde dokumentalistisch überarbeitet und kann in Kürze in Druck gegeben werden. Diese Zusammenstellung ist die wohl zur Zeit vollständigste Zusammenstellung gebirgsmechanischer Arbeiten und dürfte für jeden einzelnen als eine kleine Fundgrube in der täglichen Arbeit zu betrachten sein.

Punkt 3:

Der Aufbau der Bibliothek gebirgsmechanischer Veröffentlichungen wird weiter verfolgt und macht gute Fortschritte. Es ist ein Punkt, der wohl von uns nie restlos erfüllt werden kann, sondern der in unserer Arbeit immer wieder auftreten wird.

Punkt 4:

Die Bildung der Arbeitsgruppen zur Bearbeitung von Einzelthemen wurde durchgeführt, und die vorgesehenen Gruppen — Begriffsbestimmungen, Gerätetechnik für Untertagemessungen und Festigkeitsuntersuchungen — haben im Laufe dieses Jahres ihre operative Arbeit aufgenommen. Damit wurde die Arbeit des Internationalen Büros für Gebirgsmechanik auf eine breitere Basis gestellt, und die guten Ergebnisse der Gruppen beweisen die Richtigkeit dieser Maßnahmen. Die Herren Leiter der Arbeitsgruppen werden im Verlaufe der Tagung selbst noch über die in ihren Gruppen geleistete Arbeit berichten, so daß ich mich mit diesen wenigen Worten begnügen kann.

Punkt 5:

Bei gebirgsmechanischen Untersuchungen in der Erzgrube Příbram in der Tschechoslowakischen Sozialistischen Republik beteiligte sich eine Gruppe aus dem

Institut von Herrn Prof. MEISSER mit Schlauchwaagenmessungen. Eine andere Gruppe unter Leitung von Dr. HÖFER bereitete eine für die Verhältnisse in Přibram zweckmäßige Instrumentation vor, die auf den Erfahrungen aus vorangegangenen Grubenbefahrungen resultiert.

Punkt 6:

Der Bericht über das 2. Ländertreffen ist fertiggestellt und wurde Ihnen heute mit den Tagungsunterlagen übergeben.

Als letzter Punkt stand die Durchführung des 3. Ländertreffens im IV. Quartal 1961 auf dem Arbeitsprogramm. Durch Ihre Anwesenheit dokumentieren Sie, meine sehr verehrten Herren, daß auch dieser Punkt realisiert werden wird.

Neben der Erfüllung der im Arbeitsprogramm festgelegten Aufgaben hatte das Internationale Büro für Gebirgsmechanik den laufenden Geschäftsbetrieb erledigt, der mit der Entwicklung des Büros mehr und mehr zunahm.

Es kann festgestellt werden, daß das Internationale Büro für Gebirgsmechanik in der kurzen Zeit seines Bestehens schon zu einem wirklichen wissenschaftlichen Zentrum der Gebirgsmechanik geworden ist, daß seine Tätigkeit die Gebirgsdruckforschung in vielen Ländern befruchtet und daß die bisherigen Arbeiten auch Skeptiker von der Nützlichkeit einer solchen Arbeitsweise überzeugt haben.

Bericht der Arbeitsgruppe

Begriffsbestimmungen

erstattet von Herrn Prof. Dr.-Ing. habil F. MOHR, Essen

Meine Herren!

Eine Reihe von Herren, die Mitglieder dieses Hauptausschusses sind, haben die Aufgabe erhalten, Begriffsbestimmungen festzulegen. So wie ich es Ihnen mit diesen kargen Worten sage, war es zunächst erforderlich, innerhalb dieses Ausschusses das eigentliche Ziel und die Wege festzulegen, die uns zu diesem Ziel führen können.

Die sprunghafte Entwicklung der Gebirgsmechanik nach dem letzten Krieg hat dazu geführt, daß sich ein Wortschatz innerhalb dieser Problematik gebildet hat, der außerordentlich groß ist, und es war natürlich, daß die Terminologie sich mehr und mehr an die gebräuchlichen Ausdrücke anlehnte, die wir normalerweise im Bergbau haben, da es ja im wesentlichen Bergleute sind, die sich mit den Fragen der Gebirgsmechanik befassen. Diese Tatsache zeigt aber auch nach Art des Bergmannes, der ja eine eigene Terminologie im Laufe der Jahrhunderte hervorgebracht hat, daß die Einzelbezeichnungen innerhalb der Gebirgsmechanik keinesfalls immer klar waren.

Eine Wissenschaft wie die Gebirgsmechanik ist eine Mechanik, und innerhalb eines solchen Wissensgebietes können wir uns Ausdrücke nicht erlauben, die keine präzise Vorstellung bei unseren Partnern hervorrufen. So merkwürdig es klingt, es ist aber eine Tatsache, daß noch vor einiger Zeit wir uns in den eigenen Ländern auf diesem Gebiete zum Teil nicht mehr verstehen konnten. Es war eine dringende Notwendigkeit, Definitionen einzuführen, die klar und präzise das ausdrücken, was wir meinen. Das war der Grund der Gründung dieses Ausschusses „Begriffsbestimmungen", und das mußte auch die Grundlage für die Festlegung des Zieles sein, das wir uns innerhalb unseres Ausschusses vornehmen mußten.

Der Art dieses Ausschusses bzw. des Zieles entsprechend handelt es sich um die Durchführung einer Arbeit, die mehr oder weniger eine Heimarbeit darstellt und nicht die Arbeit eines Ausschusses ist. Ich kann mich daher kurz fassen in der Festlegung dessen, was bisher innerhalb des Ausschusses geschehen ist. Als Ziel wurde folgendes festgelegt:

Der Ausschuß will ein Lexikon schaffen über alle Ausdrücke innerhalb des Gebietes der Gebirgsmechanik, ihrer Randgebiete, und die Definition soll so beschaffen sein, das Rücksicht zu nehmen ist auf schon festliegende Begriffe der Physik, der Festigkeitslehre und benachbarter Wissenschaften.

Es besteht innerhalb des Ausschusses Einigkeit darüber, daß die Definitionen selbst und die notwendig zu gebenden Erklärungen eng gefaßt werden sollen. Dieses Lexikon wird herausgegeben in bisher vier Sprachen: Russisch, Deutsch, Französisch und Englisch. Um zu diesem Ziel zu gelangen, ist der Weg nach dorthin klar festgelegt worden.

Das große Gebiet der Gebirgsmechanik ist in fünf Gruppen unterteilt worden, wobei keinesfalls auf eine ganz präzise Unterteilung bzw. Grenzziehung Anspruch erhoben wird.

Gruppe I: Geologische Begriffe, mechanisch-physikalisch-strukturelle Eigenschaften der Gesteine.

Gruppe II: Begriffe der speziellen Gebirgsmechanik, des Spannungszustandes um bergmännische Hohlräume.

Gruppe III: Art der Hangpflege.

Gruppe IV: Grubenausbau.

Gruppe V: Untersuchung und Meßmethoden der Gebirgsmechanik.

Diese Unterteilung hat lediglich den Sinn, die Arbeit auf verschiedenen Gruppen innerhalb des Ausschusses aufzuteilen. Etwa entsprechend der Gruppenzahl bestehen somit innerhalb dieses Ausschusses Arbeitskreise, die entsprechend den Sprachen aufgeteilt sind.

Bis zum 1. Januar haben diese Arbeitskreise den Vorsitzenden ihre bis dahin erarbeiteten Ergebnisse abzuliefern. Sie bestehen im wesentlichen in der Aufstellung der einzelnen Ausdrücke und Worte und bereits in der Festlegung der Definition dieser Ausdrücke. Diese Zusammenstellung soll jeweils in der entsprechenden Landessprache und einer deutschen Übersetzung erfolgen, so daß wir eine Sprache haben, in der alle Ergebnisse und Erarbeitungen enthalten sind.

Diese Zusammenfassung der Ergebnisse erfolgt letzten Endes dann innerhalb des Büros für Gebirgsmechanik. Hier werden alle Worte, alle Definitionen zusammengefaßt und jeweils nach Bearbeitung den Arbeitskreisen wieder zugänglich gemacht, damit jeder einzelne Kreis den Stand der gesamten Zusammenfassung kennenlernt.

Wir hoffen, daß wir im Jahre 1963 dieses Wörterbuch herausgeben können, wobei wir uns darüber klar sind, daß es zur Erreichung dieses Zieles einer harten Arbeit im Jahre 1962 bedarf.

Unser Arbeitskreis besteht aus etwa zehn Herren, und wir sind uns darüber im klaren, daß wir selbst bei intensivster Arbeitsleistung auf die Experten und auf unsere Kollegen außerhalb dieses Kreises nicht verzichten werden können, wenn etwas Brauchbares, etwas Vernünftiges dabei herauskommen soll.

Es ist aus dem Grunde vorgesehen, daß wir versuchen wollen, vor der eigentlichen Fertigstellung dieses Wörterbuches die einzelnen Experten auf dem jeweiligen Gebiet innerhalb ihrer Länder darum zu bitten, dieses Lexikon teilweise mit zu überarbeiten, und ich wäre Ihnen dankbar, wenn ich auf Ihre Mitarbeit dabei rechnen könnte.

Ich danke Ihnen!

Bericht der Arbeitsgruppe

Gerätetechnik für Untertagemessungen

erstattet von Herrn Professor Dr.-Ing. St. Knothe, Krakow

Die Sitzung der Arbeitsgruppe II „Gerätetechnik für Untertagemessungen" fand in den Tagen vom 14. bis 18. Juni in Krakow statt. Das Ziel der ersten Sitzung war es, eine allgemeine Übersicht über die Geräte, die für Untertagemessungen verwendet werden, zu erhalten. Ein ausführlicher Bericht über das erste Treffen der Arbeitsgruppe II ist gedruckt worden. Ich habe ihn in 20 Exemplaren da; er steht Ihnen zur Verfügung. Der Bericht enthält den vollen Text der fünf von sechs Referaten, die in Krakow vorgelegt wurden. Das sechste Referat, das von Herrn Professor Meisser gehalten wurde, finden Sie in den Sonderdrucken, die uns vorgelegt wurden.

Anschließend an die Referate fand eine Diskussion statt. Der grundsätzliche Sinn der Diskussion war die Feststellung, daß Messungen unter Tage drei Größengruppen unterliegen, und zwar Messungen der Spannungen, der Deformationen und der Bewegungen. Die Messung von Spannungen ist am unsichersten und deshalb fehlen sichere Meßergebnisse. Allgemein wird daher nicht die Spannungsgröße selbst, sondern letztlich deren Funktion, die unbekannten Charakters ist, gemessen. Die Messung von Deformationen kann im Gegensatz zu Spannungsmessungen glaubwürdiger erscheinen. Jedoch auch in diesem Falle, wenn die Messung Gebirgsdeformationen betrifft, fehlt in der Regel die Gewißheit, welcher Art diese Deformationen sind, und die Funktion der Gebirgsdeformationen bleibt unbekannt.

Die sichersten Messungen unterstehen die Gebirgsbewegungen. Die Ergebnisse der Bewegungsmessungen können sehr viele interessante Einzelheiten ergeben, die zu wichtigen, charakteristischen Schlußfolgerungen führen können.

Es ist daher sehr ratsam, den bisherigen Meßbereich der Gebirgsbewegungen wesentlich zu erweitern, und das hauptsächlich durch Messungen in Grubenräumen sowie im Gebirgskörper zwischen den Grubenräumen und der Oberfläche.

Wichtig ist dabei außerdem die laufende Aufzeichnung aller notwendigen Begleitangaben, wie Teufe des Meßorts, Charakter des Gebirgskörpers, Temperatur, Feuchtigkeit usw.

Als zweiter wichtiger Aspekt der Messungen im Gebirgskörper ist die Berücksichtigung des Zeitfaktors zu erwähnen, der bei einem Meßapparat mit unterbrochener Registrierung erforderlich ist. Dies ist besonders notwendig bei Messungen in Grubenräumen sowie in der Nähe von Strebbauen, deren Produktionszyklus in großer Schnelle abläuft. Es ist angebracht, sich nicht auf einige bewährte und empfohlene Meßmethoden zu beschränken, sondern in der Forschungsarbeit nach neuen, besseren und billigeren Meßmethoden und Meßgeräten zu suchen.

Weiter wäre es notwendig, einheitliche Begriffe und Definitionen auf dem Gebiet der Messungen von Gebirgserscheinungen auszuarbeiten. Sehr oft fehlt es nämlich an genauen Bestimmungen des Meßstandes. Bei der Besprechung der Fertigstellung von verbesserten Meßgeräten wurde darauf hingewiesen, daß es ratsam wäre, die elektrischen Apparaturen für Untertagemessungen mit Transistoren auszustatten. Die Vorteile solcher Meßapparaturen wären dann: geringes Gewicht, Anwendungssicherheit in Untertageverhältnissen und kleinerer Empfindlichkeitsgrad bei schwierigen Grubenverhältnissen. Die gewöhnlichen Elektrowiderstandsmethoden weisen im Untertagebetrieb viele Nachteile auf, zu denen hauptsächlich deren Unzuverlässigkeit bei langwierigen kontinuierlichen Messungen gehört.

Außer den bereits anfangs erwähnten Größengruppen ist auch die Messung der Festigkeitskoeffizienten des Gebirgskörpers in situ sehr wichtig, da man dadurch wertvolle praktische Hinweise für die Methodik der Beherrschung von Gebirgsbewegungen erlangen kann. Die zu diesen Messungen bisher angewandten hydraulischen Kissen sollte man weiter entwickeln und die Forschungsarbeiten über neue und bessere Meßmethoden fortsetzen.

In bezug auf alle angewandten Meßgeräte und Methoden wurde darauf hingewiesen, daß ein größerer gegenseitiger Austausch von Dokumentationen technischer Messungsergebnisse als bisher notwendig ist. Es wäre sehr angebracht, eine Inventur der vorhandenen Meßgeräte und -methoden aller daran interessierten Länder durchzuführen. Durch Anwendung optimaler Meßmethoden könnte das zu einer teilweisen Beschränkung der Zahl von Meßgeräten führen.

Weiter wurde vorgeschlagen, umfassendere Versuche mit der Anwendung neuer Erscheinungen und Größen bei Untertagemessungen durchzuführen. Dazu gehören Temperaturmessungen zur Untersuchung der Energiebilanz im Gebirgskörper, Anwendung infraroter Strahlen, Messung des Gesteinswiderstandes zur Untersuchung der Spannungsverhältnisse, Anwendung von Isotopen bei Gebirgsuntersuchungen. Die Messungen der Erscheinungen, die im Gebirgskörper vorkommen, sollten in der Praxis anwendbar sein, wie zum Beispiel zur Bestimmung der Stempeltragkraft, Anwendungsmöglichkeit des mechanisierten Ausbaues, Aufklärung des Periodendruckes, der Gebirgsschläge usw.

Als Resultat der Diskussion wurden die besprochenen Meßmethoden und Meßapparaturen in drei Gruppen eingeteilt:

Methoden und Apparatur zur Messung des Widerstandes des Bodens im Abbaubereich (Ausbau, Versatz, Alter Mann usw.),

Messungen von Bewegungen in Grubenräumen,

Messungen der Gebirgsdeformation zur Bestimmung der Spannungen.

In bezug auf die ersten zwei Gruppen wurde festgestellt, daß in diesem Bereich viele und bewährte Meßmethoden vorhanden sind. Es wäre angebracht, die Meßapparaturen für die einzelnen Gebirgstypen zu vereinheitlichen. Die dritte Gruppe, die im Mittelpunkt der Diskussion stand, verlangt eine weitere Entwicklung der Meßmethoden und Meßapparaturen, ständige Kontrolle der Ergebnisse, Beobachtung desselben Objekts mit verschiedenen Methoden, besonders bei der Anwendung verschiedener Varianten der Entlastungsmethoden. Die bei den Messungen der einzelnen Größen im Gebirgskörper auftretenden Begleiterscheinungen sollten auch gemessen werden, und zwar Temperaturstörungen bei konstantem Gebirgsdruck, die Änderung des elektrischen Widerstandes. Gleichzeitig wurde die Anwendung von Isotopen und seismische Beobachtungen aller Wellenlängen empfohlen. Es wurde beschlossen, daß das nächste Treffen der Arbeitsgruppe II mit einer Ausstellung der angewandten Meßgeräte verbunden werden soll. Es ist zweckmäßig, einen Dokumentationsaustausch der angewandten Meßapparaturen zwischen den vertretenen Ländern durchzuführen.

Bericht der Arbeitsgruppe

Festigkeitsuntersuchungen

erstattet von Herrn Dr.-Ing. R. Kvapil, Košice

Sehr geehrte Herren!

Laut Protokoll des 2. Ländertreffens des Internationalen Büros für Gebirgsmechanik wurde vom 21. bis 25. März 1961 in Praha die erste Sitzung der Gruppe „Festigkeitsuntersuchungen" durchgeführt. Das Arbeitsprogramm der ersten Sitzung der Gruppe war:

1. Präzisierung des ersten Entwurfes der Richtlinie zur Durchführung von Druckversuchen an Gesteinen im Bergbau.

2. Wissenschaftliche Aussprache und der erste Entwurf einer Richtlinie zur Durchführung von Druckversuchen an Gesteinen mit ungleichförmigen Probekörpern/Prüfmethode nach M. M. PROTODJAKONOV und V. S. VOBLIKOV.
3. Wissenschaftliche Aussprache über weitere Festigkeitsbestimmungen.
4. Aussprache über die weitere Arbeit der Gruppe.

Arbeitsergebnisse:

Ad. 1 Neufassung des Entwurfes der Richtlinien zur Durchführung von Druckversuchen an Gesteinen im Bergbau.

Ad. 2 Der erste Entwurf einer Richtlinie zur Durchführung von Druckversuchen an Gesteinen mit ungleichförmigen Probekörpern wurde erarbeitet.

Ad. 3 Im Rahmen der wissenschaftlichen Aussprache über weitere Festigkeitsuntersuchungen wurde eine wertvolle Vorarbeit über den Entwurf einer Richtlinie zur Durchführung von Verformungsmessungen bei Druckversuchen geleistet.

Ad. 4 Vom Standpunkt der ökonomischen Folgen und mit Rücksicht auf die Bedürfnisse der Forschung und der Praxis im Bergbau wurde folgendes Arbeitsprogramm festgelegt:

Richtlinien für Verformungsmessungen bei Druckversuchen;

Richtlinien für Scherversuche;

Richtlinien für Zugversuche;

Richtlinien für dreiachsige Druckversuche.

In der ersten Sitzung der Gruppe wurden mehr als hundert Diskussionsbeiträge abgegeben. Es wurde beschlossen, daß die Mitglieder der Gruppe ihre detaillierten Vorschläge über Prüfmethoden von Verformungsmessungen beim Druckversuch an den Leiter der Gruppe einreichen, damit bis zum 3. Ländertreffen ein Vorschlag vorgelegt werden kann.

Weil der Schwerpunkt der Richtlinien hauptsächlich in der Einigung der Ansichten liegt, wird als Vorschlag für die Zusammenstellung der Richtlinien für Verformungsmessungen empfohlen, die Ausarbeitung des Entwurfs dieser Richtlinien in der zweiten Sitzung der Gruppe durchzuführen.

Bei dieser Arbeit sollen die schriftlichen Beiträge vom Institut für Bergbaukunde der Bergakademie Freiberg/Sa., Lehrstuhl II, von Herrn Professor Dr.-Ing. W. GIMM „Bemerkungen zum Entwurf von Richtlinien für Verformungsmessungen bei einachsigen Druckversuchen" und von Herrn Dr.-Ing. F. MARTOS, Forschungsinstitut für Bergbau (Budapest) „Beiträge zur Frage der Methodik für die Messung von Gesteinsformänderungen" mit beachtet werden.

Auf Grund der Anmerkungen von Herrn Dr. DENKHAUS wurde die Fassung des ersten Entwurfs einer Richtlinie zur Durchführung von Druckversuchen an Gesteinen mit ungleichförmigen Proben präzisiert, und zwar im Sinne der Verbesserung der Verständlichkeit der Richtlinie.

Bei den weiteren Diskussionen der Gruppe über den Entwurf einer Richtlinie für Druckversuche an unbearbeiteten Probekörpern sollten u. a. auch die Anmerkungen von Herrn EVANS mit beachtet werden.

Für die weitere Arbeit der Gruppe hat Herr Professor Dr. AVERŠIN, Leningrad, drei Broschüren über verschiedene Festigkeitsuntersuchungen zur Verfügung gestellt.

Von Herrn Professor PROTODJAKONOV haben wir für die nächste Sitzung eine Arbeit über Methoden zur Untersuchung der Scherfestigkeit bekommen.

Die weitere Arbeit der Gruppe entwickelt sich also im Sinne des gebilligten Programms Ergebnisse der Diskussionen über die Tätigkeit der Arbeitsgruppen

Die Diskussionen über die Tätigkeit der Arbeitsgruppen waren sehr rege und bestätigten die Richtigkeit dieser Arbeitsweise.

Ergebnisse der Diskussionen über die Tätigkeit der Arbeitsgruppen

Die Erarbeitung eines gebirgsmechanischen Lexikons durch die Mitarbeiter der Arbeitsgruppe Begriffsbestimmungen wurde wärmstens begrüßt und die Zuarbeit durch Experten bestimmter Fachrichtungen zugesagt.

Als wesentliches Ziel des Wirkens der Arbeitsgruppe Gerätetechnik für Untertage-messungen wurde die Aufstellung eines Gerätekataloges empfohlen, in dem neben den technischen Angaben auch eine wissenschaftliche Einschätzung der Brauchbarkeit der Geräte gegeben werden soll.

Die von der Arbeitsgruppe Festigkeitsuntersuchungen vorgelegten Entwürfe der Richtlinien zur Durchführung von Druckversuchen der Gesteine im Bergbau wurden vollinhaltlich gebilligt. Diese Richtlinien sind nachstehend abgedruckt.

Richtlinien zur Durchführung von Druckversuchen an Gesteinen im Bergbau

A. Richtlinien zur Durchführung von Druckversuchen an zylinderförmigen Gesteinsproben

1. Zweck:

Der Druckversuch dient zur Ermittlung der Druckfestigkeit der unter Tage vorkommenden natürlichen Gesteine, um deren Verhalten bei Abbaueinwirkungen beurteilen zu können.

2. Begriff:

Die Druckfestigkeit σ_D ist der Quotient aus Höchstkraft $P_{\max}$ bei einachsiger Druckbeanspruchung und Anfangsquerschnitt F_0 der Probe

$$\sigma_D = \frac{P_{\max}}{F_0}.$$

3. Probenahme:

Die Proben können gewonnen werden aus:

a) Kernen von Tiefbohrungen,

b) Kernen von Untertagebohrungen,

c) Kernen von Bohrungen aus Gesteinsblöcken, die beliebig, jedoch nicht durch Schießarbeit aus dem Anstehenden gelöst werden.

Die Kerne sollen nach Möglichkeit trocken gebohrt werden. Wenn dies aus technischen Gründen nicht durchführbar ist, wird die Zusammensetzung der Spülflüssigkeit im Protokoll oder in der Veröffentlichungan gegeben. Wasserempfindliche Proben sind unmittelbar nach ihrer Gewinnung mit einem wasserundurchlässigen Stoff zu umhüllen. Proben aus Salzgesteinen sind im Exsikkator aufzubewahren. Bei strukturellen Unterschieden des Gesteins sind die Kerne nach Möglichkeit nach den drei orthogonalen Richtungen zu erbohren. Der Ort der Probennahme und die Orientierung der Proben sind genau zu vermerken.

4. Probenanzahl:

Die Wahl der zu untersuchenden Mindestzahl von Proben eines Entnahmeortes richtet sich nach dem Streuungsquotienten:

$$p = \frac{\bar{\sigma}_{\max}}{\bar{\sigma}_{\min}} = 1{,}5\,.$$

Dabei gilt folgende Beziehung:

$$p = \frac{100 + \frac{2\,v}{\sqrt{n}}}{100 - \frac{2\,v}{\sqrt{m}}}.$$

Hierin ist v = Variationskoeffizient und n = Probenanzahl. Es müssen n Proben untersucht werden.

Das arithmetische Mittel der Festigkeit ist

$$\bar{\sigma} = \frac{\overset{\sigma}{\Sigma}\,\sigma\,i}{n}.$$

Als mittlerer Fehler ergibt sich

$$\bar{\Delta} = \sqrt{\frac{\Sigma(\sigma - \bar{\sigma})^2}{n-1}}.$$

Der Variationskoeffizient ergibt sich aus

$$v = \frac{\bar{\Delta}}{\bar{\sigma}}\,100\,\%.$$

Die Anzahl der Proben kann ausgehend vom Variationskoeffizient nach folgender Tabelle bestimmt werden:

Variationskoeffizient v %	Probenzahl n Stück
30	9
25	6
20	4
15	3

5. Dimension und Form der Proben:

Die Proben haben zylindrische Form. Als Vorzugsnorm gelten Zylinder mit einem Durchmesser d gleich 42 mm (gleich 1 5/8″ entsprechend der internationalen Norm BX) und einem Schlankheitsgrad $l/d = 1$.[1])

Abweichungen von dieser Vorzugsnorm sind für einen Bereich zwischen 40 und 45 mm (Durchmesser und Länge) und bis zu 5% (Schlankheitsgrad) zulässig.

Die ermittelte Druckfestigkeit der Proben gilt als Vergleichswert und wird als Zylinderfestigkeit bei $l/d = 1$ bezeichnet.

6. Probenherstellung:

Die Zylinder werden durch Abschneiden aus den Kernen gewonnen, dabei sollen die Endflächen parallel zueinander und senkrecht zur Mantelfläche stehen.

Die Endflächen sind so plan zu schleifen, daß

1. die Abweichung von der Parallelität nicht größer wird als 0,05 mm über den Durchmesser gemessen,
2. die Abweichung der rechtwinkligen Lage der Endflächen von der Mantellinie nicht über 0,05 mm beträgt,
3. eine Wölbung der Endflächen unter 0,03 mm liegt.

[1]) Größere Durchmesser als in der obenstehenden Verzugsnorm genannt sollten nur dann verwendet werden, wenn auf Grund besonderer Korngrößen oder Strukturen die Vorzugsnorm nicht anwendbar ist. In solchen Fällen soll durch vergleichende Untersuchungen ein Faktor zur Umrechnung auf die Versuchsnorm ermittelt und angegeben werden.

Der Feuchtigkeitsgehalt sowie das Gewicht und alle sonstigen äußerlich feststellbaren Eigenschaften der Proben, die den Verhältnissen am Entnahmeort möglichst entsprechen sollen, sind bei der Prüfung genau aufzunehmen. Auch petrographische Untersuchungen sind soweit möglich durchzuführen.

7. Prüfgerät:

Der Druckversuch kann mit jeder geeigneten Druckprüfmaschine durchgeführt werden. Die Druckplatten sollen poliert sein. Eine der Druckplatten muß kuglig gelagert sein

8. Versuchsdurchführung:

Die Probe ist zentrisch zwischen die Druckplatte einer Prüfmaschine einzubringen.
Die Belastungsgeschwindigkeit im Bereich von 5,0 bis 10,0 kp/cm² · s.
Die Belastung ist bis zum Bruch zu steigern und der Höchstwert abzulesen.

9. Auswertung:

Aus der Höchstkraft wird die Druckfestigkeit

$$\sigma_D = \frac{P_{\max}}{F_0} \, (\mathrm{kp/cm^2}) .$$

errechnet.

Falls Proben mit einem von 1 abweichenden Schlankheitsgrad geprüft werden, ist eine weitere Umrechnung nach der Formel

$$\sigma_D = \frac{9 \cdot \sigma_d}{7 + \frac{2d}{h}}$$

vorzunehmen, wobei σ_d die an der Probe mit dem abweichenden Schlankheitsgrad gemessene Druckfestigkeit bedeutet. Die Umrechnung ist im Prüfbericht zu vermerken.

10. Kennzeichnung der Werte:

Für die Kennzeichnung der Festigkeitswerte wird empfohlen, die mittleren Werte gemäß nebenstehender Tabelle anzugeben, wobei der Streuungsquotient $p = 1{;}5$ für die mittleren Festigkeiten zu Grunde gelegt wurde.

In Fällen, wo die Entnahme von Bohrkernen nicht möglich ist, kann auf Prüfverfahren an unbearbeiteten Proben übergegangen werden (vergleiche Richtlinien zur Durchführung von Druckversuchen an ungleichförmigen Proben).

Festigkeit kp/cm²	mittlere Festigkeit kp/cm²
< 40	30
40— 60	50
60— 100	80
100— 150	120
150— 230	180
230— 350	280
350— 520	400
520— 800	600
800—1200	900
1200—1800	1350
1800—2700	2000
<2700	3000

B. Richtlinien zur Durchführung von Druckversuchen an Gesteinen mit ungleichförmigen Proben

Die Methode beruht auf einem Vorschlag von Prof. Dr. M. M. Protodjakonov und Dr. V. S. Voblikov, Bergbauinstitut der Akademie der Wissenschaften der UdSSR. Sie wird für Druckversuche an spröden Gesteinen empfohlen:

1. Probenherstellung, Probenform und -größe:

Die Proben können aus Gesteinsstücken hergestellt werden, die beim Abbau anfallen, sowie aus Kernen von Tiefbohrungen. Durch Zerkleinerung großer Gesteinsstücke mittels Handhammer, Zerkleinerungsvorrichtungen oder andere Hilfsmittel stellt man Proben her, die eiförmig sein sollen, mit einem Verhältnis des kleineren zum größeren Durchmesser von etwa 1,5.

Stücke in der Form von Platten oder Prismen sowie konkave Bruchstücke sind für die Prüfung nicht geeignet.

Es sollen Proben mit einem Volumen von 100 cm^3 verwendet werden. Um entsprechende Stücke zu erhalten, werden die scharfen Kanten der anfallenden Stücke durch leichte Hammerschläge abgerundet.

Das Volumen der Proben bestimmt man nach ihrem Gewicht und Raumgewicht. Die einzelnen Proben sollen keine größeren Gewichtsunterschiede als 2% aufweisen.

Je nach der verlangten Genauigkeit sollen 15 bis 25 Gesteinsproben geprüft werden.

Nach dem durchschnittlichen Gewicht der Proben und dem Raumgewicht des Gesteins wird das durchschnittliche Volumen V in cm^3 berechnet. Der durchschnittliche Querschnitt einer Probe ergibt sich zu:

$$F = \sqrt[3]{V^2}\,[\mathrm{cm}^2]\,. \tag{1}$$

2. Durchführung des Druckversuches:

Der Druckversuch kann in jeder geeigneten Druckprüfmaschine durchgeführt werden. Die Druckprobe ist dabei so einzubringen, daß ihre Längsachse parallel zur Druckrichtung und die Schichtung nach Möglichkeit senkrecht zur Druckrichtung ist (vgl. Bild 1).

Die Belastung ist mit 5 bis 15 mm/min bis zum Bruch zu steigern und der Höchstwert abzulesen. Falls im Laufe der Prüfung von der Probe abgesplitterte Stücke zusammen mit dem Hauptteil der Probe zusammengedrückt werden, so sind sie zu entfernen, ohne daß ihre Zerdrückung abgewartet wird. Der Hauptteil der Probe darf dabei von seinem Platz nicht verschoben werden.

3. Bruchfestigkeit:

Als Nennwert der Bruchlast ist der Maximalwert anzunehmen, unabhängig ob er sich zu Beginn oder am Ende des Versuches eingestellt hat.

Aus allen untersuchten Proben ist der Durchschnittswert der Bruchlast P in kp zu berechnen. Die Festigkeit ungleichförmiger Proben wird bestimmt nach

$$\sigma_p = \frac{P}{F}\,[\mathrm{kp/cm}^2]\,, \tag{2}$$

hierbei ist F die durchschnittliche Querschnittsfläche aller Proben.

Bei der Zerdrückung ungleichförmiger Proben bilden sich an ihren Berührungspunkten mit den Druckplatten der Presse aus dem zertrümmerten Gestein festgestampfte kegelförmige Keile, die einen vertikalen Bruch der Proben hervorrufen. Daher ist die nach den oben angeführten Formeln berechnete Festigkeit σ_p die bedingte Bruchfestigkeit des Gesteins.

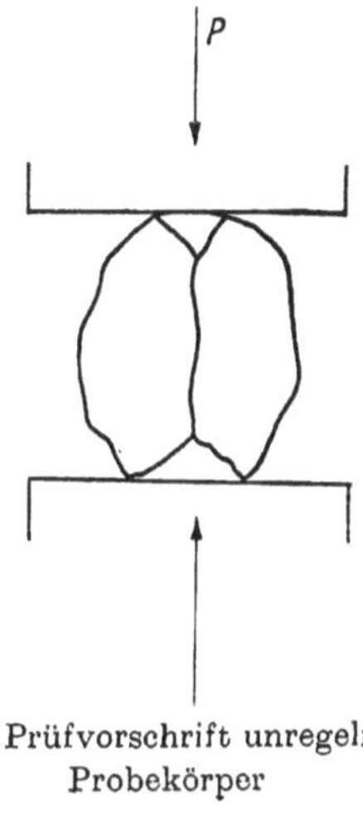

Bild 1. Zu Prüfvorschrift unregelmäßiger Probekörper

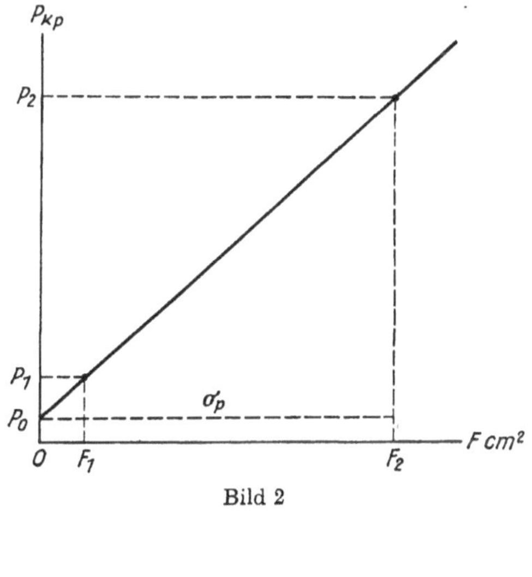

Bild 2

Für die meisten Gesteine beträgt das Verhältnis der Bruchfestigkeit ungleichförmiger Proben σ_p zur einachsigen Druckfestigkeit gleichförmiger Proben σ_D im Durchschnitt 0,19. Dieses Verhältnis kann als Wert für die zähplastischen Eigenschaften der Gesteine verwendet werden. Für besonders spröde Gesteine verringert es sich bis auf 0,08 und für verhältnismäßig zähe und plastische Gesteine erreicht es bis 0,50.

Je nach der Sammlung weiterer Angaben kann dieser Bereich noch erweitert werden.

4. Ergänzungen:

Bei der Untersuchung der Proben mit einem Volumen von 100 cm³ ist der Einfluß des Maßstabfaktors unbedeutend und kann unbeachtet bleiben. Falls der Einfluß des Maßstabfaktors zu klären ist, müssen Untersuchungen mit zwei Probengrößen durchgeführt werden, und zwar

$$v_1 = 10 \text{ cm}^3 \qquad v_2 = 100 \text{ cm}^3 .$$

Die Abhängigkeit zwischen dem Querschnitt der Proben, der nach der Formel (1) bestimmt wurde, und der Bruchlast ist linear (s. Bild 2) nach der Gleichung

$$P \cong P_0 + \sigma_p \cdot F \text{ [kp]} . \tag{3}$$

Die Anfangsordinate P_0 stellt einen Parameter für den Einfluß des Maßstabeffektes auf die Festigkeit dar. Es ist

$$P_0 \cong \frac{p_1 F_2 - P_2 F_1}{F_2 - F_1} \text{ [kp]} . \tag{4}$$

Der Winkelkoeffizient der Geraden σ_p kp/cm² stellt die Grenzfestigkeit ungleichförmiger Proben dar.

$$\sigma_p \cong \frac{P_2 - P_1}{F_2 - F_1} \text{ [kp/cm}^2\text{]} . \tag{5}$$

Gleichung (3) mit dem Querschnitt der Proben F cm² dividiert, ergibt die Festigkeit der ungleichförmigen Proben in Abhängigkeit von ihrem Querschnitt:

$$\sigma_{p_1} \cong \sigma_p + \frac{P_0}{F} \text{ [kp/cm}^2\text{]} . \tag{6}$$

REFERATE ZUM THEMA

Kritische Einschätzung gebirgsmechanischer Modellversuche und die Grenzen ihrer praktischen Anwendbarkeit

Zum Rahmenthema

Kritische Einschätzung gebirgsmechanischer Modellversuche

von G. Bilkenroth, Berlin

Modellversuche zur Nachbildung und Erforschung gebirgsmechanischer Vorgänge haben als Arbeitsmethode in der Gebirgsdruckforschung in den letzten Jahren mehr und mehr an Bedeutung gewonnen. Da diese Methodik in einer Reihe von Ländern gleichermaßen, aber im Umfang sehr verschieden angewandt wird, haben wir es als lohnenswert empfunden, eine kritische Einschätzung gebirgsmechanischer Modellversuche in den Mittelpunkt der Diskussion dieses Ländertreffens zu stellen. Dies war um so notwendiger, weil einmal klar abgeschätzt werden muß, inwieweit solche Versuche wirklich auf die Praxis übertragen werden können. Eine derartige Aussprache soll mithelfen, die Arbeitsproduktivität in der Gebirgsdruckforschung zu verbessern, indem den verschiedenen Arbeitsmitteln der ihnen zustehende Platz zugewiesen wird und eine Unter- bzw. Überbewertung der einen oder anderen Methode verhindert wird.

In der Entwicklung der Gebirgsdruckforschung haben Modellversuche mit mehr oder weniger großer Berechtigung zu jeder Zeit eine gewisse Rolle gespielt. Die dabei angegebene Einschränkung ergibt sich insbesondere daraus, inwieweit bei solchen Versuchen die Modellgesetze tatsächlich erfüllt waren, und die Arbeiten mit exaktem physikalischem Hintergrund durchgeführt wurden, oder aber die Versuche wegen der Nichterfüllung der Modellgesetze nur reine Demonstrationsversuche blieben. Es ist interessant, sich in dem Zusammenhang einmal die Entwicklung der Modellversuche in der Gebirgsdruckforschung vor Augen zu halten.

Lange bevor die systematische Beschäftigung mit Fragen der Gebirgsmechanik begann, wurden bereits die ersten gebirgsmechanischen Modellversuche durchgeführt.

Fayol führte Versuche an Gebirgsmodellen mit Wechsellagerungen von Sand-, Ton- und Gipsschichten, in denen er entsprechende Hohlräume eingebaut hatte, durch. Seine Veröffentlichungen über diese Versuche, die zu dem allgemein in der Gebirgsmechanik bekannten Begriff der „Fayolschen Dome" führte, stammt bereits aus dem Jahre 1885, also rund 40 Jahre früher als man sich in Mitteleuropa intensiv mit der Gebirgsdruckforschung zu beschäftigen begann. Die Modellversuche von Fayol sind auch lange Zeit die einzigen geblieben.

Erst Anfang der dreißiger Jahre wurden gleichlaufend mit der Entwicklung der Gebirgsdruckforschung auch weitere gebirgsmechanische Modellversuche durchgeführt. Bekannt geworden sind besonders die Versuche, die Bucky in dieser Zeit an Modellen in einer Zentrifuge durchführte. Hierbei werden die Schwerkräfte durch Zentrifugalkräfte ersetzt, und zwar muß die Zentrifugalbeschleunigung die Erdbeschleunigung bei gleichem Material von Prototyp und Modell in dem Maße des Modellmaßstabes übertreffen. Modellversuche mit Hilfe von Zentrifugen wurden später von Panek, vom US Bureau of Mines, von sowjetischen Forschern und neuerdings auch von der südafrikanischen Forschungsgruppe unter Leitung von Dr.-Ing. Denkhaus wieder aufgenommen. Wegen der Unterschiede im Versuchsergebnis bei Belastung in der Zentrifuge gegenüber der Belastung durch äußere Kräfte scheint eine Diskussion über den Einfluß der Lastaufgabe sehr nützlich zu sein.

In den Jahren bis zum zweiten Weltkrieg wurden in Deutschland zahlreiche gebirgsmechanische Modellversuche durchgeführt, wie z. B. von Seidl und Lehr, Stöcke und Bussmann, von Dommann u. a. Zum Teil sind diese Versuche jedoch nur als Demonstrationsversuche zu betrachten, soweit bei ihnen die Modellgesetze nicht entsprechend berücksichtigt sind. Dies trifft insbesondere zu für die Durchführung von Biege- oder Knickversuchen mit einem Stoß von Papierschichten oder für Versuche mit Plastilina-Modellen, die sich auch in späterer Zeit noch größter Beliebtheit erfreuten. Trotz allem zeigten einige Modellversuche dieser Zeit schon gute Ansätze, und es hätten auch brauchbare Ergebnisse erzielt werden können, wenn die Versuche in entsprechender Weise fortgeführt und verbessert worden wären.

Etwa zur gleichen Zeit (1937) schlug in der Sowjetunion G. N. Kusnezov die Durchführung von Modellversuchen mit äquivalenten Materialien vor. Im wesentlichen ist damit gesagt, daß Modellversuche durchgeführt werden sollten, bei denen die Modellgesetze exakt beachtet werden — unter Schaffung entsprechender Modellmaterialien und damit bei Inkaufnahme entsprechend großer Modellversuchsstände. Solche Versuche sind dann in verschiedenen Instituten der Sowjetunion sehr zielstrebig durchgeführt worden. Leider aber hat es fast zwanzig Jahre gedauert, ehe hierüber genauere Angaben im mitteleuropäischen Bergbau bekannt wurden. Neben vereinzelten Kenntnissen über solche Versuche aus Besichtigungen von Instituten in der UdSSR wurden erstmalig durch die Vorträge sowjetischer Wissenschaftler zur Internationalen Gebirgsdrucktagung 1958 in Leipzig der Fachwelt in größerem Umfange Mitteilung über die mit diesen Versuchen erzielten Ergebnisse gemacht. Modellversuche mit äquivalenten Materialien werden jetzt in vielen Ländern durchgeführt. Insbesondere in Westdeutschland haben Jacobi und Everling diesen Weg beschritten und dabei gute Resultate erzielt, wie der Vortrag auf der Internationalen Konferenz für Gebirgsdruckforschung in Paris zeigte. Jacobi hatte etwa zehn Jahre vorher im wesentlichen Modellversuche an Plastilina-Modellen durchgeführt, die jedoch keine quantitativen Auswertungen zuließen, da diese Modelle für die maßstabgetreue Nachbildung des Ausbaues der Gesteinsschichten und der Brucherscheinungen sowie für Spannungsmessungen zu klein waren, nicht ungleichmäßig belastet werden konnten und der Modellwerkstoff ,,Plastilina" in seinen Festigkeitswerten nicht maßstabgetreu war. Diese Nachteile sind durch die Verwendung äquivalenter Materialien, d. h. maßstabgetreuer Werkstoffe beseitigt worden.

Obwohl die Spannungsoptik im Bauwesen und im Maschinenbau schon allgemein Eingang gefunden hatte, wurden die ersten spannungsoptischen Modellversuche für gebirgsmechanische Zwecke erst seit 1940 durchgeführt. In Deutschland ist hier insbesondere die Dissertation von Dorstewitz zu nennen, in den USA wurden Arbeiten unter Leitung von Duval beim Bureau of Mines durchgeführt. In Großbritannien beschäftigte sich Potts mit der Spannungsoptik, und in Frankreich wurden besonders bei den französischen Eisenerzgruben zahlreiche Versuche angestellt. In der letzten Zeit nutzen zahlreiche weitere Forscher die Spannungsoptik für gebirgsmechanische Zwecke. Unter ihnen sind besonders zu nennen:

Trumbačhev	in der UdSSR
Kvapil	in der ČSSR
Sonntag	in der Westdeutschen Bundesrepublik
Hiramatsu	in Japan.

Die Technik der Modellversuche auf dem Gebiete der Spannungsoptik entwickelte sich in den letzten Jahren sehr stark, so daß neben den allgemein üblichen ebenen Modellen inzwischen auch räumliche Modelle hergestellt und analysiert werden unter Anwendung der Methode des Eingefrierens der Spannungen. Die Modellmaterialien haben auch wesentliche Bereicherungen erfahren, indem nicht nur Kunststoffe verwendet werden, die von außen belastet werden müssen, sondern auch gelatinöse Mischungen, bei denen die Belastung durch Eigengewicht erfolgt. Bekannt geworden ist insbesondere hier das Igdantin, das eine Mischung aus Gelatine, Glyzerin und Wasser darstellt.

Ein gewisser Nachteil der spannungsoptischen Versuche wird immer noch darin gesehen, daß man nur Lösungen rein elastischer Aufgaben durchführen könne, jedoch sind in den letzten Jahren auch Verfahren bekannt geworden, mit denen ein photoplastischer Effekt erzielt werden kann.

Neben den gebirgsmechanischen Modellversuchen für die rein bergmännischen Probleme haben Modellversuche auf dem gesamten Gebiete der Geomechanik große Verbreitung gefunden, insbesondere beim Felsbau und beim Talsperrenbau. Besonders hervorzuheben sind hier die wichtigen Arbeiten des Istituto Sperimentale Modelli e Strutture in Bergamo. Von namhaften Vertretern dieses Institutes, Professor Oberti und Dr. Goffi, liegen uns zwei Referate vor, die einen guten Einblick in die dort durchgeführten Arbeiten geben.

Alle Modellversuche, gleich welcher Art sie auch sein mögen, haben eine wichtige Grundvoraussetzung: die Beobachtung des Prototypes und die Feststellung der physikalischen mechanischen Eigenschaften des Prototypes, um entsprechende Nachbildungen anfertigen zu können. Wenn auch jeder Modellversuch eine gewisse Idealisierung mit sich bringen muß, so ist doch für den jeweils untersuchten Fall die genaue Kenntnis des Prototyps notwendig. Daher sind Modellversuche allein, ohne die notwendigen physikalischen Grundlagen durchgeführt, nur Demonstrationsmodelle, die wenig Rückschlüsse auf das tatsächliche Verhalten im Gebirge geben können.

Der Wert gebirgsmechanischer Modellversuche ist in der Fachwelt, abgesehen von den speziellen Fachleuten, die die Modellversuche durchführen, oftmals umstritten. Die Meinungen gehen von vollkommener Ablehnung bis zum allein nützlichen Forschungsmittel. Beide extreme Meinungen werden nicht ganz richtig sein, und es wird darauf ankommen, den Modellversuchen wissenschaftlich den entsprechenden Platz zuzuweisen. Sie können in vielen Fällen nur ein Hilfsmittel sein; sie haben andererseits gegenüber den mathematischen Berechnungen den Vorteil des sichtbaren Ablaufes aus der möglichen Erscheinung. Sie werden zweckmäßig so angewandt sein, daß sie komplex mit anderen Forschungsmethoden zur Lösung eines Problems eingesetzt werden müssen, sind aber insbesondere dann von wesentlichem Nutzen, wenn sie Aussagen geben sollen über Vorgänge in nicht zugänglichen Teilen des Gebirges, die im Labor entsprechend nachgebildet werden können.

Die Aufzählung der verschiedenen Modellversuchsarten wäre unvollständig, wenn nicht noch die Versuche an stochastischen Modellen (Sand-Modellen) erwähnt würden, die insbesondere von Litwiniszyn verwendet werden. In diesem Zusammenhang verdienen analoge Modelle in Form von elektronischen Rechenmaschinen (Analog-Rechner) noch Erwähnung. Sie sind m. E. aber nicht mehr als Modell in dem bis jetzt behandelten Sinne anzusprechen, sondern sind eine Rechenmaschine, mit der eine entsprechende feststehende Theorie zahlenmäßig untermauert werden kann. Genau so wie Litwiniszyn für ein rein stochastisches Medium die Vorgänge in einem analogen Modell berechnen läßt, ist dies auch möglich für eine reine Elastizitätstheorie in einem entsprechend analogen Modell. Hierbei müssen wir jedoch die Modelle letzten Endes als weiter nichts als Rechengeräte zur schnelleren Ermittlung der Werte für eine feststehende Rechenoperation sehen.

Wenn wir die großen Gebirgsdrucktagungen des letzten Jahrzehnts betrachten, so kann festgestellt werden, daß von Mal zu Mal den Modellversuchen mehr Raum innerhalb der Vortragsgruppen gegeben wurde. Die letzte Tagung in Paris hatte für Vorträge über Modellversuche eine eigene Gruppe mit insgesamt fünf Vorträgen vorgesehen. Dies zeigt, daß eine Diskussion über dieses Problem notwendig und an der Zeit ist.

Ich glaube, gerade der hier versammelte Kreis ist am besten geeignet, in einer ausgiebigen Aussprache die Vor- und Nachteile der verschiedenen Modellversuchsarten, ihre kritische Einschätzung und ihre Anwendbarkeit für gebirgsmechanische Probleme herauszustellen. Damit kann den in der Forschung tätigen Fachkollegen eine Richtschnur für ein zielbewußtes

Arbeiten, ein Arbeiten, das auf den maximalen wissenschaftlichen Nutzen bei minimalem Kostenaufwand gerichtet sein muß, gegeben werden.

Als Grundlage für die Diskussion sind Referate von Wissenschaftlern aus verschiedenen Ländern vorbereitet worden, die Ihnen im folgenden vorgetragen werden. Außerdem wurden Arbeiten eingereicht von Mitarbeitern des Büros, die selbst nicht an unserer Tagung teilnehmen können; diese Arbeiten liegen Ihnen im vollen Wortlaut vor und sollen ebenfalls mit in die Diskussion einbezogen werden. Diese Diskussionen sollen sich jedoch nicht nur auf das uns Vorgetragene beschränken, sondern sollen gemäß des Rahmenthemas ihre eigene kritische Einschätzung gebirgsmechanischer Modellversuche geben und damit die Grenzen ihrer praktischen Anwendbarkeit für den Bergbau abstecken helfen.

Modellversuche in der Gebirgsmechanik

von H. G. Denkhaus, Pretoria

1. Einleitung

Bei der Lösung eines technischen oder physikalischen Problems können gewöhnlich drei Phasen unterschieden werden:

a) Sammeln und Ordnen der Ergebnisse mehr oder weniger zufälliger Beobachtungen mit dem Ziel, eine Theorie aufzustellen, d. h. ein Gedankenbild der den beobachteten Erscheinungen zugrunde liegenden Gesetzmäßigkeiten zu formen. Dies kann entweder intuitiv geschehen oder rational mittels mathematischer Analyse.

b) Durchführen von Versuchen oder systematischen Beobachtungsreihen unter bekannten und kontrollierten Bedingungen mit dem Ziel, die Theorie zu bestätigen, zu verbessern oder anzufüllen.

c) Aufstellen von Regeln und praktischen Vorschriften, die mit der Theorie und den Versuchs- und Beobachtungsergebnissen in Einklang stehen und mit deren Hilfe Erscheinungen oder Vorgänge entweder vermieden oder herbeigeführt, d. h. beherrscht werden können. Dies ist die eigentliche Lösung des Problems.

Wendet man diese Grundsätze in der Gebirgsmechanik an, so stößt man bei der Durchführung von Versuchen, beim Messen, auf größere Schwierigkeiten als in anderen Zweigen des Ingenieurswesens. Im Gegensatz zum konstruktiven („aufbauenden") Ingenieur hat es der Bergingenieur mit einem Objekt zu tun, das von der Natur bereits gegeben ist und das er „abbauen", d. h. unter kontrollierten Bedingungen zerstören soll. Dieses Objekt, das Gebirge, ist in hohem Grade unzugänglich und unübersehbar, und die Möglichkeiten, Versuche im Gebirge selbst durchzuführen, sind daher begrenzt.

So sind Gebirgsbewegungsmessungen im allgemeinen beschränkt auf die Tagesoberfläche, auf Schächte, Strecken und Baue. Obwohl Messungen und Beobachtungen in Bohrlöchern möglich sind, so sind sie doch schwierig und zeitraubend und liefern oft nur unvollständige Ergebnisse. Zur Spannungsmessung in Bohrlöchern mit Hilfe von Meßzellen verschiedener Bauart sowie zu Bruchbestimmungen, etwa mittels akustischer oder seismischer Methoden, stehen nur indirekte Verfahren zur Verfügung, die meist nur unvollständige, relative und oft sogar mehrdeutige Ergebnisse liefern. Damit soll nicht behauptet werden, daß die Entwicklung solcher Verfahren wertlos ist; es erscheint jedoch nützlich, sich die Grenzen ihres Anwendungsbereichs im Hinblick auf die Vertiefung der Kenntnisse über den Zustand des Gebirges in der Umgebung bergmännischer Hohlräume deutlich vor Augen zu halten.

Gerade wegen der Unzugänglichkeit des Gebirges bietet sich der gebirgsmechanischen Forschung eine Methode an, die in der Physik und im Ingenieurswesen oft angewendet wird, nämlich der Modellversuch. In dem hier vorgelegten Referat sollen daher einige grundsätzliche Gedanken über den Wert und Nutzen von Modellversuchen in der Gebirgsmechanik mitgeteilt werden. Auch soll über gebirgsmechanische Modellversuche in dem unter Leitung des Verfassers stehenden Institut kurz berichtet werden.

2. Demonstrationsmodelle und Physikalische Modelle

Der Begriff des Modells wird oft in etwas verschwommenem Sinne gebraucht; es erscheint daher nützlich, ihn hier deutlich zu definieren.

Modelle werden häufig gebaut zur Veranschaulichung gewisser Zusammenhänge, die durch Beschreibungen, Pläne, Zeichnungen oder Formeln nur schwierig zu verdeutlichen sind. So kann man etwa mit Hilfe von Kugeln die Kristallstruktur eines Metalls oder die Atomstruktur eines Elements veranschaulichen. Auch in der Gebirgsmechanik lassen sich z. B. Theorien der Gebirgsbewegung an Modellen aus Knetmasse, Gips oder Sand verdeutlichen. Diese Art von Modellen, *Demonstrationsmodelle*, haben jedoch keinen Wert als Werkzeuge der Forschung, solange sie nicht gewisse Bedingungen erfüllen, die noch zu erörtern sind. Sie beweisen keineswegs etwa die Theorie, zu deren Veranschaulichung sie gebaut sind; auch können sie nicht als Hilfsmittel dienen, um noch unbekannte Zusammenhänge zu erforschen oder Lücken in einer Theorie zu schließen. Selbstverständlich können sie sehr wertvoll sein für Lehrzwecke.

Ein echtes Modell, ein *physikalisches Modell*, ist dagegen ein sehr wertvolles Forschungsinstrument. Die Bedingung hierfür ist physikalische Ähnlichkeit zwischen Modell und wirklichem Objekt. *Zwei Systeme sind einander physikalisch ähnlich, wenn die Örter ihrer Punkte einander entsprechen (geometrische Ähnlichkeit) und die Quotienten der physikalischen Größen, die einander hinsichtlich Ort, Zeit und Richtung in beiden Systemen entsprechen, konstant sind.* Dimensionsanalyse[1]) ist ein sehr wirkungsvolles Verfahren, um diese allgemeine Bedingung zu spezifizieren. Sie besteht im wesentlichen darin, daß man eine Liste aller physikalischen Größen, Konstanten und Charakteristiken (z. B. eine nichtlineare Spannungs-Verformungs-Charakteristik) aufstellt, einige dieser Größen, die voneinander unabhängig sein müssen, als „Grundgrößen" wählt[2]) und dann unter Anwendung gewisser Regeln dimensionslose Parameter aus den physikalischen Größen, Konstanten und Charakteristiken bildet. Die Ähnlichkeitsbedingung kann dann so formuliert werden, daß die dimensionslosen Parameter für beide Systeme (bzw. für Modell und wirkliches Objekt) gleiche Werte haben und die Werte der Grundgrößen in dem einen System denen im anderen proportional sein müssen.

Wenn diese Bedingungen erfüllt sind, dann — *und nur dann* — ist das Modell ein Forschungsinstrument zur Lösung von zwei Gruppen von Aufgaben, die hier kurz besprochen werden sollen.

Die *erste Gruppe* von Problemen, die mit Hilfe von Modellversuchen gelöst werden können, ist dadurch gekennzeichnet, daß eine vollständige Theorie des Problems besteht und daher die entsprechenden physikalischen Größen und ihre Beziehungen zueinander bekannt sind. Das Modell ist dann nichts anderes als eine „Rechenmaschine", welche die entsprechenden Gleichungen löst, falls die richtigen Randbedingungen im Modell abgebildet sind. Solche Modelle sind besonders nützlich, wenn die analytische Lösung der Gleichungen zeitraubend oder gar unmöglich ist.

Die *zweite Gruppe* von Problemen ist dadurch gekennzeichnet, daß eine Theorie nicht besteht, unvollständig oder nur annähernd richtig ist. Dann ist es die Aufgabe des Forschers, diejenigen physikalischen Größen zu erkennen, die für das Problem wichtig sind, ein Modell entsprechend den Ähnlichkeitsbedingungen zu bauen und das Problem daran zu studieren. Das Modell liefert dann empirische Gesetzmäßigkeiten. Obwohl der Erfolg bis zu einem gewissen Grade von der Intuition des Forschers abhängt, sind die Ergebnisse doch streng gültig

[1]) Siehe z. B. Focken, C. M.: Dimensional methods and their application. Edward Arnold & Co., London 1953.

[2]) Welche und wie viele Grundgrößen man auswählt, ist freigestellt, solange die Grundgrößen voneinander unabhängig sind. Oft wählt man drei (Länge, Kraft, Zeit), bei rein statischen Problemen zwei (Zeit fällt fort), jedoch ist es oft zweckmäßig mehr und/oder andere zu wählen.

für das wirkliche Objekt und so vollständig wie die Abbildung der physikalischen Größen im Modell. Die Ergebnisse sind genauso realistisch wie irgendeine analytische Lösung, die auf gewissen Annahmen aufgebaut ist, wie es im Ingenieurswesen und in der Physik üblich ist. Ein solches Modell kann auch gültige Aussagen machen über Vorgänge, die am wirklichen Objekt nicht gemessen werden können, sei es, daß dieses unzugänglich ist oder daß — wie z. B. im Falle gewisser geologischer Probleme — der Vorgang sich über Zeiträume erstreckt, die außerhalb des menschlichen Beobachtungsvermögens liegen.

Die Aufgabe der Gebirgsmechanik ist die Erforschung der Spannungen, Verformungen und Bewegungen im Gebirge in der Umgebung bergmännischer Hohlräume. Die verschiedenen Typen von Systemen, die der Gegenstand dieser Forschung sind, können kurz gekennzeichnet werden durch Kombinationen der folgenden Eigenschaftspaare: —

kontinuierlich	—	diskontinuierlich
homogen	—	nichthomogen (heterogen)
isotrop	—	anisotropisch (aeolotropisch)
elastisch	—	plastisch
viskos	—	nichtviskos

In den folgenden Abschnitten sollen die wichtigsten dieser Systeme kurz besprochen werden. Zunächst und eingehender als die anderen möge der elastische Gebirgskörper behandelt werden. Für ihn besteht eine Theorie, die Elastizitätstheorie, und Modellversuche gehören daher zu der ersten der beiden oben besprochenen Gruppen.

3. Modelle eines kontinuierlichen elastischen Gebirgskörpers

Gestellt sei die Aufgabe, die Spannungen, Verformungen und Verschiebungen in jedem Punkt des Gebirges in der Umgebung eines bergmännischen Hohlraums zu bestimmen, unter der Annahme eines linear-elastisch kontinuierlichen Gebirges. Nach der Elastizitätstheorie hängen Spannung, Verformung und Verschiebung ab von der Form und Größe des Hohlraumes, der Belastung des Gebirges und dem Gestein. Das Gestein ist gekennzeichnet durch sein spezifisches Gewicht und zwei Elastizitätskonstante, etwa durch den Elastizitätsmodul und die Poissonsche Konstante.

Eine Dimensionsanalyse der physikalischen Größen, die in diesem Problem eine Rolle spielen, führt zu acht dimensionslosen Parametern aus zehn Größen, die zwischen den Klammern der Gl. (1a) erscheinen. Die Parameter dürfen übrigens durch eine gleiche Anzahl anderer ersetzt werden, die jedoch aus Potenzen von Produkten oder Quotienten der vorigen gebildet sein müssen, wie z. B. in Gl. (1b).

$$\psi_1\left(\frac{\sigma L_0^2}{P_0}, \frac{P_0}{w L_0^3}, \frac{P}{P_0}, \frac{L}{L^0}, \frac{u}{L_0}, \frac{E}{w L_0}, \nu, \varepsilon\right) = 0 , \tag{1a}$$

$$\psi_2\left(\frac{\sigma}{w L_0}, \frac{P_0}{E L_0^2}, \frac{P}{P_0}, \frac{L}{L_0}, \frac{u}{L_0}, \frac{E}{w L_0}, \frac{E r}{\sigma}, \varepsilon\right) = 0 . \tag{1b}$$

Hierin sind

- ψ_1, ψ_2, Funktionen, durch welche die Beziehungen zwischen den Parametern beschrieben werden, die jedoch durchaus nicht bekannt zu sein brauchen
- L_0 eine typische Abmessung, z. B. die Spannweite des Baues
- L jede andere Abmessung, z. B. die Bauhöhe
- P_0 eine typische Last, z. B. die Belastung des mittleren Stempels in der ersten Reihe am Stoß
- P jede andere Last

w das spezifische Gewicht des Gesteins
E der Elastizitätsmodul des Gesteins
ν die Poissonsche Konstante des Gesteins
σ jede Spannung
ε jede Verformung
u jede Verschiebung.

Die Parameter P/P_0, L/L_0 und u/L_0 haben gleiche Werte in Modell und wirklichem Objekt (wie es die Ähnlichkeitsbedingung fordert), wenn der Lastmaßstab s_P für alle äußeren Belastungen P, P_0 gilt und der Längenmaßstab s_L für alle Abmessungen L, L_0 und alle Verschiebungen, u, gilt. Man findet auch, daß der Spannungsmaßstab gleich dem Maßstab für den Elastizitätsmodul, s_E, sein muß. Da der Verschiebungsmaßstab gleich dem Längenmaßstab ist, wird auch die Bedingung für gleiche Verformungen, ε, in Modell und Objekt automatisch erfüllt. Weiterhin muß auch die Poissonsche Konstante des Modellmaterials der des wirklichen Gesteins gleich sein.

Für die Dimensionsanalyse wurden zweckmäßigerweise zwei Grundgrößen (Kraft und Länge) gewählt. Daher sind zwei Maßstäbe beliebig; die übrigen acht sind durch die Ähnlichkeitsbedingungen von jenen abhängig. Sechs davon (P_0, L_0, u, σ, ν, ε) wurden soeben behandelt. Tabelle 1 zeigt, wie die übrigen beiden Maßstäbe von den beiden beliebig gewählten abhängen müssen, um die Ähnlichkeitsbedingungen zu erfüllen.

Tabelle 1. Beziehungen zwischen den Maßstäben

	Willkürlich gewählte Maßstäbe					
	s_L und s_E	s_L und s_w	s_L und s_P	s_E und s_w	s_E und s_P	s_w und s_P
$s_L =$	—	—	—	s_E/s_w	$\sqrt{s_P/s_E}$	$\sqrt[3]{s_P/s_w}$
$s_E =$	—	$s_L\ s_w$	s_P/s_L^2	—	—	$\sqrt[3]{s_P\, s_w^3}$
$s_w =$	s_E/s_L	—	s_P/s_L^3	—	$\sqrt{s_E^3/s_P}$	—
$s_P =$	$s_E\, s_L^3$	$s_w\, s_L^3$	—	s_E^3/s_w^2	—	—

Betrachtung der Tabelle 1 zeigt, daß es nicht einfach ist, vollständige Ähnlichkeit zwischen Modell und Objekt zu erreichen. Wenn z. B. der Längenmaßstab $s_L = 1 : 100$ und der für den Elastizitätsmodul $s_E = 1 : 5$ gewählt werden, müßte der Maßstab für das spezifische Gewicht $s_W = 20 : 1$ werden. Solch schweres Material gibt es jedoch nicht. Man kann jedoch das Modell in einer Zentrifuge rotieren lassen und dadurch das spezifische Gewicht künstlich erhöhen. Darüber hinaus ist gezeigt worden [1], daß im Falle von nicht über- oder unterbauten Hohlräumen, deren Ausdehnung klein gegen ihre Teufe ist, der Fehler gering ist, wenn man das spezifische Gewicht, das die Massenkräfte (Eigengewicht, Gravitationseinflüsse) bestimmt, vernachlässigt. Dann ist es möglich, ein Modell zu bauen aus einem Material mit beliebigem Elastizitätsmodul (wodurch s_E gewählt wird) und einem geeigneten Längenmaßstab (wodurch s_L gewählt wird) und es in einer geeigneten Vorrichtung senkrecht und/oder horizontal zu belasten. Der Lastmaßstab muß dann, nach Tabelle 1, $s_P = s_E\, s_L^2$ oder der Druckmaßstab $s_P/s_L = s_E$ sein. Wenn dann Spannungs-, Verformungs- und Verschiebungsmesser in das Modell eingebaut werden, kann das Problem für jede beliebige Belastungsart gelöst werden.

Die Bedingung, daß die Poissonsche Konstante des Modellmaterials der des wirklichen Gesteins gleich sein muß, ist auch oft schwierig zu erfüllen. Es ist aber gezeigt worden [2], daß der Fehler gering ist, wenn man diese Bedingung vernachlässigt.

Modellversuche in der Zentrifuge, die angewendet werden, wenn Gravitationseinflüsse nicht mehr vernachlässigt werden dürfen, beruhen auf der Tatsache, daß die Zentrifugalbeschleu-

Bild 1. Die Zentrifuge für Modellversuche im Nationalinstitut für Ingenieursmechanik in Pretoria. *1* — 25 PS-Antriebsmotor; *2* — Getriebe; *3* — Stufenloses hydraulisches Übersetzungsgetriebe; *4* — 12-Kanal Schleifringeinheit; *5* — Modellhalter; *6* — Rotor (Durchmesser: 2,44 m)

nigung denselben Einfluß hat wie die Fallbeschleunigung. Rotiert ein Körper mit der Drehzahl n im Abstand r vom Drehmittelpunkt, so ist die Zentrifugalkraft pro Raumeinheit

$$w_c = \frac{4\,\pi^2\,r\,n^2}{g}\,w\,, \tag{2a}$$

wobei w das spezifische Gewicht des Materials, g die Fallbeschleunigung und $4\pi^2 r\,n^2$ die Zentrifugalbeschleunigung sind. Der Maßstabfaktor für das spezifische Gewicht des Materials ist dann

$$s_w = \frac{w_c}{w} = \frac{4\,\pi^2\,r\,n^2}{g}\,. \tag{2b}$$

Eine Zentrifuge, die von des Verfassers Forschungsgruppe gebaut wurde, ist in Bild 1 gezeigt. Sie kann Modelle bis zu einem Gewicht von etwa 50 kp aufnehmen und in ihnen Zentrifugalsbeschleunigungen bis zu 1200 g bewirken, d. h. Maßstabsfaktoren bis zu $s_w = 1200 : 1$ für das spezifische Gewicht verwirklichen.

Der Einfluß von *Heterogenität* und *Anisotropie* im elastischen Verhalten eines Gebirges kann auch an Modellen untersucht werden. Gl. (1) muß dann um die folgenden dimensionslosen Parameter erweitert werden:

$$\frac{E'}{E}, \frac{E''}{E}, \ldots \frac{w'}{w}, \frac{w''}{w}, \ldots \nu', \nu'', \ldots \tag{3}$$

wobei E ein typischer Elastizitätsmodul ist, z. B. der in horizontaler Richtung des unmittelbaren Hangenden, und E', E'', ... Elastizitätsmoduln anderer Lagen in jeder anderen Richtung. Entsprechendes gilt für w, w', w'' ... und ν, ν', ν'' ...

Die Besprechung elastischer Modelle wäre unvollständig ohne Verweisung auf *spannungsoptische Modelle.* Die spannungsoptische Analyse beruht auf der physikalischen Erscheinung, daß die meisten durchsichtigen Stoffe unter Spannung optisch doppelbrechend werden: Sendet man polarisiertes Licht durch eine ebene Platte aus solchem Stoff und erzeugt elastische Spannungen in der Platte, so wird das Licht in jedem Punkt in zwei Komponenten zerlegt, die in Ebenen parallel zu denen der beiden Hauptspannungsebenen in diesem Punkte schwingen, und die Fortpflanzungsgeschwindigkeiten der beiden Wellenkomponenten hängen von der Größe der beiden Hauptspannungen ab. Mit Hilfe eines zweidimensionalen Modells aus geeignetem spannungsoptischem Material kann die ebene Spannungsverteilung in einem Körper ermittelt werden.

Ohne auf bekannte Grundlagen und Verfahren einzugehen, möge hier nur festgehalten werden, daß die zweidimensionale spannungsoptische Analyse für jeden Punkt Kurven gleicher Hauptspannungsrichtung (Isokline) und Kurven gleicher Hauptspannungsdifferenz, die bekanntlich auch Kurven gleicher Größtschubspannung sind (Isochrome), liefert. Mittels einer einfachen graphischen Methode kann man aus den Isoklinen auch die Spannungstrajektoren (Kurven, deren Tangenten die Hauptspannungsrichtungen ergeben) konstruieren, die den „Spannungsfluß" veranschaulichen.

Die Hauptspannungsdifferenzen selbst, die gleich den größten Schubspannungen sind, werden mittels der folgenden Gleichung bestimmt, welche die Beziehung zwischen den optischen und elastischen Vorgängen ausdrückt:

$$2\,\tau_{\max} = \sigma_1 - \sigma_2 = f N / T \tag{4}$$

wobei σ_1 und σ_2 die Hauptspannungen,

f die spannungsoptische Konstante des Materials, die in einem Eichversuch bestimmt wird,
N die Ordnung der Isochromate und
T die Dicke der Modellplatte sind.

Die Größen der Hauptspannungen können aus den Ergebnissen der spannungsoptischen Analyse ermittelt werden, entweder mittels numerischer, graphischer oder graphisch-numerischer Verfahren oder durch Modellversuche mit elektrischen Analogien oder Membrananalogien, oder mittels einer direkten Versuchsmethode, wobei die Dickenänderungen in jedem Punkt der spannungsoptischen Modellplatte unter Spannung mit Dehnungsmessern gemessen wird. Der Wert $(\sigma_1 + \sigma_2)$ kann aus diesen Ergebnissen abgeleitet werden, und σ_1 und σ_2 können dann unter Zuhilfenahme von Gl. (4) bestimmt werden.

Natürlich müssen die Ähnlichkeitsbedingungen auch bei spannungsoptischen Modellen erfüllt sein. Da bei zweidimensionalen Spannungsproblemen die Spannung unabhängig von den Elastizitätskonstanten ist, können die Größen E und ν aus Gl. (1) entfernt werden. Wenn der Einfluß von Massenkräften (Eigengewicht) vernachlässigt werden darf — dieser Fall wurde bereits kurz erörtert —, dann darf auch die Größe w in Gl. (1) vernachlässigt werden. Weiterhin darf man auch ε und u in Gl. (1) ignorieren, da mit Hilfe der spannungsoptischen Analyse die Spannungen, nicht jedoch Verformungen und Verschiebungen experimentell bestimmt werden können.[1]) Gl. (1) vereinfacht sich dann zu

$$\Psi_3\left(\frac{\sigma L_0^2}{P_0}, \frac{P}{P_0}\frac{L}{L_0}\right) = 0\,. \tag{1c}$$

Wählt man Längen- und Lastmaßstab beliebig, so ergibt sich für den Spannungsmaßstab

$$s_\sigma = s_P / s_L^2\,.$$

Zur spannungsoptischen Lösung von Spannungsproblemen wurde ein Polariskop mit Belastungsrahmen (Bild 2) von der Forschungsgruppe des Verfassers gebaut. Es ist ein Linsenpolariskop mit einem Arbeitsfeld von etwa 30 cm Durchmesser. Polarisator und Analysator werden durch Servoantriebe rotiert, die von einem vor dem Gerät angeordneten Kontrolltisch aus geregelt werden. Der Belastungsrahmen kann vertikale und horizontale Zug- und

[1]) Spannung ist eigentlich eine fiktive Größe, die nur durch ihre Wirkungen, nämlich Verformung oder Verschiebung, gemessen werden kann. Die Verformungen und Verschiebungen, die in einem spannungsoptischen Stoff die optischen Effekte bewirken, sind jedoch äußerst klein, so daß man praktisch davon sprechen kann, daß in der Spannungsoptik „die Spannung durch ihre optischen Wirkungen gemessen wird".

Druckbelastung bis zu etwa 750 kp gleichzeitig oder in jeder beliebigen Kombination ausüben. Die Belastung wird ebenfalls von dem Kontrolltisch aus geregelt.

Für Probleme, bei denen der Einfluß des Eigengewichts nicht vernachlässigt werden darf, wird das Modell in der Zentrifuge rotiert und ein Verfahren angewandt, bei dem die Spannung „eingefroren" wird: Modelle aus „Araldite B" werden in einen Ofen eingebracht, dessen Temperatur geregelt werden kann und der an dem Zentrifugenarm (Bild 1) befestigt ist. Das Modell wird bis zu einer für „Araldite B"[1]) vorgeschriebenen Temperatur erhitzt. Dann läßt man es mit vorgeschriebener Abkühlungsgeschwindigkeit abkühlen, während es mit einer Drehzahl rotiert, die dem gewünschten Maßstab für das spezifische Gewicht nach Gl. (2b) entspricht. Durch dieses Verfahren bleibt die Spannung im Modell nach Entlastung erhalten, sie wird „eingefroren" (frozen stress technique, Einfrierverfahren). Das Modell wird dann in gewohnter Weise im Polariskop (Bild 2) untersucht, wobei der Belastungsrahmen natürlich nicht gebraucht wird.

Bild 2. Das Linsenpolariskop mit Belastungsrahmen des Nationalinstitutes für Ingenieursmechanik in Pretoria

Die spannungsoptische Konstante, f_0, des Materials für „eingefrorene Spannung" wird in einem Eichversuch bestimmt [3], bei dem eine Scheibe auf ihrer Kante steht, nur durch ihr Eigengewicht belastet wird und dabei der oben beschriebenen Wärmebehandlung unterworfen wird, um die Spannung „einzufrieren".

Wird die Spannung während der Zentrifugalbelastung eingefroren, so ist die spannungsoptische Konstante

$$f_c = f_0 g / 4 \pi^2 r n^2 . \tag{5a}$$

Durch Einsetzen aus Gl. (2b) erhält man dann:

$$f_c = f_0 / s_w , \tag{5b}$$

wobei f_0 die spannungsoptische Konstante des Materials (Araldite B) für eingefrorene Spannung, ermittelt durch den eben beschriebenen Eichversuch, ist und s_w der Maßstab für spezifisches Gewicht.

Das folgende Beispiel sei angeführt, um zu verdeutlichen, wie wichtig die Beachtung des Einflusses des Eigengewichts des Gesteins für gewisse Spannungsprobleme in der Gebirgsmechanik ist. Bild 3a (s. Tafel 1) zeigt Kurven gleicher Größtschubspannung (Isochromaten) eines ebenen spannungsoptischen Modells, das durch äußeren vertikalen Druck im Belastungsrahmen (Bild 2) belastet wurde, während Bild 3b (s. Tafel 1) dieselben Kurven für ein Modell in demselbem Maßstab und aus demselbem Material zeigt, bei dem jedoch die Spannung unter Zentrifugalbelastung eingefroren wurde. Beide Modelle bilden als ebene Modelle zwei übereinanderliegende Baue ab. Es ist deutlich, daß die bedeutsamsten Unterschiede zwischen beiden Bildern in dem Gebiet zwischen den beiden Bauen auftreten: Das Modell mit Eigengewichtsbelastung zeigt dort schubspannungsfreie Gebiete, die in dem Modell mit äußerer

[1]) Hergestellt durch CIBA, Schweiz.

Druckbelastung nicht auftreten. Die Bedeutung dieser Beobachtung für die Ermittlung der Spannungsverteilung in der Umgebung bergmännischer Hohlräume ist augenfällig.

Die Forschungsgruppe des Verfassers befaßt sich auch mit spannungsoptischen Untersuchungen an dreidimensionalen Modellen. Bei diesen Modellen wird die Spannung eingefroren und das Modell dann in ebene Scheiben zerschnitten, die in der üblichen Weise im Polariskop analysiert werden. Was die Vereinfachung der in Gl. (1) gegebenen Ähnlichkeitsbedingungen anbetrifft, so darf der Elastizitätsmodul auch hier vernachlässigt werden, da er die Spannungsverteilung nicht beeinflußt.[1]) Der Einfluß der Poissonschen Konstante darf eigentlich nicht vernachlässigt werden. Es ist jedoch gezeigt worden [2], daß der Fehler im Ergebnis gering ist, wenn das Modellmaterial nicht dieselbe Poissonsche Konstante besitzt wie das Material des wirklichen Objekts.

4. Modelle kontinuierlicher elasto-plasto-viskoser Gebirgskörper

Die bisherigen Betrachtungen galten linear-elastischen Systemen. Viele Gebirge sind, zumindest annähernd, elastisch und selbst wenn sie es nicht sind, so bietet die Elastizitätstheorie doch die erste Annäherung zur Lösung von Spannungs-, Verformungs- und Verschiebungsproblemen. Obwohl daher die Behandlung von Elastizitätsproblemen in der Gebirgsmechanik gerechtfertigt ist, darf doch nicht übersehen werden, daß Gesteine auch plastisches und viskoses Verhalten zeigen. Wenn Probleme im Zusammenhang mit solchen Eigenschaften zur Lösung anstehen, so sind nach Meinung des Verfassers Modellversuche — neben Großversuchen im Gebirge — die einzige Methode, die praktische Ergebnisse verspricht.

Die Ähnlichkeitsbedingungen für elasto-plasto-viskose Systeme sind natürlich schwieriger als für linear-elastische Körper. Die Besprechung soll daher auf einige programmatische Bemerkungen beschränkt werden, die mehr ein Ausblick als ein Bericht sind.

Nichtlinearität des elastischen Verhaltens kann in Modellen abgebildet werden, wenn die Konstanten E und ν in Gl. (1) durch Funktionen $E(\sigma)$ und $\nu(\sigma)$ oder $E(\varepsilon)$ und $\nu(\varepsilon)$ ersetzt werden, welche die Abhängigkeit des Elastizitätsmoduls und der Poissonschen Konstante von der Spannung bzw. der Verformung ausdrücken.

Soll das *plastische Verhalten* eines Gesteins in einem Modell abgebildet werden, so gehen neue physikalische Größen, die eine Plastizitätsbedingung kennzeichnen, in die Betrachtung ein. So kann z. B. nach von Mises [4] die Bedingung aufgestellt werden, daß die spezifische Gestaltänderungsenergie während der plastischen Verformung einen konstanten kritischen Wert behält. Der dimensionslose Parameter, der für Modell und wirkliches Objekt denselben Wert haben muß, ist dann

$$\frac{U}{\sigma}, \tag{6}$$

wobei U der kritische Wert der spezifischen Gestaltänderungsarbeit und σ die Spannung ist. Dieser Parameter würde dann in Gl. (1) jene mit den beiden elastischen Konstanten ersetzen.

Viskoses Verhalten, d. h. Zeitabhängigkeit der elastischen oder plastischen Verformung, kann durch eine Viskositätskonstante μ im Falle linearer Viskosität oder durch Viskositätsfunktionen $\mu(\sigma)$, $\mu(\varepsilon)$ oder $\mu(t)$ im Falle nichtlinearer Viskosität dargestellt werden. Offensichtlich muß dann auch die Zeit t, als physikalische Größe eingeführt werden und, wenn Ähnlichkeit zwischen Modell und Objekt gefordert wird, ein Zeitmaßstab gewählt werden. Dies bietet jedoch keine Schwierigkeit, da die Zeit neben Länge und Kraft als dritte Grundgröße der Parameter in Gl. (1) eingeführt und daher der Zeitmaßstab willkürlich gewählt werden

[1]) Der Elastizitätsmodul beeinflußt zwar die Verformungen und Verschiebungen, aber diese können ohnehin nicht im spannungsoptischen Versuch bestimmt werden.

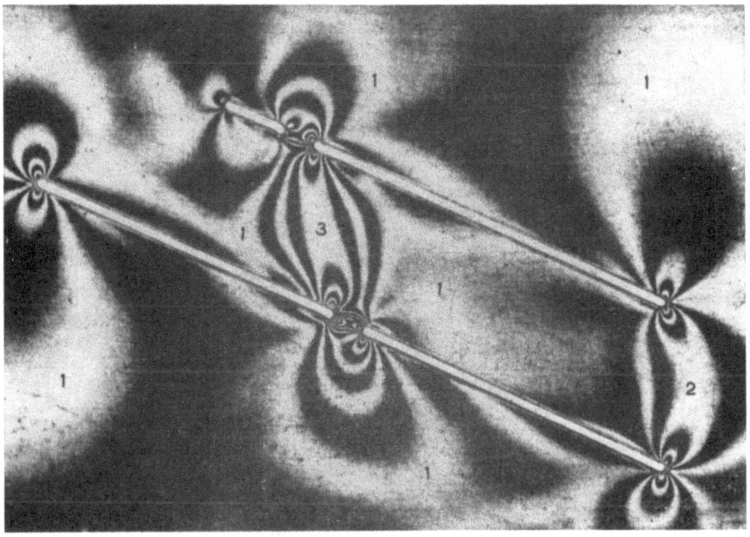

Bild 3a

Bild 3b

Bild 3. Kurven gleicher Größtschubspannung in ebenen spannungsoptischen Modellen zweier übereinanderliegender Baue.

a) Durch äußeren Druck belastetes Modell;
b) Modell mit unter Zentrifugalbelastung „eingefrorener" Spannung

darf. Abbildung viskosen Verhaltens im Modell erfordert einen zusätzlichen dimensionslosen Parameter in Gl. (1):

$$\frac{\mu L_0^2}{P_0 t}, \quad \frac{\mu(\sigma) L_0^2}{P_0 t}, \quad \frac{\mu(\varepsilon) L_0^2}{P_0 t} \quad \text{oder} \quad \frac{\mu(t) L_0^2}{P_0 t}. \tag{7}$$

Natürlich gibt es Fälle, in denen Kenngrößen der Elastizität, Plastizität und Viskosität kombiniert werden müssen, um das Verhalten eines Systems zu beschreiben. Durch Einführung von Funktionen $E(\varepsilon)$, $\nu(\varepsilon)$, $U(\sigma)$ und $\mu(\sigma)$ anstelle von Konstanten E, ν, U und μ kann mit wachsender Spannung auftretende, allmähliche Veränderung von einem Verhaltenstyp zum anderen dargestellt werden. Dimensionslose Parameter, die in Gl. (1) eingeführt werden und diese Funktionen enthalten, spezifizieren dann das Material, durch welches dieses Verhalten in Modellen abgebildet werden kann.

In ähnlicher Weise wie für den Fall der linearen Elastizität beschrieben, können auch Heterogenität und Anisotropie des elastischen, plastischen und viskosen Verhaltens in Modellen abgebildet werden.

Wenn der Übergang von einem Verhaltenstyp zum anderen, etwa vom elastischen zum plastischen Verhalten, plötzlich ist, so müssen zusätzliche dimensionslose Parameter gebildet werden, die den kritischen Wert (bei dem der Übergang stattfindet) geeigneter Größen (Spannung, spezifische Verformungsenergie) enthalten. Solche Parameter können z. B. folgende Form annehmen:

$$\frac{\sigma_c}{\sigma}, \tag{8a}$$

worin σ_c etwa die Elastizitätsgrenze (oder Fließgrenze) und σ die Spannung ist, oder

$$\frac{U_c}{U}, \tag{8b}$$

worin U_c der kritische Wert (bei dem der Übergang stattfindet) der spezifischen Gestaltänderungsenergie U ist.

Zusammenfassend sei gesagt, daß physikalische Ähnlichkeit zwischen Modell und wirklichem Objekt erreicht werden kann, wenn Affinität zwischen den Spannungs-Verformungs-Zeit-Kennlinien des Modellmaterials und des wirklichen Gesteins gewährleistet ist. Im Falle eines kontinuierlichen Körpers wird diese Bedingung am einfachsten erfüllt, wenn das Modell aus demselben Material wie das wirkliche Objekt besteht und der Maßstab für das spezifische Gewicht durch Zentrifugalbelastung verwirklicht wird.[1])

5. Bruchmodelle

Nicht nur Spannungen, Verformungen und Verschiebungen im Gebirge sondern auch Brucherscheinungen sind wichtig für den Bergingenieur. Das Ausmaß des Bruches, der Zerrüttung des Gesteins, in der Umgebung bergmännischer Hohlräume ist schwierig zu ermitteln. Auch hier bieten sich Modellversuche als ein Mittel zur Vertiefung unserer Kenntnisse auf diesem Gebiete an.

Was die Ähnlichkeitsbedingungen anbetrifft, so muß nicht nur die Bruchfestigkeit, sondern auch die Zähigkeit (bzw. Sprödigkeit) des Gesteins im Modell abgebildet werden. Der Verfasser ist überzeugt, daß die Beziehungen zwischen Festigkeit, Zähigkeit (Sprödigkeit) und Spannungsverteilung irgendwie bestimmen, ob ein Gebirge zu Gebirgsschlägen neigt. Festigkeit und Zähigkeit eines Materials können durch Formeln beschrieben werden, die aus Festigkeits- und Zähigkeitsdiagrammen abgeleitet werden können, wie sie der Verfasser andernorts

---

[1]) Gleiches Material für Modell und Objekt befriedigt nicht die Ähnlichkeitsbedingung hinsichtlich des Maßstabs für das spezifische Gewicht. Betrachte z. B. Tabelle 1 und Gl. (1), um dies zu erkennen.

[5] beschrieben hat. Diese Formeln sind allerdings recht verwickelt. In erster Annäherung mögen Bruch- und Zähigkeitskriterien durch folgende dimensionslose Parameter ausgedrückt werden:

$$\frac{\sigma_B}{\sigma} \quad \text{und} \quad \frac{\varepsilon_P}{\varepsilon}. \tag{9}$$

Hierin ist σ_B die Bruchfestigkeit und ε_P die plastische Verformung beim Bruch, die ein Maß für die Zähigkeit ist. Ist größere Genauigkeit erforderlich, so müssen die Konstanten σ_B und ε_P durch Funktionen des Spannungszustandes ersetzt werden. Diese Funktionen können von den erwähnten Festigkeits- und Zähigkeitsdiagrammen abgeleitet werden.

Bisher hat die Forschungsgruppe des Verfassers nur ,,an der Oberfläche des Problems gekratzt". Dennoch möge bei dieser Gelegenheit kurz über die Arbeiten berichtet werden. Das zunächst untersuchte Problem betrifft die Entstehung und Ausbreitung von Rissen, die von einem kreisrunden Loch in einer Gesteinsmasse ausgehen, die durch äußeren vertikalen Druck p und horizontalen Druck kp belastet ist (Bild 4).

Wenn das Gestein linear-elastisch ist, treten die größten Zug- bzw. Druckspannungen an Krone und Fuß bzw. an den Seiten des Loches auf und sind einachsig. Ihre Werte sind in Bild 4 in Abhängigkeit vom Verhältnis k zwischen horizontalem und vertikalem äußerem Druck gegeben. Es wird angenommen, daß Bruch auftritt, wenn entweder die Zugspannung die Zugfestigkeit, oder die Druckspannung die Druckfestigkeit erreicht. Da die Zugfestigkeit des Gesteins sehr gering ist, werden Risse zuerst an der Krone und am Fuß des Loches auftreten, vorausgesetzt, daß k kleiner ist als 0,33 (s. Bild 4).

Ebene Modelle wurden aus Quarzit (Material des wirklichen Objekts) hergestellt, vertikal und horizontal belastet und die Länge der an Krone und Fuß entstehenden Risse in Abhängigkeit vom Verhältnis k gemessen. Die Ergebnisse sind in Bild 5 aufgetragen. Zusätzlich wurden die Verformungen mittels eines Verfahrens mit doppelt-reflektierendem Lack [6] gemessen. Dehnungsmeß-Streifen wurden auf der Rückseite des ebenen Modells angebracht, um die Verformungsmessungen mit doppeltreflektierendem Lack zu prüfen. Gute Übereinstimmung der Meßergebnisse wurde erzielt.

Die Risse traten bei einer durchschnittlichen Zugspannung von 3,5 kp/mm² auf. Dies stimmt überein mit der angenäherten Zugfestigkeit, ermittelt aus Versuchen an Quarzit-

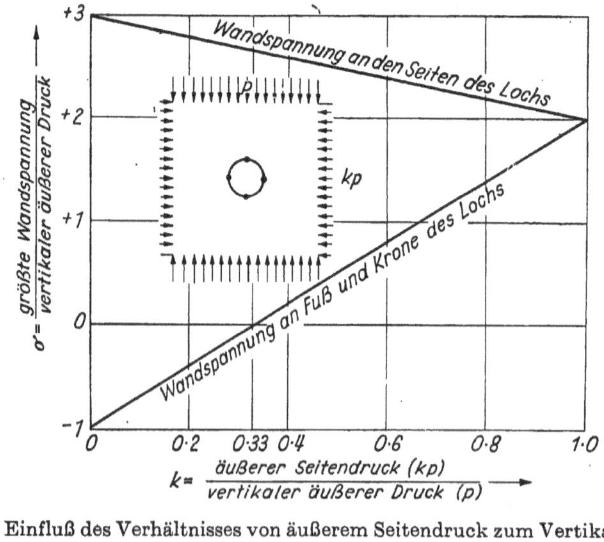

Bild 4. Einfluß des Verhältnisses von äußerem Seitendruck zum Vertikaldruck auf die Maximalspannungen an den Begrenzungen eines runden Loches in einem unendlichen ebenen Körper

proben [7]. Wenn die Risse etwa die in Bild 5 gegebene Länge erreichten, veränderte sich die Spannung an den Spitzen der Risse von Zug nach Druck. Das bedeutet, daß ein Weiterschreiten der Risse entsprechend einem Trennbruchmechanismus (Zugbruch) nicht länger möglich war. Die Druckspannung an den Seiten des Loches verminderte sich um etwa 15%, sobald sich die Risse in Krone und Fuß des Loches entwickelten.

Bruch an den Seiten des Loches trat bei einer durchschnittlichen Druckspannung von 72,7 kp/mm² auf, während die an Quarzitproben ermittelte durchschnittliche Druckfestigkeit 50,3 kp/mm² beträgt. Die Größenordnung der Verformungen beim Bruch war $12 \cdot 10^{-3}$. Das Gestein verhielt sich elastisch bis zu Spannungen von etwa 70,3 kp/mm². Bruch begann als heftiges Wegspritzen kleiner Gesteinsteilchen von den Seiten des Loches, gefolgt von allmählichem Zerdrücken des Gesteins. Dadurch wurde eine Bruchzone gebildet, die sich allmählich in Richtung des größten Spannungsgradienten ausbreitete. Die Bruchausbreitung hörte nicht auf (da fortwährend hohe Spannungsspitzen vor der Bruchzone entstehen). Bild 6 zeigt ein typisches Foto des beobachteten Verlaufs.

Es wird erwartet, daß die Erweiterung dieser Versuche auf Hohlräume mit verwickelter Form weitere Aufschlüsse über das Bruchverhalten spröden Gesteins in der Umgebung bergmännischer Hohlräume und die Ausdehnung solcher Bruchzonen geben wird. Solche Versuche mögen auch helfen, um die Frage der Bruchhypothesen für Gesteine zu klären [8].

In Bild 7 sind die Spannungs-Verformungs-Kennlinien eines typischen Witwatersrand Quarzits und eines keramischen Materials wiedergegeben. Man erkennt, daß die Poissonschen Konstanten beider Stoffe dieselben sind, daß aber der Elastizitätsmodul und die Druckfestigkeit des Quarzits 10mal größer sind als die des keramischen Materials. Baut man also ein Modell aus dem keramischen Material, so ist der Maßstab für Elastizitätsmodul, Festigkeit (und Spannung) $s_E = 1:10$. Wird der Längenmaßstab $s_L = 1:10{,}000$ gewählt, so muß, nach Tabelle 1, der Maßstab für das spezifische Gewicht $s_w = 1 : 1000$ werden. Dies kann mit Hilfe der in Bild 1 gezeigten Zentrifuge erreicht werden. Nach Tabelle 1 ist der Maßstab für äußere Lasten $s_p = 1 : 10^{1}/$, d. h. sie können vernachlässigt werden. Es ist geplant, solche dreidimensionale Modelle

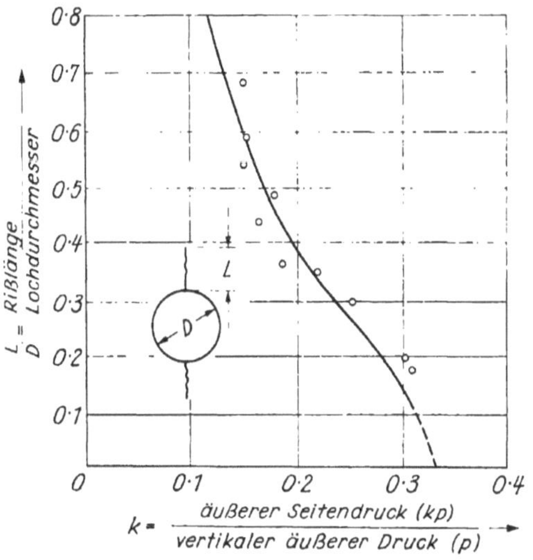

Bild 5. Einfluß des Verhältnisses von äußerem Seitendruck zum Vertikaldruck auf die Länge von Zugrissen in Krone und Fuß eines runden Loches in einem Gesteinskörper

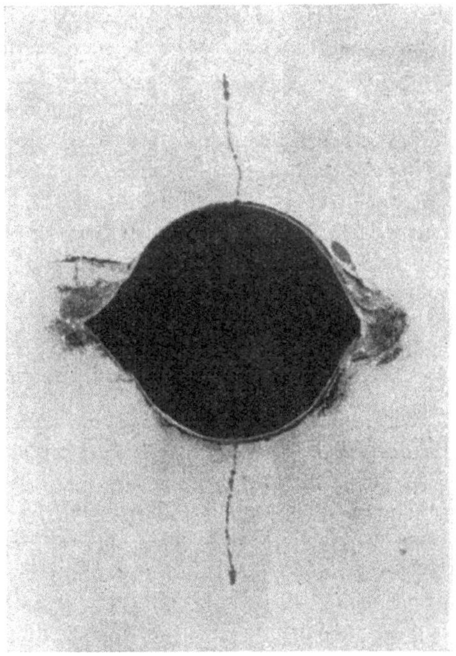

Bild 6. Bild der Bruchausbreitung in der Umgebung eines horizontalen Bohrloches in einem Gesteinsmodell. Das Gestein wurde gebeizt, um die Risse in Krone und Fuß deutlicher sichtbar zu machen.

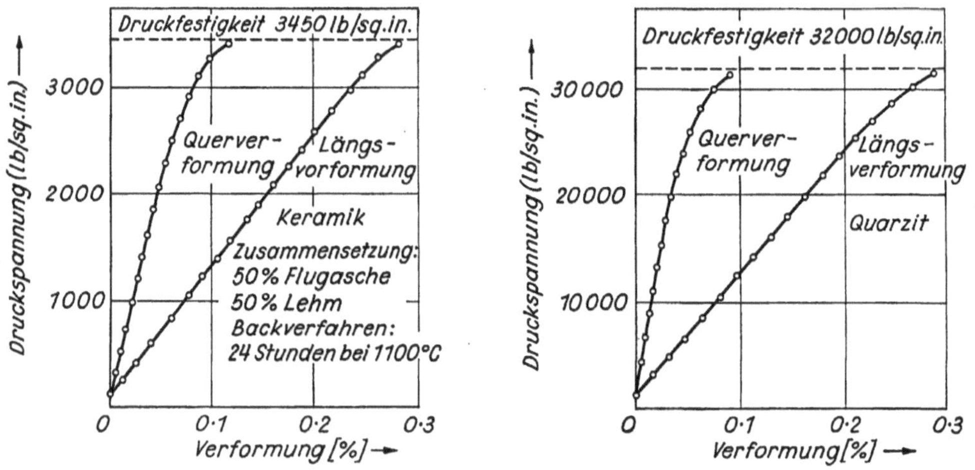

Bild 7. Spannungs-Verformungs-Kurven für Quarzite und Keramik

zu bauen, um die Bildung von Bruchzonen in der Umgebung bergmännischer Hohlräume in Quarzit zu untersuchen.

Die folgenden Beispiele verdeutlichen, wie wichtig es für Bruchmodelle ist, das Eigengewicht des Gesteins abzubilden und nicht durch äußere Belastungen zu ersetzen.

Zwei identische Gipsmodelle wurden hergestellt, um als ebene Modelle einen senkrechten Schnitt durch Baue abzubilden. Das eine wurde in einer Druckpresse belastet, das andere in der Zentrifuge mit einer Zentrifugalbeschleunigung von 600 g. Die erhaltenen Bruchbilder sind in Bild 8 (s. Tafel 2) gezeigt. Man sieht, daß der Bruch in beiden Fällen zwar an etwa denselben Stellen beginnt, daß aber das Weiterschreiten des Bruches für beide Fälle vollkommen unterschiedlich ist. Obwohl diese Modelle keine vollständigen physikalischen Modelle sind (die Ähnlichkeitsbedingungen hinsichtlich der Eigenschaften von Gips und Gestein sind nicht erfüllt), so zeigen sie doch deutlich den Unterschied zwischen äußerer und Eigengewichtsbelastung hinsichtlich ihres Einflusses auf das Weiterschreiten des Bruches.

6. Modelle diskontinuierlicher Gebirgskörper

Bisher wurden kontinuierliche Systeme besprochen. Bevor einige Bemerkungen über diskontinuierliche Gebirgskörper gemacht werden, erscheint es angebracht, die Definition eines solchen Systems zu umschreiben: Sedimentgestein, in dem sich die Eigenschaften an den Lagengrenzen plötzlich ändern, ist heterogen und/oder anisotrop, jedoch nicht notwendigerweise diskontinuierlich. Ein solches System kann diskontinuierlich werden, wenn Ablösung und Bruch auftritt. Bruchzonen, wie sie in der Umgebung von Bauen in hartem Gestein in großer Teufe auftreten, sind diskontinuierliche Systeme. Sandige Massen können auch als diskontinuierlich betrachtet werden, obgleich sich ihr Verhalten je nach Druck und Verfestigung dem eines kontinuierlichen Systems nähern kann.

Auch diskontinuierliche Systeme besitzen Elastizitäts-Plastizitäts- und Viskositätseigenschaften, obgleich diese auf anderen Grundeigenschaften beruhen als bei kontinuierlichen Körpern. Sie beruhen auf solchen Größen wie Form, Umfang und Gewicht der Gesteinsblöcke, aus denen das System besteht, Reibung zwischen diesen Blöcken, Druck und Bildung von Gewölben.

Untersuchungen des Verhaltens solcher Gesteinssysteme in Modellen sind schwierig, jedoch nicht unmöglich. Die Ähnlichkeitsbedingungen müssen sorgfältig analysiert werden, z. B.

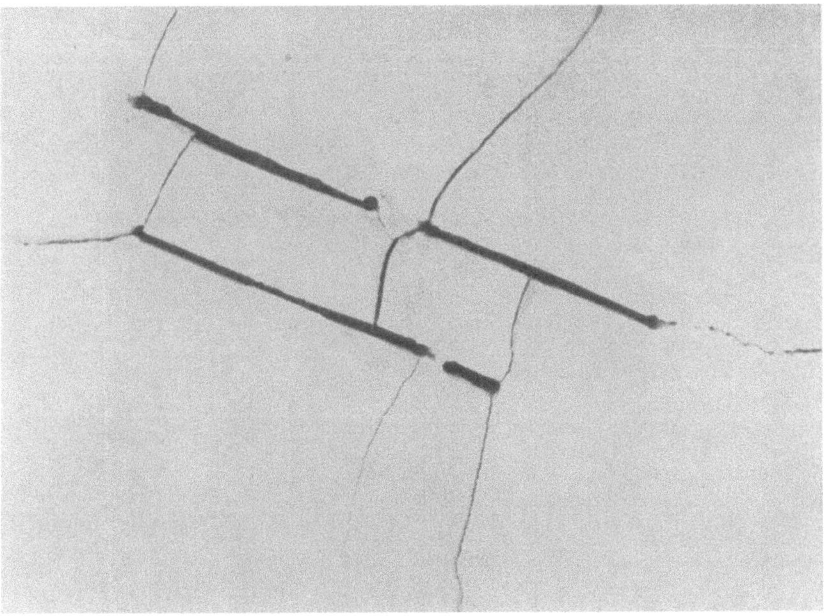

Bild 8a

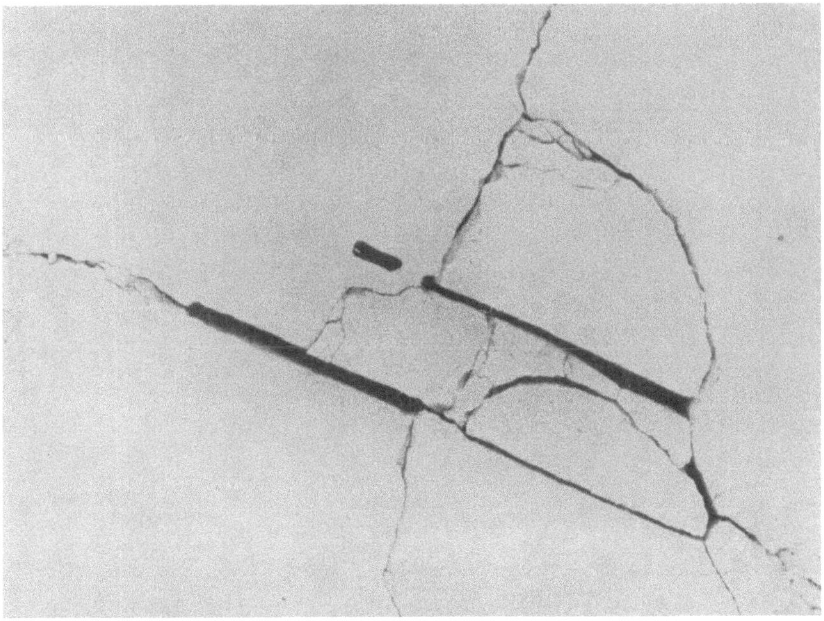

Bild 8b

Bild 8. Bruch in der Umgebung übereinanderliegender Baue in einem Gipsmodell.
a) Durch äußeren Druck belastetes Modell;
b) Mit einer Zentrifugalbeschleunigung von 600 g belastetes Modell

im Hinblick auf die „Korngröße", d. i. die Größe der Gesteinsblöcke, die das System bilden. Es ist nicht unmöglich, daß Sand oder Kies, eingebettet in leimartiges Material oder gar schlammartige Stoffe [9] als Modellmaterialien gebraucht werden müssen, um Ähnlichkeit zwischen Modell und wirklichem Objekt zu erreichen.

Wenig wird in dieser Richtung getan. Die Neigung zur Zeit scheint zu sein, Kenntnisse durch Großversuche unter Tage zu sammeln. Dies wird jedenfalls helfen, jene Eigenschaften zu ermitteln, die im Modell abgebildet werden müssen, und stellt daher in gewissem Grade Vorarbeit für das Entwerfen von Modellen dar. Es ist sehr erwünscht sowohl die physikalischen Eigenschaften des Gesteins als auch die Verbandseigenschaften des Gebirges [1] zu ermitteln, erstere im Laboratorium, letztere durch Messungen — meist Gebirgsbewegungsmessungen — unter Tage. Der Verfasser ist jedoch überzeugt, daß man auch hier auf Modellversuche wird zurückgreifen müssen, um weiter zu kommen, und zwar wegen der Unzulänglichkeit des Gebirges, die den Großversuchen eine Grenze setzt.

7. Schlußbemerkung

Das hiermit vorgelegte Referat ist ein Versuch, einen allgemeinen Überblick über Modellversuche in der Gebirgsmechanik zu geben. Die Betrachtung ist nicht vollständig, auch wünscht der Verfasser nicht, den Eindruck zu wecken, dogmatisch zu sein. Das Referat bezweckt vielmehr, die Gedanken des Verfassers seinen Kollegen beim 3. Ländertreffen des Internationalen Büros für Gebirgsmechanik zu übermitteln, um aus ihrem Kommentar und möglicherweise ihrer Kritik zu lernen.

Der Verfasser ist überzeugt, daß Modellversuche uns weiter bringen werden als jede andere Methode. Ein langer Weg liegt jedoch noch vor uns; man wird sich auch überlegen müssen, neue Konzepte wie etwa statistische Betrachtungen in die Modellanalyse [10] hineinzubringen, ein Problem, das in diesem Referat nicht einmal gestreift werden konnte. Als Fernziel möge hier gestellt werden, daß man versuchen sollte, Gebirgsschläge in einem Modell zu verursachen. Sollte eine solche Unternehmung glücken, dann ist die Lösung, oder doch eine Teillösung, des Problems nahe.

Der Verfasser möchte von dieser Gelegenheit Gebrauch machen, Herrn Evert Hoek für seine Mitarbeit zu danken. Herr Hoek ist verantwortlich für Modellversuche in der Forschungsgruppe des Verfassers. Die in Bild 1 gezeigte Zentrifuge wurde von Herrn Hoek entworfen, und die Ergebnisse der Versuche wurden von ihm erarbeitet.

Der Dank des Verfassers gilt auch der Bergwerkskammer für den Transvaal und den Oranje-Freistaat, welche die Arbeiten auf dem Gebiete der Gebirgsmechanik im Nationalinstitut für Ingenieursmechanik unterstützt und es dem Verfasser ermöglicht hat, die weite Reise von Südafrika zu unternehmen, um beim 3. Ländertreffen des Internationalen Büros für Gebirgsmechanik anwesend zu sein.

Literatur

[1] Denkhaus, H. G.: The application of the mathematical theory of elasticity to problems of stress in hard rock at great depth. Pap. Ass. Min. Mngrs. S. Afr., Vol. 1958/59, p. 271/310, September **1958** — siehe S. 291/294.

[2] Fessler, H., und Levin, H.: A study of large strains and the effect of different values of Poisson's ratio. British Jnl. Appl. Phys., Vol. 11, p. 273/277, July **1960**.

[3] Hoek, E.: Experimental study of rock stress problems in deep level mining. Paper to Internat. Congr. Experiment. Mech. New York, November **1961**.

[4] Von Mises, R.: Mechanik der festen Körper im plastischdeformablen Zustand. Nachr. Ges. Wiss. Göttingen, Math.-phys. Klasse, S. 582, **1913**.

[5] Denkhaus, H. G.: Über die Bedeutung einiger Eigenschaften des Gesteins für das Problem der Gebirgsschläge in Gruben großer Teufe. Internat. Gebirgsdrucktagung, Leipzig **1958**. S. Abb. 3 u. 17.

[6] Zandman, F., und Wood, M. R.: Photostress: A new technique for photo-elastic stress analysis for observing and measuring surface strains on actual structures and parts. Product Engng., September **1956**.

[7] Grobbelaar, C.: Some properties of rock from a deep level mine of the Central Witwatersrand. Pap. Ass. Min. Mngrs. S. Afr., Vol. 1958/59, p. 311/330, September **1958**.

[8] Decker, K. H.: Die Festigkeitshypothesen und ihre Anwendung. Technik, Jg. 9, S 501/508, September **1954**.

[9] King Hubbert, M.: Bull. Geol. Soc. Amer., Vol. 48, p. 1459/1520, **1937**. Bull. Amer. Ass. Petrol. Geol., Vol. 29, p. 1630/1653, **1945**.

[10] Borges, J. F.: Statistical Theories of Structural Similitude. RILEM Bull. No. 7, p. 59/67, June, **1960**.

Anwendung der Spannungsoptik bei Forschungsarbeiten auf dem Gebiete der Gebirgsmechanik

von R. Kvapil, Košice

Das Studium eines jeden Problems erfordert, daß dieses von verschiedenen Standpunkten und mit verschiedenen Prüfmethoden durchgeführt wird. Soll hier ökonomisch eine ergebnisreiche Lösung erzielt werden, so genügt es nicht nur, die vorteilhaftesten Prüfmethoden zu bestimmen. Nicht weniger wichtig ist die Begrenzung jeder Prüfmethode und das nicht nur in Hinsicht auf deren Genauigkeit, sondern hauptsächlich in Hinsicht des optimalen Einsatzes und der erzielten Ergebnisse der angewandten Methode. Eine unrichtige Bewertung der Prüfmethode — sei es im Sinne einer Über- oder Unterschätzung — führt zu falschen Schlußfolgerungen und großen Fehlern, welche die durchgeführten Forschungsarbeiten ganz und gar entwerten können.

Um genauere Ergebnisse zu erzielen, wird bei der Lösung verschiedener Probleme eine immer größere Anzahl von Prüfmethoden eingeführt, welche sich gegenseitig ergänzen und welche zugleich auch die Funktion einer mehrfachen Kontrolle haben. Bei solch einem Zustand muß jede angewandte Prüfmethode sehr kritisch bewertet werden, denn nur in diesem Falle können die einzelnen Methoden ihre geplante Funktion erfüllen.

Die Forderung einer richtigen Bewertung der Prüfmethoden muß auch in der Forschung auf dem Gebiete der Gebirgsmechanik in Betracht gezogen werden.

Eines der wichtigsten Probleme der Gebirgsmechanik ist die Spannunganalyse.

In der Laborforschung wird in der letzten Zeit zur Analyse der Spannungen immer häufiger die spannungsoptische, also eine experimentelle Spannungsanalyse angewandt. Einer der wichtigen Gründe, welche die Anwendung und Ausnutzung der Spannungsoptik begründen, führt H. Wolf in der Einleitung zu seiner Arbeit „Spannungsoptik" an:

„Es gibt zwei Methoden der Spannungsanalyse: die Berechnung mit den Hilfsmitteln der Elastizitätstheorie und die experimentelle Spannungsbestimmung. Erstere liefert nur bei einfachen Formen und Belastungsarten exakte Lösungen. — Die meisten praktischen Probleme dagegen führen bei ihrer theoretischen Behandlung auf Differentialgleichungen — mit entsprechenden Randbedingungen —, die nur angenähert gelöst werden können.

In solchen Fällen und besonders auch dann, wenn ein theoretischer Ansatz keinen Erfolg verspricht, erweisen sich experimentelle Untersuchungen als sehr zweckmäßig und nützlich."

Diese Vorteile der experimentalen Forschungsmethode — der Spannungsoptik — dürfen uns aber nicht zu einer Überschätzung der Spannungsoptik für das Studium der Gebirgsmechanik führen.

Es ist gut bekannt, daß in Modellen die Naturbedingungen nicht ganz genau nachgeahmt werden können. Dies betrifft nicht nur die Nachahmung der Gesteinseigenschaften und der Gesteinsschichten, sondern auch die Nachahmung der Einflüsse verschiedener Kombinationen der wichtigsten wirkenden Komponenten, d. h. der Belastungsart, der Belastungsgeschwindigkeit — einschließlich des Zeitfaktors — und des Einflusses der Strahlungsenergie.

In spannungsoptischen Modellen ist nur eine sehr annähernde Darstellung möglich, denn nicht nur die Modellmassen, sondern auch das Modell sowie die Forschungsmethode allein begrenzen sehr stark die Möglichkeit einer Modellnachahmung.

Bei Lösung eines beliebigen Problems „N" in der Gebirgsmechanik unter natürlichen Bedingungen ist es nötig, eine komplexe Forschung anzuwenden. Aus dem Plan einer komplexen

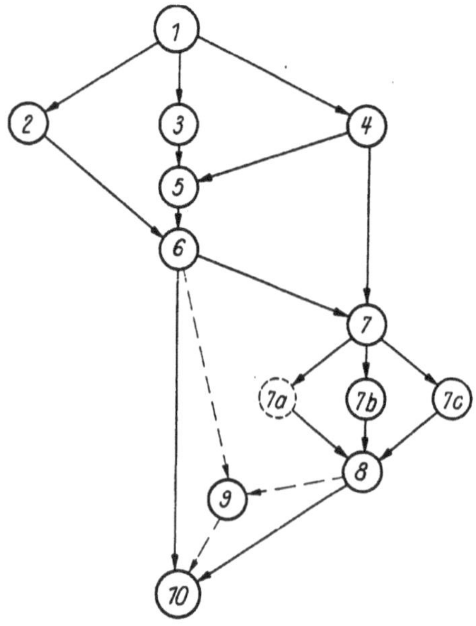

Bild 1. Schematische Darstellung der komplexen Forschungsarbeit an dem Problem „N".

1 — Das Problem „N" unter natürlichen Bedingungen; *2* — visuelle Beobachtungen: Verschiebungen, markante Verformungen, Zerstörung usw.; *3* — Verformungsmessungen und Bestimmung der Spannungsänderungen in der Natur; verschiedene Meßmethoden; *4* — Laborforschung der Gesteinseigenschaften; *5* — Forschung der Gesteinseigenschaften unter natürlichen Bedingungen; *6* — Charakteristische Merkmale — Verformung, Gesteinsfestigkeit, Spannungsänderungen, Zerstörungen usw.; *7* — Modellversuche *7a* — Spannungsoptische Versuche; *7b* — Modellversuche mit Modellen aus sog. äquivalenten Stoffen; *7c* — andere Modellversuche; *8* — Bestimmung der Charakteristik auf Grund der Modellversuche; *9* — analytische Methoden: mathematische Analyse, Statistik, Kybernetik; *10* — Bestimmung der Ursachen und Gesetzmäßigkeiten des Problems „N", Grundlage zur exakten Lösung

Forschungsarbeit resultiert dann auch die Bedeutung der Spannungsoptik, ihre Funktion und ihre richtige Bewertung.

Um eine bessere Vorstellung zu gewinnen, ist in Bild 1 die komplexe Forschungsarbeit an dem Problem „N" schematisch gegliedert, wobei geologische, hydrologische, petrographische u. a. Forschungsarbeiten nicht angeführt werden.

Aus dem Schema ist gut zu entnehmen, daß die Spannungsoptik in der komplexen Forschung der Gebirgsmechanik nur als eine zusätzliche Forschungsmethode — also nur als eine Hilfsmethode anzunehmen ist.

Bei Gliederung der komplexen Forschung nach dem angeführten Schema sind die unter Punkt *7* angeführten Modellversuche voll begründet. Unter diesen Bedingungen ermöglicht es die Spannungsoptik (*7a*), ergänzt und revidiert durch die anderen Modellversuche, Spannungen in Modellen gut zu studieren und die Spannungsverteilung qualitativ zu bestimmen.

Die Spannungsoptik ist heute schon so entwickelt, daß sie nicht nur ausschließlich an Modellversuche gebunden ist. Zum Beispiel bei Anwendung von optisch empfindlichen Lacken, die auf das Gestein aufgetragen werden, können Spannungsänderungen direkt unter natürlichen Bedingungen bestimmt werden. Die Funktion der Spannungsoptik ändert sich dabei, denn anstelle eines Modellversuches wird sie hier als eine Meßmethode angewandt, und kann z. B. das tensometrische Messen ersetzen. Die Anwendung der Spannungsoptik als Meßmethode können wir im Bild 1 unter Punkt *3* einreihen.

In vielen Fällen müssen aber in der Gebirgsmechanik Forschungen durchgeführt werden, die nicht komplex im Sinne des in Bild 1 angeführten Schemas sind. Solche Forschungsarbeiten können wir in zwei Gruppen einteilen:

A. Forschungsarbeiten, welche auf die Bestimmung des Schwerpunktes des Problems gerichtet sind,

B. Forschungsarbeiten zur Lösung einzelner Detaile.

Soll die ganze Forschungsarbeit ökonomisch durchgeführt werden, so kann nicht zugelassen werden, daß blindlings eine zufällige positive Lösung gesucht wird, sondern es ist nötig, den Schwerpunkt des Problems zu bestimmen, auf den dann alle Forschungsarbeiten planmäßig gerichtet werden.

In den Fällen, wo im Mittelpunkt des Interesses Spannungsprobleme stehen, können wir in vielen Fällen mit Erfolg die Spannungsoptik anwenden.

Die Spannungsoptik hat in dem Modellversuch sehr weite Anwendungsmöglichkeiten. Sie ist z. B. sehr vorteilhaft bei der Präzisierung theoretischer Voraussetzungen über die Spannungsverteilung um ein System von Hohlräumen verschiedener Form und bei verschiedenen Belastungsbedingungen.

Es ist selbstverständlich, daß die spannungsoptischen Untersuchungen genauer sein werden, wenn beim Studium gleichzeitig auch andere Modellversuche angewandt werden, welche die Forschungsarbeiten ergänzen können und mittels welchen deren Kontrolle gegeben ist. Nehmen wir z. B. an, daß im Gestein um einen Hohlraum — unter natürlichen Bedingungen — der Verlauf der Verformungen und Spannungen gemessen werden soll. Der Einsatz der Meßgeräte um den Hohlraum kann nicht beliebig werden. Man muß genau wissen, was gemessen werden soll und an welchen Stellen die Messungen durchgeführt werden sollen. Mit Hilfe der Spannungsoptik — in Kombination mit anderen zweckmäßigen Modellversuchen — können in vielen Fällen qualitative Kriterien für eine richtige Durchführung der Messungen unter natürlichen Bedingungen bestimmt werden. Das Forschungsschema zeigt Bild 2.

Man muß sich bewußt sein, daß bei Nachahmung der natürlichen Bedingungen in einem spannungsoptischen Modell die Ergebnisse nicht genau sind, sondern daß sie nur als approximative gewertet werden können. Der Unterschied vom natürlichen Zustand ist um so größer, je größer die Gliederung und die Mannigfaltigkeit der Gesteine ist und je weniger das spannungsoptische Modell der Wirklichkeit entspricht. In Fällen, wo durch spannungsoptische Modelle natürliche Bedingungen nachgeahmt werden, dürfen deshalb die Ergebnisse der spannungs-

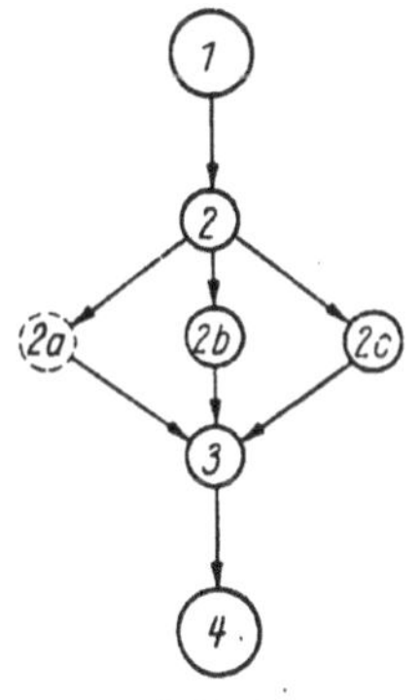

Bild 2

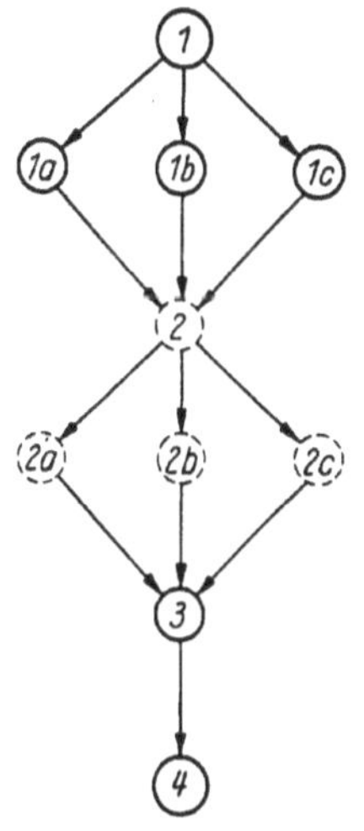

Bild 3

Bild 2. Forschungsschema

1 — theoretische Voraussetzung; *2* — Modellversuche; *2a* — Spannungsoptik; *2b* — Modellversuch mit sog. äquivalenten Stoffen; *2c* — andere Modellversuche; *3* — qualitative Charakteristik: Spannungsverteilung und Spannungskonzentration, Verformungen, Zerstörungen; *4* — Bestimmung der theoretischen Kriterien für optimale Meßstellen und Bestimmung der zu messenden Angaben

Bild 3. Schema eines Forschungsvorganges

1 — das untersuchte Detail: Wirklichkeit; *1a*, *1b*, *1c* — die Form des untersuchten Details, Belastungsart, Charakteristik der Eigenschaften (wirkliche Faktoren); *2* — das spannungsoptische Modell; *2a*, *2b*, *2c* — die Modellnachahmung der Faktoren *1a*, *1b*, *1c*; *3* — Bestimmung der Charakteristik der Spannungszustände auf dem Modell; *4* — die Applikation der spannungsoptischen Forschung für das Detail in Wirklichkeit

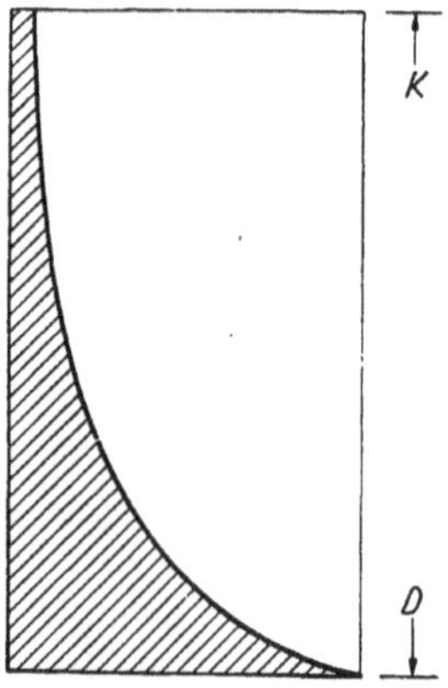

Bild 4. Anteil der Spannungsoptik in der Forschung der Gebirgsmechanik

optischen Versuche nicht überschätzt werden. Wir dürfen sie aber auch nicht unterschätzen, denn sie geben uns wertvolle qualitative Angaben über die Spannungskonzentration, die Spannungsverteilung und über Spannungsrichtungen, was doch für die Gebirgsmechanik sehr wichtige Angaben sind.

Genauere Ergebnisse gibt uns die spannungsoptische Methode in der Gebirgsmechanik bei der Forschung von Detailen. Das ist ganz logisch, denn bei einem richtig begrenzten Detail ist die Anzahl der wirkenden Faktoren bedeutend kleiner, und die Angaben über diese sind genauer. Dadurch sind vereinfachte Voraussetzungen gegeben, die eine genauere Modellnachahmung ermöglichen. Je genauer also in dem Modell die Form des Details, dessen Belastungsart und im bestimmten Maß auch seine charakteristische Eigenschaften nachgeahmt werden können, desto genauer werden auch die Ergebnisse der spannungsoptischen Forschung sein.

Das Schema eines solchen Forschungsvorganges mit Angabe der nachgeahmten Faktoren ist in Bild 3 zu sehen.

Mittels eines spannungsoptischen Modells, auch wenn z. B. ein Detail nachgeahmt wird, können wir nicht alle wirklichen Faktoren erfassen. Es ist z. B. sehr schwer oder auch ganz unmöglich, die Belastungsgeschwindigkeit und deshalb auch den Zeitfaktor nachzuahmen. Aber auch eine ganze Reihe anderer Gegebenheiten läßt sich in spannungsoptischen Modellen nicht nachahmen.

Für die Begutachtung der Anwendungsmöglichkeiten der Spannungsoptik in der Gebirgsmechanik wird uns sicher interessieren, mit welch einem Anteil sich die Spannungsoptik an der Erforschung und Lösung der Probleme auf dem Gebiete der Gebirgsmechanik beteiligen kann. Der Anteil der Spannungsoptik wird desto größer sein, je besser mit dem spannungsoptischen Modell die Wirklichkeit nachgeahmt wird.

Je weniger das spannungsoptische Modell die Wirklichkeit nachzuahmen weiß, desto kleiner ist der Anteil der Spannungsoptik an der Erforschung und um so mehr ist dann diese nur als eine Hilfsmethode anzusehen. So ist es bei der Erforschung von Problemen, welche zur Lösung einen komplexen Forschungsvorgang benötigen. In der komplexen Forschung hat dann die Spannungsoptik um so mehr die Funktion einer Hilfsmethode, je weniger sie die Wirklichkeit erfaßt und je größer die Anzahl der in der Forschung angewandten Forschungsmethoden ist. Eine bessere Darstellung über den Anteil der Spannungsoptik in der Forschung der Gebirgsmechanik gibt Bild 4, wo die schraffierte Fläche die spannungsoptische Methode und die weiße Fläche alle anderen Forschungsmethoden angibt. Die obere Grenze, bei welcher die Spannungsoptik nur die Funktion einer Hilfsmethode hat, ist mit K bezeichnet und entspricht der komplexen Forschung nach Bild 1. Die untere Grenze, mit D bezeichnet, stellt die Forschung eines Details dar, bei welchem die spannungsoptische Methode selbst ausreichen kann. Aus dem Schema in Bild 4 ist also klar zu entnehmen, daß die Spannungsoptik in der Forschung der Gebirgsmechanik meistens eine Hilfsmethode und ergänzende Methode ist.

Zusammenfassend kann gesagt werden, daß die spannungsoptische Methode als Hilfsmethode in der Forschung der Gebirgsmechanik, in den Fragen der Spannungszustände, sehr gute Dienste leisten kann. Man muß sie nur richtig bewerten und so ihre richtige Funktion im Forschungsplan bestimmen können.

Einige Bemerkungen über prinzipielle und praktische Probleme gebirgsmechanischer Modellversuche aus äquivalenten Materialien

von F. Martos, Budapest

Der Bergbau — wie jeder andere Begriff — kann nach verschiedenen Gesichtspunkten definiert werden. Nach einer Definition volkswirtschaftlicher Art ist der Bergbau eine gesellschaftliche Tätigkeit mit dem Ziel, die in der Erdkruste vorkommenden Mineralien und andere Rohstoffe zu erschließen, abzubauen und zur Verwertung aufzubereiten. Man kann aber den Bergbau auch eine andere, unserem Thema besser entsprechende „mechanische" Definition geben, die vielleicht folgendermaßen konzipiert werden könnte:

> Der Bergbau ist nichts anderes als irgendein bestimmtes System verschiedener Hohlräume, die in den inhomogenen und anisotropen Gesteinsschichten der Erdkruste — im Raum und in der Zeit — planmäßig hergestellt und ebenso aufgehoben werden.

Diese Definition, in der sich die Ursache der in den Begriff der Gebirgsmechanik zusammengefaßten Erscheinungen hervorhebt, lenkt auch gleichzeitig die Aufmerksamkeit auf die technisch-wissenschaftliche Grundlage des Bergbaues. Das Klarlegen der Gesetzmäßigkeiten von gebirgsmechanischen Erscheinungen und deren Ausnützung im Interesse der praktischen Zielsetzungen des Förderns, das kann eben als Inhalt, Ziel und praktischer Sinn der bergmännischen Wissenschaften angegeben werden.

Die infolge der unterirdischen Raumausbildung entstehenden Druck- und Bewegungserscheinungen melden sich in einem äußerst veränderlichen Mittel: im Gebirge. Wegen petrographischer, geologischer, tektonischer, hydrologischer und anderer Faktoren sind die Gesteine (strukturell und zuständlich) — im Raum und auch in der Zeit — das mannigfaltigste Medium. Gerade deshalb kann eine eingehende analytische Untersuchung von gewissen Erscheinungen nur durch starke Idealisierung dieses Mediums, nur durch bedeutende Vereinfachung seiner physischen Eigenschaften verrichtet werden. Neben der mathematischen Analyse und den im Betrieb vollführten Beobachtungen und Messungen kann hier deshalb als dritte Untersuchungsweise die unter Laboratoriumsbedingungen und -möglichkeiten hergestellte „Natur" — also das Modellieren — in Rechnung gezogen werden.

Auf dem Gebiet der Technik und der Naturwissenschaften ist die Untersuchung verwickelter Erscheinungen mit Modellversuchen schon lange allgemein bekannt. Notwendigerweise ergriffen auch die bergmännischen Fachleute dieses Forschungsmittel.

Von den verschiedenen bergmännischen Modellierungsmöglichkeiten möchte ich mich weiterhin nur mit den sogenannten äquivalenten Modellen und mit etlichen eigenartigen Problemen dieses Verfahrens befassen und auch mit diesen nur in solcher Beziehung, wie diese Probleme im Laufe der bisher im Forschungsinstitut für Bergbau der ungarischen Volksrepublik durchgeführten Forschungsarbeiten auftauchten.

Die gebirgsmechanischen Untersuchungen und so auch die Modellversuche bezwecken im allgemeinen das Klarlegen der Gesetzmäßigkeiten des Gebirgsdruckes und der Gebirgsbewegung. Das Streben ist natürlich, daß man mit Hilfe des Modellgesetzes von der Größe und Verteilung des Druckes und der Bewegung ein qualitatives und auch *ein quantitatives Bild* erreicht. In dieser Beziehung ist zwischen der Möglichkeit des Druck- und des Bewegungsmessens und der Verläßlichkeit der Erfolge ein großer Unterschied. Der „Druck" wird im Modell — wie auch in der Wirklichkeit — mit irgendeinem zwischen Ausbau und Nebengestein eingeschalteten Dynamometer bestimmt. Diese Daten sind aber — ob im Modell, ob in der Natur gemessen — nur zur Orientierung geeignet, da ja die erhaltenen Werte nicht einen „Hangenddruck“, sondern die Resultate einer komplexen Zusammenarbeit und Gegenwirkung zwischen dem Liegenden, Hangenden, Ausbau, dem Meßapparat und seinem Lagerungsmaterial zum Ausdruck bringen. Der Wert dieses zahlenmäßigen Endresultates wird außer den Festigkeits- und Elastizitätseigenschaften der im System teilnehmenden Elemente auch von demjenigen Spannungszustand beeinflußt, mit welchem die genannten Elemente in das System eintraten, noch weiterhin von den Bewegungen und Formänderungen, die diese Elemente im Interesse des Ausweichens vor der Belastung gegenseitig gelitten haben. Übrigens hat RICHTER [1], [2] betreffs der Bemessung der Ausbaukonstruktionen diese Anschauung schon eingehend erörtert.

Aus diesem Grund darf man also die Resultate der mit Modellen durchgeführten Gebirgsdruckmessungen nur mit Vorbehalt annehmen und sie im besten Falle nur als zum Vergleich geeignete Werte behandeln. Wenn der „Druck“ z. B. zwischen dem Streb und dem Bruch unter einigen Stempeln gemessen wird, dann sind — meiner Meinung nach — die erhaltenen Werte nur als relative Zahlen irgendeiner Kraftverteilung anzusehen, sie sind aber im absoluten Sinne auf die Naturverhältnisse nicht übertragbar. Eine solche Umrechnung auf Grund des Modellgesetzes kann die Größenordnung der wirklichen Stempelbelastung oder des Gebirgsdruckes nicht annähern, und die Abweichung von der Wirklichkeit wird desto größer sein, je mehr sich die mechanischen Eigenschaften einzelner Elemente des „Hangend-Ausbau-Liegend“-Systems voneinander unterscheiden.

In Ungarn ist die Festigkeit des Liegend- und Hangendgesteins oft geringer als die der Kohle. Meistens hat das Liegende die geringste Festigkeit und geht schnell in den plastischen Zustand über. In solchen Fällen gilt besonders, daß solche „Gebirgsdruckmessungen“ wirklich nur relative Werte liefern können. Es liegt auf der Hand, daß der während des Einsinkens des Meßgerätes oder der plastischen Formänderung des Liegenden abgelesene Wert nicht als der richtige Wert des Gebirgsdruckes angesehen werden kann.

Beim Herstellen der äquivalenten Modelle verursachte uns die größte Schwierigkeit, daß diese mit sehr geringer Festigkeit verfertigt werden mußten. Das Volumengewicht der natürlichen Gesteine und der beim Modell benutzten Materialien ist nicht sehr verschieden, und das Verhältnis zwischen den Volumengewichten kann auch mit Ferrosilizium- oder Schwerspatzusätzen nicht bedeutend über 1,2—1,3 gebracht werden, das heißt:

$$\frac{\gamma_M}{\gamma_N} \leq 1{,}3 \, .$$

Daraus folgt, daß z. B. bei den üblichen Verhältnissen $1:L = 1:100$, $1:50$, dem Zusammenhang

$$\frac{\sigma_M}{\sigma_N} = \frac{1}{L} \frac{\gamma_M}{\gamma_N}$$

entsprechend, statt den natürlichen Gesteinen mit 100—200 kp/cm² Druckfestigkeit auch äquivalente Materialien mit nur 1—2,5 kp/cm² Druckfestigkeit verwendet werden können, und daß es öfter vorkam, daß gerade im Liegenden „Gesteine“ mit weniger als 1 kp/cm² Druckfestigkeit eingebaut werden müssen. In den letzten 2 bis 3 Jahren haben wir mehrere äquivalente Materialien geringster Festigkeit ausgearbeitet, so daß die Auswahl, bzw. das Herstellen des entsprechenden Materials in Hinsicht auf die Druckfestigkeit keine besonderen Schwierigkeiten mehr verursacht. Das Problem wird eher dadurch hervorgerufen, daß die Äquivalenz der Zusammenhänge zwischen Druck- und Zugfestigkeit bei weitem nicht genügt.

Wegen der vorher dargelegten prinzipiellen und praktischen Probleme der Druckmessungen und wegen ihrer schwerfälligen Durchführung im Rahmen unserer Forschungsarbeiten versuchen wir meist solche Probleme zu lösen, welche die Bestimmung der Bewegungen (z. B.

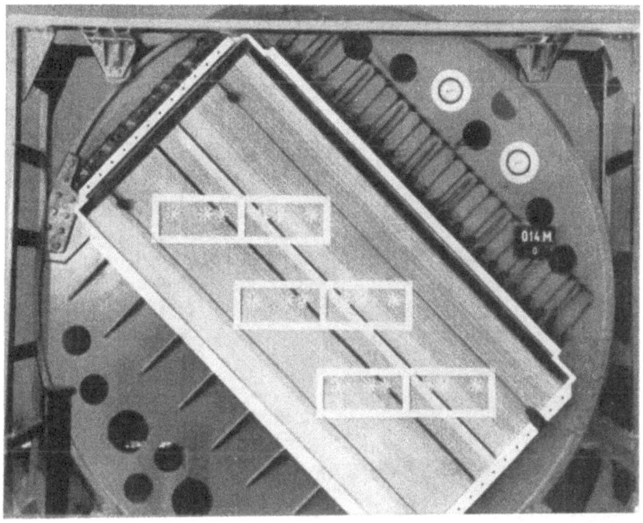

Bild 1

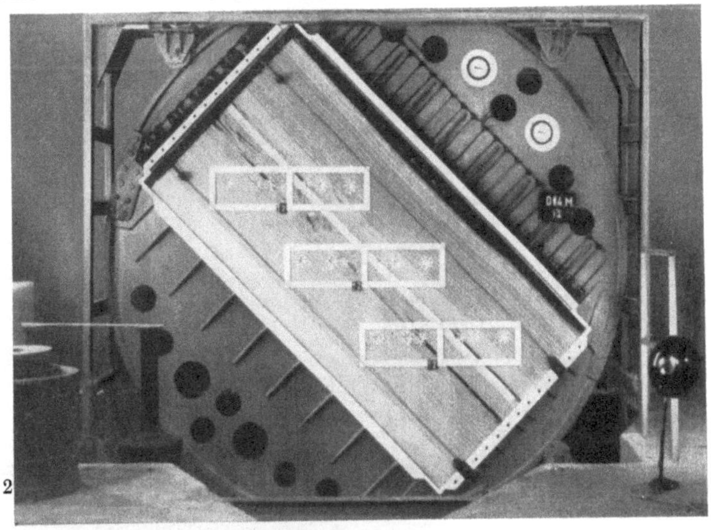

Bild 2

Bild 3

Tafel 4

Bild 4

Bild 5

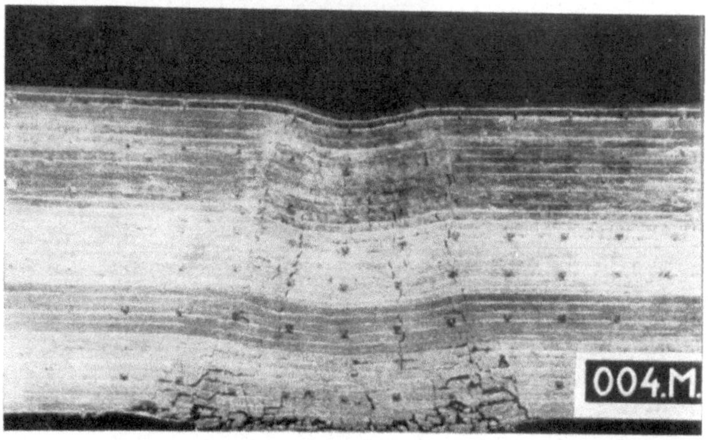

Bild 6

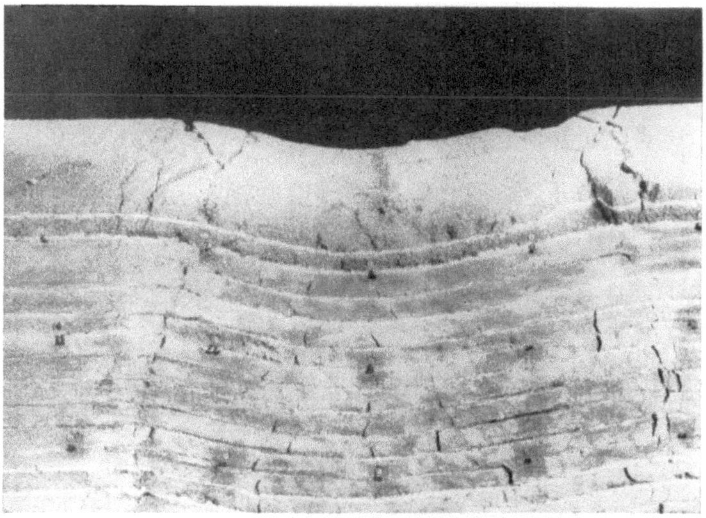

Bild 7

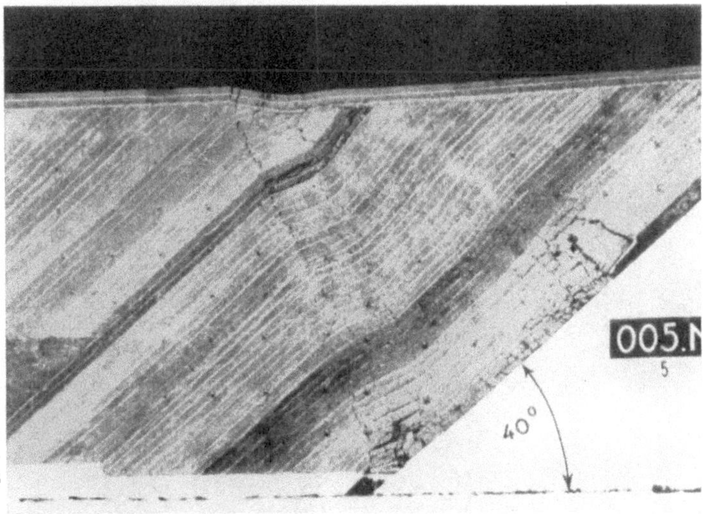

Bild 8

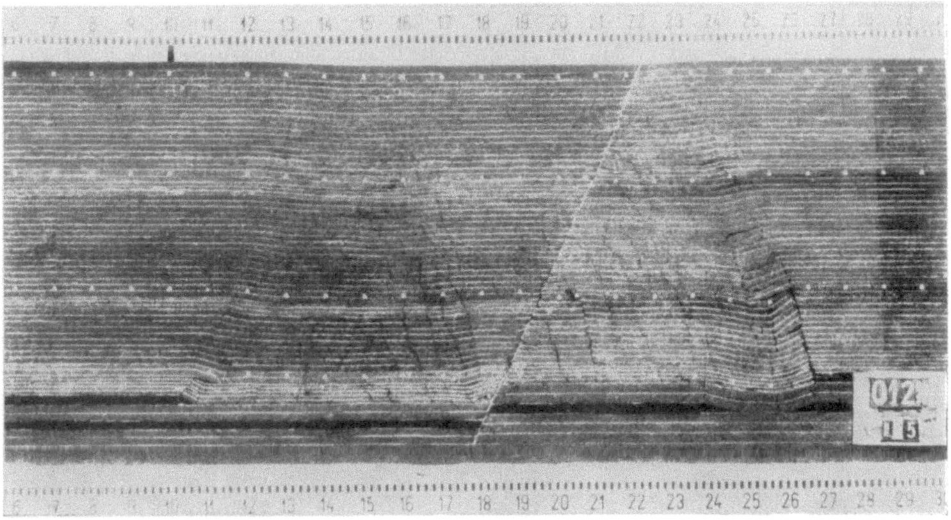

Bild 9

bei unterbauten Schichten), bzw. der Formänderungen (bei unterbauten Hohlräumen) beziehen. Von diesen Versuchen lege ich etliche Einzelheiten in Photographien vor.

Bild 1 (s. Tafel 3). In 500, 550 und 600 m Teufe sind drei Sohlen, zwei Flöze mit 45° Einfallen, 1,0 m und 2,0 m Mächtigkeit, und im Hangenden und Liegenden Richtstrecken mit kreisförmigen Profil. Die Strecken sind sowohl im Liegenden, wie auch im Hangenden 5 m bzw. 20 m vom Flöz entfernt. Maßstab 1:100. Die Belastung der fehlenden Deckschichten im Modell wird durch eine zweiseitig angebrachte hydraulische Kolbenreihe hergestellt. Die Aufgabe war, die Bewegung dieses Streckensystems und die Formänderung der Streckenprofile durch Einwirkung des fortschreitenden Abbaues zu beobachten und zu messen.

Bild 3 (s. Tafel 3) *und 4* (s. Tafel 4). Die Umgebung der Strecken ist näher sichtbar. Die Lage der Meßpunkte im Modell, im Verhältnis zu einem von dem Modell unabhängigen Koordinatensystem, kann durch entsprechendes zeitweises Photographieren mit einem Meßmikroskop ausgewertet werden.

Bild 5 (s. Tafel 4). Ähnlicher Fall wie zuvor im Maßstab von 1:50. Hier ist besser sichtbar, daß die ursprünglich vollkommen kreisförmige Strecke durch Einfluß des Unterbauens ein elliptisches Profil angenommen hat. Es konnte im Laufe des Versuches die Formänderung der Streckendurchmesser zufolge des aufwärts schreitenden Abbaues beobachtet werden. Die Richtung der großen Achse des elliptischen Profils paßt sich dem Gewichtspunkt des Abbaues an, sie will ihm folgen.

Bild 6 (s. Tafel 4). Die Bewegung der Tagesoberfläche nach dem Abbauen des in 100 m Teufe liegenden, flachgelagerten, 5 m mächtigen Flözes.

Bild 7 (s. Tafel 5). Ein Detail des vorigen Modells. „Über Tage“ sind im Modell die in der Senkungsmulde ausgebildeten Druck- und Zugzonen bzw. die Dehnung und Zusammendrükkung der Tagesoberfläche gut sichtbar.

Bild 8 (s. Tafel 5). Die Bewegungen über einem mit 40° einfallenden Flöz bis zur Tagesoberfläche.

Bild 9 (s. Tafel 5). Die Bewegungen der Tagesoberfläche in einem durch einen Sprung gestörten Gebiet.

Es ist nicht mein Ziel, mit den hier vorgestellten Versuchen auch die erhaltenen Resultate eingehend bekanntzumachen. Ich will auch nicht auf die allgemeinen Zusammenhänge des angewandten Modellgesetzes eingehen um so mehr, weil diese auch aus der Literatur [3], [4], [5] genug bekannt sind. Ich beschränke mich nur auf solche allgemeine Bemerkungen, welche auf die Möglichkeiten, Notwendigkeit und Richtung der Weiterentwicklung des äquivalenten Modellierens aufmerksam machen. Ich möchte betonen, daß meine Bemerkungen in erster Reihe die mit dem Abbauen der zwischen Nebengesteinen geringer Festigkeit gelagerten Kohlenflöze verknüpften Modellprobleme betreffen, wo die äquivalenten Materialien — wie schon erwähnt — von sehr geringer Festigkeit sein müssen. Ich stütze mich bei meinen Auswertungen größtenteils auf Versuche, bei welchen das modellierte Problem auch in der Wirklichkeit Ausführung gewann, und die Bewegung der Oberfläche bzw. die Verformung der Strecken auf markscheiderischem Wege auch wirklich bemerkbar war.

Was beweist also so ein Vergleich?

Er zeigt, daß von den zwei bezeichnenden Typen der am Modell gemessenen Formänderungen, nämlich von der Längsdeformation und der Winkelverzerrung, die erste gut, die zweite nicht am besten mit den Messungen in der Natur übereinstimmt. Es ist bekannt, daß innerhalb der elastischen Zone die Formänderung in der Längsrichtung mit der σ-Spannung ($\sigma = \varepsilon \cdot E$), die Winkelverzerrung aber mit der τ-Spannung ($\tau = \gamma \cdot G$) in Zusammenhang steht.

An einigen Modellen, z. B. jenseits der Elastizitätsgrenze stimmt der maximale Wert der Senkung über Tage mit den durch Nivellieren erhaltenen Daten gut überein, in demselben Modell aber ist der Bruchwinkel und der Grenzwinkel größer (steiler) als in der Wirklichkeit.

Bei unterbauten Strecken ist wieder die Bewegung und die Deformation der Durchmesser annehmbar. Die Verdrehung des Profils bzw. der Achsen ist aber gewöhnlich kleiner, als die in der Wirklichkeit bemerkbare Winkelverzerrung.

Aus solchen und ähnlichen Beobachtungen zogen wir mehrere Schlußfolgerungen. Diese fasse ich im folgenden zusammen.

1. Modellgesetz

Die am Modell hervorgerufenen Bewegungen und Formänderungen treten schon unter der Elastizitätsgrenze ein. Deshalb hängen diese Erscheinungen mit den Bruchbedingungen des Gesteins bzw. des äquivalenten Materials ($\tau = \sigma \cdot \tan \Phi + c$) zusammen. Um eine wirkliche Äquivalenz herstellen zu können, ist es durchaus notwendig, das Mitwirken der Verhältniszahlen des inneren Reibungswinkels und der Kohäsion nicht nur theoretisch, sondern auch tatsächlich zu sichern. Entsprechendes Modellieren der gebirgsmechanischen Erscheinungen in Nebengesteinen mit geringer Festigkeit scheint nur dann zu verwirklichen zu sein, wenn das Gleichungssystem des Modellgesetzes folgendermaßen gestaltet ist:

$$\frac{\sigma_M}{\sigma_N} = \frac{\tau_M}{\tau_N} = \frac{\iota_M}{\iota_N} = \frac{1}{L} \cdot \frac{\gamma_M}{\gamma_N} = K$$

und

$$\tan \Phi_M. = \tan \Phi_N .$$

Die weitere Aufgabe ist, solche Materialien herzustellen, welche diesen Zusammenhang gleichzeitig und mit Beziehung auf jede Schicht im Modell befriedigen. Es wäre auch notwendig, daß die Verhältnisse der im Modellgesetz eingebrachten physikalischen Kennziffern während der Zustandsveränderung des Modells konstant bleiben. Der Anspruch auf die Proportionalität der Bewegungs- und Formänderungsgeschwindigkeiten deutet schon darauf, daß man hier auf das Gebiet der Mechanik plastischer Medien übergehen muß, und die Frage kann mit Recht aufgeworfen werden, ob die aus dem Newtonschen Äquivalenzprinzip abgeleiteten Gleichungen ausreichend sind? Wahrscheinlich nicht!

2. Die Materialuntersuchung

Mit unseren derzeitigen Prüfmethoden ist die Ermittlung der Scherfestigkeit und damit die des inneren Reibungswinkels und der Kohäsion eine ziemlich schwierige Aufgabe. Einerseits bedeuten die zur Materialprüfung benutzten kleinen Zylinder, das Modell und letzten Endes die Natur selbst eigentlich drei voneinander mit wesentlichem Ausmaß und wesentlicher Gestalt abweichende „Probekörper". Die Festigkeitskennzeichen weichen voneinander schon wegen der verschiedenen Abmessungen ab. Es gibt andererseits auch deshalb Abweichungen, weil sich ein mit Zusatzbelastung versehenes verhältnismäßig großes Flachmodell in irgendeinem zweichachsigen Spannungszustand befindet, während die Materialprüfung meistens an einem viel kleineren Probekörper und nur mit der Verwendung einachsiger Beanspruchung durchgeführt wird.

3. Fehlende Schichten

Nicht zu vernachlässigen betreffs der Abweichung zwischen den Resultaten der Modelluntersuchungen und den Daten aus Beobachtungen in situ ist der Umstand, daß aus technischen Gründen Schichten „ohne" Festigkeit nicht in das Modell eingebaut werden können. Auch dieses kann eine Ursache sein, daß am Modell größere Bruch- und Grenzwinkel beobachtet werden können, als in der Wirklichkeit.

Aufgaben und Möglichkeiten

Die vorher erwähnten Probleme der äquivalenten Modellversuche beweisen im wesentlichen durchaus nicht die Unbrauchbarkeit dieses Verfahrens, sie zeigen bloß, daß auch diese Versuchsart gewisse Grenzen hat. Man kann aber annehmen, daß auf Grund weiterer Untersuchungen diese Forschungsmethode noch weiter entwickelbar ist. Wenn das photoelastische Modellieren auf die Zusammenhänge der mathematischen Elastizitätslehre aufgebaut ist, dann besteht vielleicht die Möglichkeit, die Mechanik der plastischen Materialien zur Schaffung der äquivalenten Modellgesetze anzuwenden. Solange aber keine nach dieser Art ausgearbeiteten Modellgesetze zur Verfügung stehen, ist es auf alle Fälle notwendig, daß die von den bekannten NEWTONschen Zusammenhängen abgeleiteten Äquivalenzgleichungen auch auf Scherfestigkeit und Kohäsion, wie auch auf den Wert des inneren Reibungswinkels ausgedehnt, bzw. daß diese Zusammenhänge bei den Kennwerten der hergestellten äquivalenten Materialien gesichert werden.

Die Schwierigkeiten der Materialprüfungen bestehen in allen Fällen. Nur einheitliche Einrichtungen und Prüfmethoden und genormte Untersuchungen versprechen eine beruhigende Lösung. Die Weiterentwicklung der Richtlinien der gebirgsmechanischen Materialprüfungen ist also dringend notwendig.

Bei der Herstellung von Materialien mit äußerst geringer Festigkeit haben wir schon weitere Erfolge, indem es bei neueren Versuchen gelungen ist, äquivalente Materialien mit weniger als 1 kp/cm^2 Druckfestigkeit herzustellen, welche in die Modell-Schichtenfolge entsprechend eingebaut werden können. Auch derzeit sind solche Versuche zur Beobachtung der Bewegungen über Tage im Gange.

Die Modellversuche mit äquivalenten Materialien können und müssen auch weiter entwickelt werden, weil dieses Verfahren ein wirksames Hilfsmittel zur besseren Lösung wissenschaftlicher und praktischer Aufgaben im Dienste des Bergbaues ist und bleibt.

Literatur

[1] RICHTER, R.: Iszpitanija krepezsnich konsztrukcij na uprugoszty. Izvesztija vengerszkovo gornoiszledovatyelszkvo insztituta. 1959—60. Nr. 3—4.

[2] RICHTER, R.: Wechselwirkung zwischen dem Gebirge im elastischen Zustand und dem Ausbau. Bergakademie, 1960, Nr. 7.

[3] MARTOS, F.: Untersuchung des mit dem Abbau verknüpften Gebirgsdruckes und der Gebirgsbewegung mit Modellversuchen. Ungarische Zeitschrift für Bergbau, 1954, Nr. 4.

[4] MARTOS, F.: Richtlinien zur Erforschung der Gesetzmäßigkeiten von Bodenbewegungen. Freiberger Forschungshefte. A-86, Berlin 1958.

[5] KUZNECOV, G. N., BUGYKO, N. N., FILIPPOVA, A. A., und SKLJARSZKIJ, N. F.: Izucsenyije projavlenyij gornovo davlenyina na modeljah. Ugletexizdat, Moskva, 1959.

Über den Spannungszustand in einem geschichteten Gebirge um Grubenbaue mit elliptischem, kreisförmigem und trapezförmigem Querschnitt

von I. T. Minčev, Sofia

Im Normalfall stellt das Gebirge ein Medium dar, das aus verschiedenen Schichten mit unterschiedlichen physikalisch-mechanischen Kennziffern zusammengesetzt ist. Außerdem hat jede Schicht in Richtung der Schichtung oder bankrecht dazu verschiedene elastische Eigenschaften. Folglich ist das Gebirge ein ansiotropes Medium, in welchem an jedem Punkte 3 orthogonale elastische Symmetrieebenen existieren.

Der Spannungs- und Verformungszustand um Grubenbaue und das Auftreten von Gebirgsdruck sind also sowohl von der Art der Ausbildung der Anisotropie als auch von der Form der Grubenbaue abhängig.

Betrachten wir zunächst den Spannungszustand in der Nähe und entlang des Umfanges eines Grubenbaues mit elliptischem Querschnitt ohne Ausbau im geschichteten Gebirge. Als Sonderfall seien die Formeln für den Spannungszustand um einen Grubenbau mit kreisförmigem Querschnitt angeführt.

1. Die grundlegenden Voraussetzungen und Gleichungen

Setzen wir voraus, der Grubenbau sei söhlig aufgefahren und hinreichend weit von der Tagesoberfläche entfernt, so daß deren Einfluß auf die Spannungsverteilung ausgeschaltet sei.

Betrachten wir eine vertikale Schicht von der Dicke 1 unter den Bedingungen einer ebenen Verformung.

Das Gebirge sei orthogonal anisotrop. Eine Ebene der elastischen Symmetrie fällt mit der Schichtungsebene zusammen. Dann sind die Verformungen nach dem Hookeschen Gesetz:

$$\left.\begin{aligned} \varepsilon_x &= a_{11}\sigma_x + a_{12}\sigma_y + a_{13}\sigma_z\,,\\ \varepsilon_y &= a_{12}\sigma_x + a_{22}\sigma_y + a_{23}\sigma_z\,,\\ \varepsilon_z &= a_{13}\sigma_x + a_{23}\sigma_y + a_{33}\sigma_z\,,\\ \gamma_{yz} &= a_{44}\tau_{yz}\,,\\ \gamma_{xz} &= a_{55}\tau_{xz}\,,\\ \gamma_{xy} &= a_{66}\tau_{xy}\,. \end{aligned}\right\} \qquad (1)$$

Die Schichtdicke h_i der einzelnen Schichten sei hinreichend klein im Vergleich zu den Abmessungen des Grubenbaues. Die technischen Konstanten für die jeweiligen Richtungen seien bekannt.

Die Spannung in einem beliebigen Punkt der elastischen, orthogonal anisotropen Ebene bestimmen wir als die Summe der vor der Auffahrung des Grubenbaues vorhandenen und der durch den Grubenbau zusätzlich verursachten Spannungen.

Die Grundspannung sei durch die Funktion

$$F_0(x, y) = \frac{1}{2} Q\,(x^2 + k_1 y^2) \qquad (2)$$

umrissen, wobei bedeuten:

k_1 — Horizontaldruckkoeffizient. Er wird unter der Voraussetzung, daß die relativen Verformungen in x- und z-Richtung $= 0$ seien, bestimmt mit

$$k_1 = \frac{a_{13}\,a_{23} - a_{12}\,a_{33}}{a_{11}\,a_{33} - a_{13}^2}, \qquad \text{und} \qquad k_2 = \frac{a_{12}\,a_{13} - a_{11}\,a_{23}}{a_{11}\,a_{33} - a_{13}^2}. \qquad (3)$$

Q — Überlagerungsdruck, $Q = \sum_{i=1}^{n} \gamma_i h_i$

γ_i — spez. Gewicht der Schichten.

Die elastischen Konstanten a_{ij} lassen sich durch die Gleichungen (4) ausdrücken:

$$\left.\begin{aligned} a_{11} &= \frac{1}{E_{xx}}, \quad a_{22} = \frac{1}{E_{yy}}, \quad a_{33} = \frac{1}{E_{zz}}, \quad a_{12} = -\frac{\mu_{yx}}{E_{xx}} = -\frac{\mu_{xy}}{E_{yy}}, \\ a_{13} &= -\frac{\mu_{xz}}{E_{zz}} = -\frac{\mu_{zx}}{E_{xx}}, \quad a_{23} = -\frac{\mu_{yz}}{E_{zz}} = -\frac{\mu_{zy}}{E_{yy}}, \quad a_{66} = \frac{1}{G_{xy}}. \end{aligned}\right\} \tag{4}$$

Die Zusatzspannungen bestimmen wir durch zwei unbekannte komplexe Funktionen $\Phi_1(z_1)$ und $\Phi_2(z_2)$, die der quasibiharmonischen Gleichung

$$\left.\begin{aligned} C_{22}\frac{\partial^4 F}{\partial x^4} + (2\,C_{12} + C_{66})\frac{\partial^4 F}{\partial x^2 \partial y^2} + C_{11}\frac{\partial^4 F}{\partial y^4} &= 0\,, \\ C_{ij} = a_{ij} - \frac{a_{i3} - a_{j3}}{a_{33}}, \quad (i, j = 1, 2, \ldots, 6) & \end{aligned}\right\} \tag{5}$$

entsprechen.

Die durch die Funktionen $\Phi_1(z_1)$ und $\Phi_2(z_2)$ bestimmten Spannungen müssen den Randbedingungen genügen und mit zunehmender Entfernung vom Grubenbau dem Wert σ zustreben.

Unter Anwendung der Koordinatentransformation bei Übergang zu Polarkoordinaten lassen sich so die Spannungswerte für die Normal- und Tangentialspannungen einer Elementarfläche, die normal und tangential zu den Ellipsen des Grubenbaues liegen, finden. Diese Ellipsen haben die parametrischen Gleichungen

$$\left.\begin{aligned} x &= a\,k \cos\vartheta\,, \\ y &= b\,k \sin\vartheta\,. \end{aligned}\right\} \tag{6}$$

Für beliebige Spannungen in einem beliebigen Punkte einer Ebene außerhalb des Grubenbaues gilt:

$$\left.\begin{aligned} \sigma_n &= -\frac{1}{a^2\sin^2\vartheta + b^2\cos^2\vartheta}\,[Q(a^2\sin^2\vartheta + k_1 b^2\cos^2\vartheta) + 2\,Re\,\{\Phi_1'(z_1) \\ &\quad (a\sin\vartheta - s_1 b\cos\vartheta)^2 + \Phi_2'(z_2)\,(a\sin\vartheta - s_2 b\cos\vartheta)^2\}]\,, \\ \sigma_t &= -\frac{1}{a^2\sin^2\vartheta + b^2\cos^2\vartheta}\,[Q(k_1 a^2\sin^2\vartheta + b^2\cos^2\vartheta) + 2\,Re\,\{\Phi_1'(z_1) \\ &\quad (a\,s_1\sin\vartheta + b\cos\vartheta)^2 + \Phi_2'(z_2)\,(a\,s_2\sin\vartheta + b\cos\vartheta)^2\}]\,, \\ \tau_{nt} &= \frac{1}{a^2\sin^2\vartheta + b^2\cos^2\vartheta}\,[Q\,a\,b\sin\vartheta\cos\vartheta\,(1 - k_1) - 2\,Re\,\{\Phi_1'(z_1) \\ &\quad (a\sin\vartheta - s_1 b\cos\vartheta)\,(s_1 a\sin\vartheta + b\cos\vartheta) + \Phi_2'(z_2)\,(a\sin\vartheta \\ &\quad - s_2 b - \cos\vartheta)\,(s_2 a\sin\vartheta + b\cos\vartheta)\}]\,. \end{aligned}\right\} \tag{7}$$

Es bedeuten hierbei s_1 und s_2 die Wurzeln der charakteristischen Gleichung

$$C_{22}\,s^4 + (2\,C_{12} + C_{66})\,s^2 + C_{11} = 0 \tag{8}$$

Sie können sein:

1. verschiedene Komplexe $(s_1 = \alpha + i\,\beta,\ s_2 = -\alpha + i\,\beta,\ s_3 = \bar{s}_1,\ s_4 = \bar{s}_2)$,
2. verschiedene Imaginäre $(s_1 = \beta\,i,\ s_2 = \delta\,i,\ s_3 = s_1,\ s_4 = \bar{s}_2)$,
3. gleiche Imaginäre $(s_1 = s_2 = \beta\,i,\ s_3 = s_4 = \bar{s}_1)$.

Von ihnen hängt das allgemeine Integral der quasibiharmonischen Gleichung ab.

Unter Weglassung einiger Untersuchungen der komplexen Funktionen $\Phi_1(z_1)$ und $\Phi_2(z_2)$ finden wir unter der Voraussetzung einer zweidimensionalen Wirkung der Massenkräfte:

$$\left.\begin{aligned} \Phi_1(z_1) &= \frac{Q\,(a - i\,s_1\,b)}{2\,(s_1 - s_2)}\,\frac{1}{z_1 + \sqrt{z_1^2 - (a^2 + s_1^2\,b^2)}}\,(a\,s_2 - i\,k_1\,b)\,, \\ \Phi_2(z_2) &= -\frac{Q\,(a - i\,s_2\,b)}{2\,(s_1 - s_2)}\,\frac{1}{z_2 + \sqrt{z_2^2 - (a_2^2 + s_2^2\,b^2)}}\,(i\,k_1\,b - a\,s_1)\,. \end{aligned}\right\} \tag{9}$$

Es ist nicht schwer, nach Einsetzung von Φ_1 und Φ_2 in (7) festzustellen, daß die Spannungswerte den Bedingungen am Bauumfang

$$\sigma_n = 0\,, \quad \tau_{nt} = 0 \tag{A}$$

und in unendlicher Entfernung

$$\sigma_n' = \sigma_t' = \tau_{nt}' = 0 \tag{B}$$

genügen, da bei unbegrenztem Anwachsen von x und y die Funktionen $\Phi_1(z_1)$ und $\Phi_2(z_2)$ gegen 0 streben.

2. Bestimmung der Umfangsspannungen bei elliptischem Querschnitt

Für $\varrho = 1$ sind die ersten Ableitungen der komplexen Funktionen:

$$\left.\begin{aligned} \Phi_1'(z_1) &= \frac{e^{-i\vartheta}}{a\sin\vartheta - s_1\,b\cos\vartheta}\,\frac{Q}{2\,(s_1 - s_2)}\left(-\frac{a\,s_2}{i} + k_1\,b\right), \\ \Phi_2'(z_2) &= \frac{e^{-i\vartheta}}{a\sin\vartheta - s_2\,b\cos\vartheta}\,\frac{Q}{2\,(s_1 - s_2)}\left(-\frac{a\,s_1}{i} - k_1\,b\right). \end{aligned}\right\} \tag{10}$$

Nach (7) erhalten wir für die Spannungen am Umfang:

$$\left.\begin{aligned} &\sigma_n = 0\,, \quad \tau_{nt} = 0\,, \\ &\sigma_t = -\frac{Q}{\sin^2\vartheta + \lambda^2\cos^2\vartheta}\Big\{(\lambda^2\cos^2\vartheta + k_1\sin^2\vartheta) + Re\Big[\frac{e^{-i\vartheta}}{(\sin\vartheta - s_1\,\lambda\cos\vartheta)\,(\sin\vartheta - s_2\,\lambda\cos\vartheta)} \\ &\quad \times \{i\,[s_1\,s_2\sin^3\vartheta - (1 - 2\,s_1\,s_2)\,\lambda^2\sin\vartheta\cos^2\vartheta + (s_1 + s_2)\,\lambda^3\cos^3\vartheta] + \\ &\quad + k_1\,\lambda\,[(s_1 + s_2)\sin^3\vartheta + (2 - s_1\,s_2)\,\lambda\sin^2\vartheta\cos\vartheta + \lambda^3\cos^3\vartheta]\}\Big]\Big\} \\ &\qquad \left(\lambda = \frac{b}{a}\right). \end{aligned}\right\} \tag{11}$$

Nach Trennung des realen Teiles der komplexen Gleichung für σ_t erhalten wir für die Spannung:

$$\left.\begin{aligned} \sigma_t &= -\frac{Q}{\sin^2\vartheta + \lambda^2\cos^2\vartheta}\left\{(\lambda^2\cos^2\vartheta + k_1\sin^2\vartheta) + \frac{B\,C - A\,D}{C^2 + D^2}\right\}; \\ A &= [K_1\,\lambda\,(\beta + \delta) - K_1\,\lambda^2\,(2 + \beta\,\delta) - \beta\,\delta]\sin^3\vartheta\cos\vartheta + [(\beta + \delta)\,\lambda^3 - \\ &\quad - (1 + 2\,\beta\,\delta)\,\lambda^2 - K_1\,\lambda^4]\sin\vartheta\cos^3\vartheta\,; \\ B &= [K_1\,\lambda\,(\beta + \delta) - \beta\,\delta]\sin^4\vartheta + [K_1\,\lambda^4 - (\beta + \delta)\,\lambda^3]\cos^4\vartheta + \\ &\quad + [K_1\,\lambda^2\,(2 + \beta\,\delta) - (1 + 2\,\beta\,\delta)\,\lambda^2]\sin^2\vartheta\cos^2\vartheta\,; \\ C &= \sin^2\vartheta - \beta\,\delta\,\lambda^2\cos^2\vartheta\,; \\ D &= (\beta + \delta)\,\lambda\sin\vartheta\cos\vartheta\,. \end{aligned}\right\} \tag{12}$$

Sind die Wurzeln der charakteristischen Gleichung gleich imaginär oder haben sie verschiedene komplexe Werte, dann erhalten wir die Spannungen durch Einsetzung:
im ersteren Falle $\delta = \beta$, im zweiten $-\beta + i\,\alpha$ und $\beta - i\,\alpha$.

Als Sonderfall erhalten wir aus diesen Ausdrücken die Spannungen für ein isotropes Medium. Dann ist $s_1 = s_2 = i$. Der Ausdruck für die Spannung σ_t entspricht der Gleichung (12). Es ändern sich nur die Ausdrücke A, B, C und D. Sie sind dann:

$$\left.\begin{aligned} A &= (2\,k_1\,\lambda - 3\,K_1\,\lambda^2 - 1)\sin^3\vartheta\cos\vartheta + (2\,\lambda^3 - 3\,\lambda^2 - K_1\,\lambda^4)\sin\vartheta\cos^3\vartheta\,;\\ B &= (2\,k_1\,\lambda - 1)\sin^4\vartheta + (k_1\,\lambda^4 - 2\,\lambda^3)\cos^4\vartheta + (3\,K_1\,\lambda^2 - 3\,\lambda^2)\sin^2\vartheta\cos^2\vartheta\,;\\ C &= \sin^2\vartheta - \lambda^2\cos^2\vartheta\,;\\ D &= 2\,\lambda\sin\vartheta\cos\vartheta\,;\\ k_1 &= \frac{\mu}{1-\mu}. \end{aligned}\right\} \quad (13)$$

3. Die Bestimmung der Umfangsspannungen für kreisförmigen Querschnitt

Aus den abgeleiteten Formeln für die Spannungsbestimmung bei elliptischem Querschnitt lassen sich leicht die Spannungen bei kreisförmigem Querschnitt ermitteln. Es wird dann $a = b$ und $\vartheta = \Theta$, wobei Θ — Polarwinkel.

Es sei nur der Wert für σ_t am Bauumfang für verschiedene imaginäre Wurzeln angeführt:

$$\left.\begin{aligned} \sigma_t^0 &= -Q\left\{(\cos^2\Theta + k_1\sin^2\Theta) + \frac{B\,C - A\,D}{C^2 + D^2}\right\};\\ A &= [K_1(\beta + \delta - \beta\,\delta - 2) - \beta\,\delta]\sin^3\Theta\cos\Theta + (\beta + \delta - 2\,\beta\,\delta\\ &\quad - K_1 - 1)\sin\Theta\cos^3\Theta\,;\\ B &= [K_1(\beta + \delta) - \beta\,\delta]\sin^4\Theta + (K_1 - \beta - \delta)\cos^4\Theta + [K_1(2 + \beta\,\delta)\\ &\quad - (1 + 2\,\beta\,\delta)]\sin^2\Theta\cos^2\Theta\,;\\ C &= \sin^2\Theta - \beta\,\delta\cos^2\Theta\,;\\ D &= (\beta + \delta)\sin\Theta\cos\Theta\,. \end{aligned}\right\} \quad (14)$$

Analog erhält man die Spannungen bei gleichen imaginären oder komplexen Wurzeln.

Bei isotropem Gebirge ist der Ausdruck für die Spannung σ_t wie Gleichung (14). Die Ausdrücke A, B, C, D sind hierbei:

$$\left.\begin{aligned} A &= -(K_1 - 1)\sin^3\Theta\cos\Theta + (-K_1 - 1)\sin\Theta\cos^3\Theta\,;\\ B &= (2\,K_1 - 1)\sin^4\Theta + (K_1 - 2)\cos^4\Theta + (3\,K_1 - 3)\sin^2\Theta\cos^2\Theta\,;\\ C &= \sin^2\Theta - \cos^2\Theta\,;\\ D &= 2\sin\Theta\cos\Theta\,;\\ C^2 &+ D^2 = 1\,. \end{aligned}\right\} \quad (15)$$

Da der ebene Verformungszustand betrachtet wird, läßt sich auch der Wert der Spannung in der dritten Dimension ableiten.

Aus dem Hookeschen Gesetz folgt für einen elliptischen Grubenbau im geschichteten Gebirge für σ_z:

$$\sigma_z = \frac{E_{zz}}{\sin^2\vartheta + \lambda^2\cos^2\vartheta}\left(\frac{\mu_{zx}}{E_{xx}}\sin^2\vartheta + \frac{\mu_{zy}}{E_{yy}}\lambda^2\cos^2\vartheta\right)\sigma_t + K_2\,Q\,. \quad (16)$$

Bei isotropem Gebirge wird die Spannung σ_z:

$$\sigma_z = \mu\,\sigma_t + K_2\,Q\,. \quad (17)$$

Setzen wir in Gl. (16) $\lambda = 1$ und $\vartheta = \Theta$, dann finden wir für einen kreisförmigen Querschnitt:

$$\sigma_z^0 = E_{zz}\left(\frac{\mu_{zx}}{E_{xx}}\sin^2\Theta + \frac{\mu_{zy}}{E_{yy}}\cos^2\Theta\right)\sigma_t^0 + K_2\,Q\,. \quad (18)$$

Für isotropes Gebirge und kreisförmigen Grubenbau wird σ_0^z

$$\sigma_z^0 = \mu\, \sigma_t^0 + K_2\, Q\,. \tag{19}$$

Bei Kenntnis der Umfangsspannungen σ_t um den Grubenbau läßt sich leicht die Spannung in einem beliebigen Punkt des geschichteten Gebirges bestimmen. Zu diesem Zweck ist es nötig, das elastische Gleichgewicht eines aus dem Verband herausgeschnittenen Würfels zu betrachten. Dieser Würfel sei durch die Spannungen σ_z und σ_y parallel und bankrecht zur Schichtung beansprucht. Nach entsprechender Umformung erhalten wir für die Umfangsspannungen bei elliptischem Querschnitt für zwei Schichten:

$$\left.\begin{aligned} \sigma_{1t} &= \frac{1}{(\sin^2\vartheta + \lambda^2\cos^2\vartheta)^2}\left[\sin^4\vartheta + \frac{(h_1+h_2)\,E_1}{h_1E_1+h_2E_2}\lambda^4\cos^4\vartheta + 2\,\lambda^2\sin^2\vartheta\cos^2\vartheta\right]\sigma_t\,;\\ \sigma_{2t} &= \frac{1}{(\sin^2\vartheta + \lambda^2\cos^2\vartheta)^2}\left[\sin^4\vartheta + \frac{(h_1+h_2)\,E_2}{h_1E_1+h_2E_2}\lambda^4\cos^4\vartheta + 2\,\lambda^2\sin^2\vartheta\cos^2\vartheta\right]\sigma_t\,, \end{aligned}\right\} \tag{20}$$

wobei E_1 und E_2 die E-Moduln für die einzelnen Schichten sind. Für isotropes Medium erhalten wir offensichtlich

$$\sigma_{1t} = \sigma_{2t} = \sigma_t\,. \tag{21}$$

Analog erhält man für die Spannungen in der z-Richtung innerhalb der Schichten die Werte:

$$\left.\begin{aligned} \sigma_{1z} &= \frac{(h_1+h_2)\,E_1}{h_1E_1+h_2E_2}\sigma_z\,;\\ \sigma_{2z} &= \frac{(h_1+h_2)\,E_2}{h_1E_1+h_2E_2}\sigma_z\,. \end{aligned}\right\} \tag{22}$$

Für isotropes Medium wird

$$\sigma_{1z} = \sigma_{2z} = \sigma_z\,. \tag{23}$$

Bei Einsetzung von $\lambda = 1$ und $\vartheta = \Theta$ in Gl. (20) und unter Einsetzung von σ_t für σ_t^0 erhalten wir die Spannungswerte für geschichtetes Gebirge bei kreisförmigen Grubenbauen:

$$\left.\begin{aligned} \sigma_{1t}^0 &= \left(\sin^4\Theta + \frac{(h_1+h_2)\,E_1}{h_1E_1+h_2E_2}\cos^4\Theta + 2\sin^2\Theta\cos^2\Theta\right)\sigma_t^0\,;\\ \sigma_{2t}^0 &= \left(\sin^4\Theta + \frac{(h_1+h_2)\,E_2}{h_1E_1+h_2E_2}\cos^4\Theta + 2\sin^2\Theta\cos^2\Theta\right)\sigma_t^0\,. \end{aligned}\right\} \tag{24}$$

Für isotropes Medium wird

$$\sigma_{1t}^0 = \sigma_{2t}^2 = \sigma_t^0\,. \tag{25}$$

Für Spannungen in der z-Richtung erhalten wir bei geschichtetem Gebirge

$$\left.\begin{aligned} \sigma_{1z}^0 &= \frac{(h_1+h_2)\,E_1}{h_1E_1+h_2E_2}\sigma_z^0\,;\\ \sigma_{2z}^0 &= \frac{(h_1+h_2)\,E_2}{h_1E_1+h_2E_2}\sigma_z^0\,; \end{aligned}\right\} \tag{26}$$

bei isotropem Medium wird

$$\sigma_{1z}^0 = \sigma_{2z}^0 = \sigma_z^0\,. \tag{27}$$

4. Bestimmung der angeführten Verformungskoeffizienten C_{ij}

Zur zahlenmäßigen Bestimmung der Spannungen benötigen wir die Wurzeln der charakteristischen Gleichung (8). Dazu muß man die Koeffizienten C_{11}, C_{22}, C_{12}, C_{66} berechnen, die eine Funktion der verallgemeinerten technischen Koeffizienten E_{xx}, E_{yy}, ..., μ_{xy} darstellen.

Die Bestimmung der verallgemeinerten technischen (elastischen) Konstanten ist leicht, wenn wir das elastische Gleichgewicht und die Verformung eines aus dem Gesteinsverband herausgeschnittenen Würfels betrachten, in dem sich n verschiedene Schichten mit der Mächtigkeit h_i befinden. Es sei vorher auch bestimmt: die E-Moduln jeder Schicht in Richtung der Koordinatenachsen x, y, z, die Gleitmoduln G_i und die Poissonschen Zahlen für die Ebenen $x0y$, $x0z$, $y0z$.

Nach der Greenschen Beziehung $a_{ij} = a_{ji}$ und der Gl. (5) finden wir für C_{ij} endgültig:

$$\left.\begin{aligned}
C_{11} &= \frac{\sum\limits_{i=1}^{n} \frac{h_i}{E_i^x} \sum\limits_{i=1}^{n} h_i E_i^z - \left(\sum\limits_{i=1}^{n} \frac{\mu_i^{xy} h_i E_i^z}{E_i^x}\right)^2}{\sum\limits_{i=1}^{n} h_i \sum\limits_{i=1}^{n} h_i E_i^z}; \\
C_{12} &= -\frac{\sum\limits_{i=1}^{n} \frac{\mu_i^{xy} h_i E_i^y}{E_i^x}}{\sum\limits_{i=1}^{n} h_i E_i^y} - \frac{\sum\limits_{i=1}^{n} \frac{\mu_i^{xz} h_i E_i^z}{E_i^x}}{\sum\limits_{i=1}^{n} h_i E_i^z} \cdot \frac{\sum\limits_{i=1}^{n} \mu_i^{yz} h_i E_i^z}{\sum\limits_{i=1}^{n} h_i E_i^y}; \\
C_{22} &= \frac{\sum\limits_{i=1}^{n} h_i}{\sum\limits_{i=1}^{n} h_i E_i^y} - \frac{\sum\limits_{i=1}^{n} h_i}{\sum\limits_{i=1}^{n} h_i E_i^z} \left(\frac{\sum\limits_{i=1}^{n} \mu_i^{yz} h_i E_i^z}{\sum\limits_{i=1}^{n} h_i E_i^y}\right)^2; \\
C_{66} &= \frac{\sum\limits_{i=1}^{n} \frac{h_i}{G_i^{xy}}}{\sum\limits_{i=1}^{n} h_i}.
\end{aligned}\right\} \quad (28)$$

Als Sonderfall der Gl. (28) für heterogene Schichten läßt sich auch für homogene Schichten die Gleichung für C_{ij} finden.

$$\left.\begin{aligned}
C_{11} &= \frac{\sum\limits_{i=1}^{n} h_i E_i \sum\limits_{i=1}^{n} \frac{h_i}{E_i} - \left(\sum\limits_{i=1}^{n} \mu_i h_i\right)^2}{\sum\limits_{i=1}^{n} h_i \sum\limits_{i=1}^{n} h_i E_i}; \\
C_{12} &= -\frac{\sum\limits_{i=1}^{n} \mu_i h_i}{\sum\limits_{i=1}^{n} h_i E_i} \left(1 + \frac{\sum\limits_{i=1}^{n} \mu_i h_i E_i}{\sum\limits_{i=1}^{n} h_i E_i}\right); \\
C_{22} &= \frac{\sum\limits_{i=1}^{n} h_i}{\sum\limits_{i=1}^{n} h_i E_i} \left[1 - \left(\frac{\sum\limits_{i=1}^{n} \mu_i h_i E_i}{\sum\limits_{i=1}^{n} h_i E_i}\right)^2\right]; \\
C_{66} &= \frac{\sum\limits_{i=1}^{n} \frac{h_i}{G_i}}{\sum\limits_{i=1}^{n} h_i}.
\end{aligned}\right\} \quad (29)$$

Ebenfalls als Sonderfall läßt sich C_{ij} für den Fall ableiten, wenn die E-Moduln für einzelne Schichten in der Schichtungsrichtung gleich sind.

5. Zahlenbeispiel für die Bestimmung der Umfangsspannungen

Nehmen wir an, daß das Gebirge aus n Schichten gleicher Mächtigkeit mit unterschiedlichen physikalisch-mechanischen Kennziffern besteht.
Die elastischen Kennziffern seien:

$$E_1 = 75000 \text{ kp/cm}^2, \quad E_2 = 8000 \text{ kp/cm}^2,$$
$$h_1 = h_2 = 100 \text{ cm}.$$

Nach Berechnung der Koeffizienten C_{ij} finden wir für die Wurzeln der charakteristischen Gleichung:

$$s_{1,3} = \pm 1{,}97\, i\,; \quad s_{2,4} = \pm 0{,}89\, i\,; \quad \beta = 1{,}97\,; \quad \delta = 0{,}89\,;$$
$$k_1 = 0{,}150\,; \quad \lambda = 1{,}5\,; \quad \tan\vartheta = 0{,}666 \tan\Theta\,.$$

1. *Bestimmung der Umfangsspannung bei elliptischem Querschnitt*

A. Anisotropes Gebirge

$$\left.\begin{aligned} \sigma_t &= -\frac{Q}{\sin^2\vartheta + 2{,}25\cos^2\vartheta}\left[(2{,}25\cos^2\vartheta + 0{,}150\sin^2\vartheta) + \frac{BC - AD}{C^2 + D^2}\right]; \\ A &= -2{,}366\sin^3\vartheta\cos\vartheta - 1{,}26\sin\vartheta\cos^3\vartheta\,; \\ B &= -1{,}106\sin^4\vartheta - 8{,}90\cos^4\vartheta - 8{,}89\sin^2\vartheta\cos^2\vartheta\,; \\ C &= \sin^2\vartheta - 3{,}94\cos^4\vartheta\,; \\ D &= 4{,}29\sin\vartheta\cos\vartheta\,. \end{aligned}\right\} \quad (30)$$

B. Isotropes Gebirge

Setzen wir den Poissonschen Koeffizienten $\mu = 0{,}13$, finden wir für den Horizontaldruckkoeffizienten $K_1 = 0{,}15$.
Der Ausdruck für die Spannung σ_t hat die gleiche Gestalt wie für anisotropes Gebirge, nur bedeuten hier A, B, C, D:

$$\left.\begin{aligned} A &= -1{,}56\sin^3\vartheta\cos\vartheta - 0{,}76\sin\vartheta\cos^3\vartheta\,; \\ B &= -0{,}55\sin^4\vartheta - 6{,}00\cos^4\vartheta - 5{,}74\sin^2\vartheta\cos^2\vartheta\,; \\ C &= \sin^2\vartheta - 2{,}25\cos^2\vartheta\,; \\ D &= 3\sin\vartheta\cos\vartheta\,. \end{aligned}\right\} \quad (31)$$

Für die Spannungen in den einzelnen Schichten finden wir:

$$\left.\begin{aligned} \sigma_{1t} &= \frac{1}{(\sin^2\vartheta + 2{,}25\cos^2\vartheta)^2}\left[\sin^4\vartheta + 9{,}18\cos^4\vartheta + 4{,}5\sin^2\vartheta\cos^2\vartheta\right]\sigma_t\,; \\ \sigma_{2t} &= \frac{1}{(\sin^2\vartheta + 2{,}25\cos^2\vartheta)^2}\left[\sin^4\vartheta + 0{,}98\cos^4\vartheta + 4{,}5\sin^2\vartheta\cos^2\vartheta\right]\sigma_t\,. \end{aligned}\right\} \quad (32)$$

Für verschiedene Werte von ϑ zwischen 0 und $\pi/2$ sind die Ergebnisse für σ_t, σ_{1t} und σ_{2t} in Tabelle 1 angeführt.

Tabelle 1

Nr.	Θ	0°	15°	30°	45°	60°	75°	90°
1	σ_t	—2,002	—1,973	—1,725	—0,863	0,534	0,924	0,956
2	σ_{1t}	—3,630	—3,460	—2,820	—1,110	0,550	0,925	0,956
3	σ_{2t}	—0,387	—0,440	—0,656	—0,620	0,522	0,824	0,956
4	σ_t	—2,180	—2,150	—1,945	—1,169	—0,015	0,360	0,405
5	σ_z	—0,360	—0,365	—0,372	—0,309	—0,010	0,126	0,137
6	σ_{1z}	—0,652	—0,660	—0,673	—0,557	—0,018	0,228	0,248
7	σ_{2z}	—0,069	—0,070	—0,072	—0,060	—0,002	0,025	0,027
8	σ_z	—0,434	—0,430	—0,403	—0,302	—0,152	—0,103	—0,097

2. *Bestimmung der Umfangsspannung bei kreisförmigem Querschnitt*

A. Anisotropes Gebirge

$$\left.\begin{aligned} \sigma_t^0 &= -Q\left[(\cos^2\Theta + 0{,}15\cos^2\Theta) + \frac{BC - AD}{C^2 + D^2}\right], \\ A &= -1{,}8875\sin^3\Theta\cos\Theta - 1{,}80\sin\Theta\cos^3\Theta ; \\ B &= -1{,}325\sin^4\Theta - 2{,}710\cos^4\Theta - 3{,}9475\sin^2\Theta\cos^2\Theta ; \\ C &= \sin^2\Theta - 1{,}755\cos^2\Theta ; \\ D &= 2{,}86\sin\Theta\cos\Theta . \end{aligned}\right\} \quad (33)$$

B. Isotropes Gebirge

$$\left.\begin{aligned} A &= -1{,}15\sin^3\Theta\cos\Theta - 1{,}15\sin\Theta\cos^3\Theta ; \\ B &= -0{,}7\sin^4\Theta - 1{,}85\cos^4\Theta - 2{,}55\sin^2\Theta\cos^2\Theta ; \\ C &= \sin^2\Theta - \cos\Theta ; \\ D &= 2\sin\Theta\cos\Theta , \\ C^2 &+ D^2 = 1 . \end{aligned}\right\} \quad (34)$$

Für die Spannungen in den einzelnen Schichten des geschichteten Gebirges erhalten wir analog:

$$\left.\begin{aligned} \sigma_{1t}^0 &= (\sin^4\Theta + 1{,}81\cos^4\Theta + 2\sin^2\Theta\cos^2\Theta)\,\sigma_t^0 ; \\ \sigma_{2t}^0 &= (\sin^4\Theta + 0{,}193\cos^4\Theta + 2\sin^2\Theta\cos^2\Theta)\,\sigma_t^0 . \end{aligned}\right\} \quad (35)$$

Die Werte für σ_t^0, σ_{1t}^0, σ_{2t}^0 sind aus Tabelle 2 ersichtlich.

Tabelle 2

Nr.	Θ	0°	15°	30°	45°	60°	75°	90°
1	σ_t^0	—2,550	—2,435	—2,149	—1,516	—0,685	0,845	1,175
2	σ_{1t}^0	—4,630	—4,140	—3,120	—1,750	—0,717	0,847	1,175
3	σ_{2t}^0	—0,492	—0,725	—1,175	—1,125	—0,650	0,844	1,175
4	σ_t^0	—2,850	—2,623	—1,973	—1,168	—0,215	0,322	0,550
5	σ_z^0	—0,418	—0,438	—0,481	—0,457	—0,322	0,093	0,203
6	σ_{1z}^0	—0,758	—0,795	—0,870	—0,827	—0,583	0,168	0,378
7	σ_{2z}^0	—0,081	—0,085	—0,093	—0,089	—0,062	0,018	0,039
8	σ_z^0	—0,520	—0,491	—0,407	—0,302	—0,178	—0,108	—0,078

3. *Bestimmung der Umfangsspannung* σ_z für elliptischen Querschnitt

A. Anisotropes Gebirge

$$\sigma_z = \frac{1}{\sin^2\vartheta + 2{,}25\cos^2\vartheta}\,(0{,}3\sin^2\vartheta + 0{,}236\cos^2\vartheta)\,\sigma_t + 0{,}15\,Q . \quad (36)$$

Für die Spannungen in den einzelnen Schichten:

$$\left.\begin{aligned} \sigma_{1z} &= 1{,}81\,\sigma_z ; \\ \sigma_{2z} &= 0{,}193\,\sigma_z . \end{aligned}\right\} \quad (37)$$

B. Isotropes Gebirge

$$\sigma_z = -[0{,}13\,\sigma_t + 0{,}15\,Q] . \quad (38)$$

Die errechneten Werte sind aus Tabelle 1 ersichtlich. In den Zeilen (4) und (8) sind die Spannungswerte für isotropes Gebirge dargestellt.

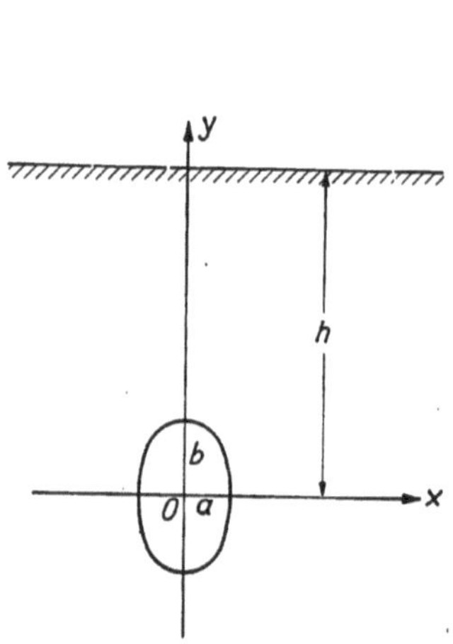

Bild 1

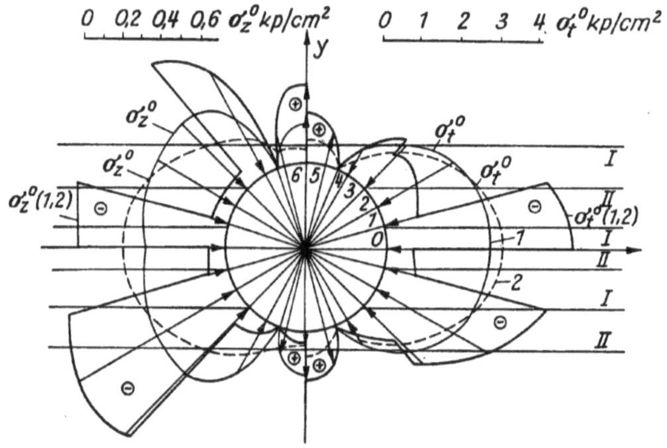

Bild 2

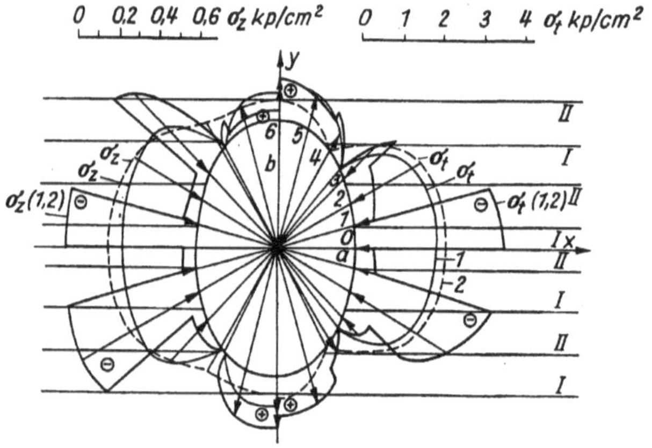

Bild 3

4. *Bestimmung der Spannung σ_z für kreisförmigen Querschnitt*

A. Anisotropes Gebirge

$$\sigma_z^0 = -[(0{,}3 \sin^2 \Theta + 0{,}105 \cos^2 \Theta)\, \sigma_t + 0{,}15\, Q]\,. \tag{39}$$

Die Spannungen in den einzelnen Schichten:

$$\left.\begin{aligned} \sigma_{1z}^0 &= 1{,}81\, \sigma_z^0\,; \\ \sigma_{2z}^0 &= 0{,}193\, \sigma_z^0\,. \end{aligned}\right\} \tag{40}$$

B. Isotropes Gebirge

$$\sigma_z^0 = -(0{,}13\, \sigma_t^0 + 0{,}15\, Q)\,. \tag{41}$$

Die Werte befinden sich in Tabelle 2. Auf Grund der Berechnungen für σ_t und σ_z sind ihre Diagramme aufgetragen (Bild 2 und 3). Bild 2 und 3 des Grubenbaues fällt hierbei mit der Mitte von Schicht 1 (E-Modul E_1) zusammen bzw. mit der Mitte der Schicht 2 (E-Modul E_2).

Für Fall 1 sind die Diagramme über der x-Achse, für Fall 2 unterhalb der x-Achse wiedergegeben.

In den Zeilen 4 und 8 in Tabelle 2 sind die Spannungswerte σ_t^0 und σ_z^0 für isotropes Gebirge aufgeführt.

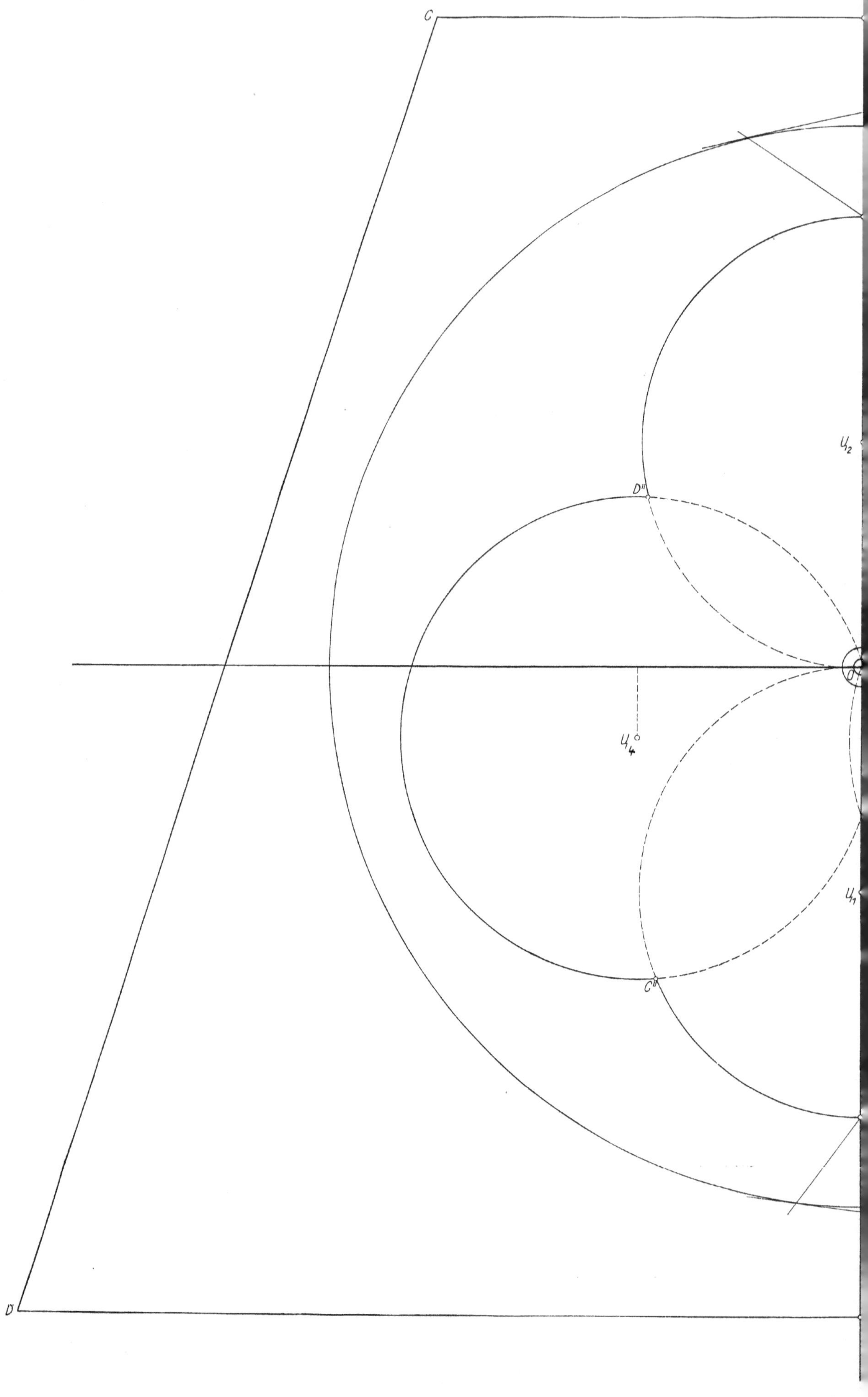

C
D
D''
C''
U_2
U_4
U_1

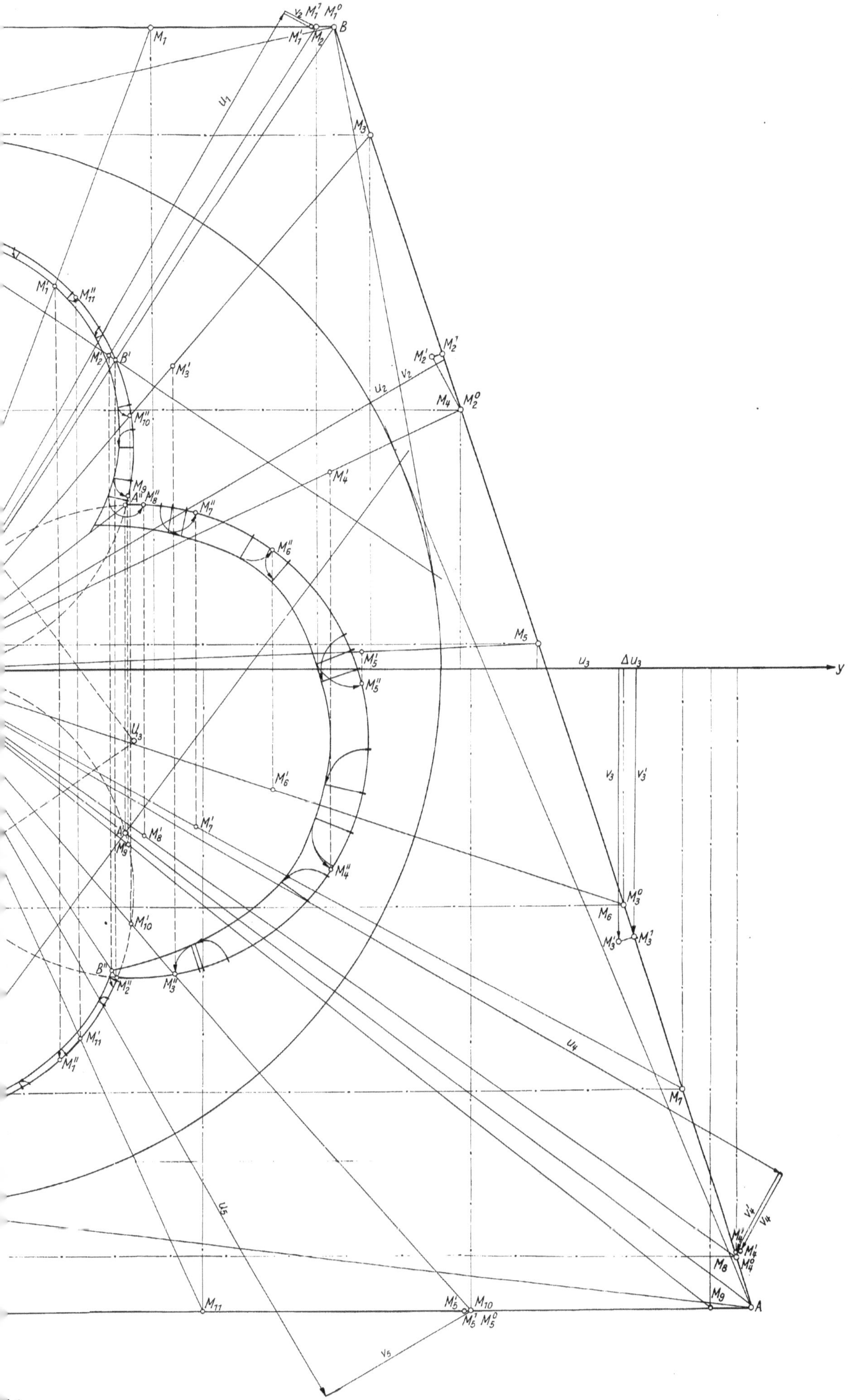
B
A
y
u1
u2
u3
u4
u5
v2
v3
v4
v5
Δu3

Die Bestimmung der Umfangsspannungen bei trapezoidalem Querschnitt des Grubenbaues stößt auf bedeutende mathematische Schwierigkeiten. Hier werden wir nur die Bestimmung der Funktion betrachten, welche das Äußere der Trapeze auf das Äußere des Einheitskreises konform abbildet.

Da es rein theoretisch nicht möglich ist, anhand der Abmessungen des Trapezes eine solche Funktion aufzustellen, benutzen wir hierfür ein Elektromodell mit elektrisch leitfähigem Papier. Es ist hierbei notwendig, vorläufig eine Inversion des Trapezes hinsichtlich eines Kreises mit dem Radius R^* durchzuführen.

$$Z_1^* = \frac{R^{*2}}{\omega\left(\frac{1}{5}\right)}.$$

Den so gefundenen Bereich S_1^* untersuchen wir mit dem Elektromodell. Nach Eliminieren der Fehler, die durch Ungenauigkeiten in der Leitfähigkeit des Papiers u. a. hervorgerufen werden, erhalten wir den Punkt M_j^* an der Begrenzung L_1^*, welcher den Punkten A_j^* des Einheitskreises entspricht.

Das Auffinden der Punkte M_j^0 auf dem Umfang des Trapezes L geschieht durch umgekehrte Inversion

$$z = \frac{R^{*2}}{z_1^*}$$

bezüglich des gleichen Kreises mit dem Radius R^*.

Die konforme Funktion finden wir gemäß der Formel

$$\left.\begin{aligned}
Z &= \sum_{k=0}^{m}{}' C_k \zeta^{1-kq}, \\
C_0 &= \frac{1}{2m}(U_0 - U_m) + \frac{1}{m}\sum_{1}^{m-1}{}' U_j; \\
C_m &= \frac{1}{2m}[U_0 + (-1)^m U_m] + \frac{1}{m}\sum_{1}^{m-1}{}' (-1)^j U_j; \\
C_k &= \frac{1}{m}[U_0 + (-1)^k U_m] + \frac{2}{m}\sum_{1}^{m-1}{}' U_j \cos\frac{\pi}{m} k_j.
\end{aligned}\right\} \tag{42}$$

Am Modell messen wir die Koordinaten x_j und y_j und finden u_j sowie v_j gemäß Formeln:

$$\left.\begin{aligned}
u_j &= x \cos\frac{\pi}{q\,m} j + y_j \sin\frac{\pi}{q\,m} j; \\
v_j &= y_j \cos\frac{\pi}{q\,m} j - x_j \sin\frac{\pi}{q\,m} j.
\end{aligned}\right\} \tag{43}$$

So ist für ein gleichschenkliges Trapez mit $a = 4$ m und $b = 2$ m sowie der Höhe $h = 3$ m in erster Näherung die konform abbildende Funktion

$$\begin{aligned}
z = \omega(\zeta) = {} & 178{,}5650\,\zeta - 21{,}1531 - 7{,}0150\,\zeta^{-1} + 31{,}7987\,\zeta^{-2} \\
& - 19{,}7150\,\zeta^{-3} - 10{,}6456\,\zeta^{-4} - 1{,}8349\,\zeta^{-5}.
\end{aligned} \tag{44}$$

Bei zweiter Annäherung finden wir

$$\begin{aligned}
z = \omega(\zeta) = {} & 179{,}2583\,\zeta - 20{,}74136 - 8{,}3916\,\zeta^{-1} + 30{,}6000\,\zeta^{-2} \\
& - 19{,}0093\,\zeta^{-3} - 9{,}8586\,\zeta^{-4} - 1{,}8583\,\zeta^{-5}.
\end{aligned} \tag{45}$$

Das Elektromodell und eine graphische Darstellung sind aus Bild 4 ersichtlich.

5. Außer theoretischen Untersuchungen des Spannungszustandes führten wir auch *spannungsoptische Untersuchungen* durch. Wir erhielten nicht quantitative, sondern eher qualitative Ergebnisse, die uns gestatteten, die Richtigkeit der theoretischen Lösung zu überprüfen.

Die Modelle erhielten wir aus einer optisch aktiven Gelatine-Glyzerin-Mischung. Ein geringer E-Modul und hohe optische Aktivität gestatteten uns, den Spannungszustand bei Eigengewicht zu untersuchen.

Bei entsprechender Variierung der Verhältnisse Glyzerin: Gelatine: Wasser läßt sich ein Modell aus verschiedenen Schichten mit unterschiedlichem E-Modul und Poissonscher Zahl herstellen. Ziel dieser Untersuchungen war die Bestimmung der Hauptspannungen in einem beliebigen Punkte des Modelles und entlang des Umfanges des Grubenbaues.

Unter dem Hinweis, daß die Normalspannung σ_t am Umfang die Hauptspannung einer radialen Fläche ist (dies folgt aus den Bedingungen am Umfang), so ist für die Bestimmung desselben hinreichend, das Bild der Isochromen, ihren Wert und Rang zu kennen.

Die Modelle wurden mit söhlig, seiger und geneigt verlaufenden Schichten hergestellt. Die Isochromen wurden bei Kreispolarisation photographiert.

Die Photographien in Bild 5a—d (s. Tafeln 6 u. 7) beziehen sich auf kreisförmige Grubenbaue. Die Abbildungen lassen einen sprungförmigen Charakter der Hauptspannungsdiagramme an den Grubenbaurändern erkennen, wenn geschichtetes Gebirge vorhanden ist.

Bei isotropem Gebirge ist ein glatter Isochromenverlauf sichtbar. Daraus folgt ein kontinuierliches Diagramm der Hauptspannungen. Die Bilder 6a—d (s. Tafeln 8 u. 9) beziehen sich auf elliptische Querschnitte mit einer großen Halbachse in vertikaler Richtung.

Aus den angeführten Berechnungen und Untersuchungen über die Spannungsverteilung um Grubenbaue mit elliptischem und kreisförmigem Querschnitt ohne Ausbau im geschichteten Gebirge lassen sich folgende Schlußfolgerungen ziehen:

1. Entlang des Umfanges eines Grubenbaues ohne Ausbau wirken nur die Hauptspannungen σ_t und σ_z. Sie wirken in Ebenen, die senkrecht zu den Tangenten des Bauumfanges und der Bauachse stehen.

2. Die Spannungsdiagramme $\sigma_{(1,2)t}$ und $\sigma_{(1,2)z}$ stellen stetige Funktionen dar. Eine Unterbrechung der Stetigkeit tritt in den Punkten ein, wo eine merkliche Änderung der physikalisch-mechanischen Eigenschaften im geschichteten Gebirge vorhanden ist.

3. Die Spannungen σ_t und σ_z um den Umfang eines elliptischen Grubenbaues hängen nicht von den absoluten Werten der Halbachsen, sondern von ihren Verhältniszahlen ab.

4. Bei Vergleich der Zahlenwerte für σ_t und σ_z mit $\sigma_{(1,2)t}$ und $\sigma_{(1,2)z}$ für elliptische und kreisförmige Querschnitte ist zu ersehen, daß bei gleichen geologischen Verhältnissen die Spannungen um elliptische Grubenbaue geringere Werte aufweisen. Dies zeigt, daß in statischer Hinsicht elliptische Querschnitte vorteilhafter sind; vorausgesetzt, daß der Horizontaldruckkoeffizient $k = 1$, welches immer stattfindet, wenn kein hydrostatischer Druck auftritt.

   Die statisch vorteilhafteste Form der Grubenbaue hängt ab von ihrer Lage zur Schichtung und von den physikalisch-mechanischen Eigenschaften der einzelnen Schichten. Da die Gesteine geringe Zugfestigkeiten aufweisen, ist der statisch günstigste Fall dann erreicht, wenn entlang des Umfanges eines nicht ausgebauten Grubenbaues das Auftreten von Zugspannungen verhindert wird.

5. Der Umfang eines Grubenbaues ohne Ausbau wird sowohl für elliptischen als auch für kreisförmigen Querschnitt von Druck- und Zugkräften beansprucht. Das Gebiet der Zugspannungen liegt in Richtung der Vertikalachse und ist relativ gering im Vergleich zu dem Gebiet der Druckspannungen.

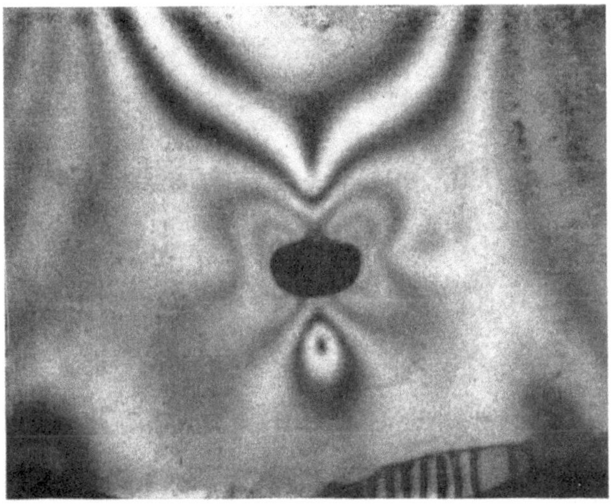

Bild 5a

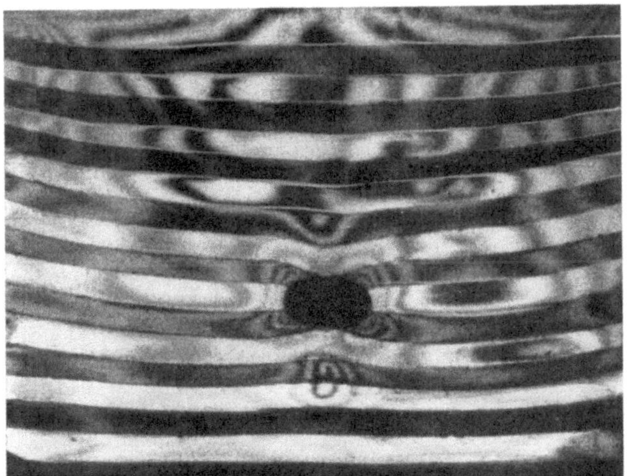

Bild 5b

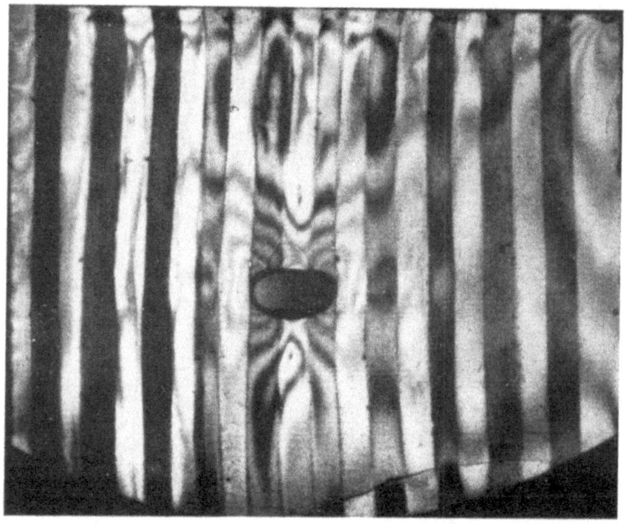

Bild 5c

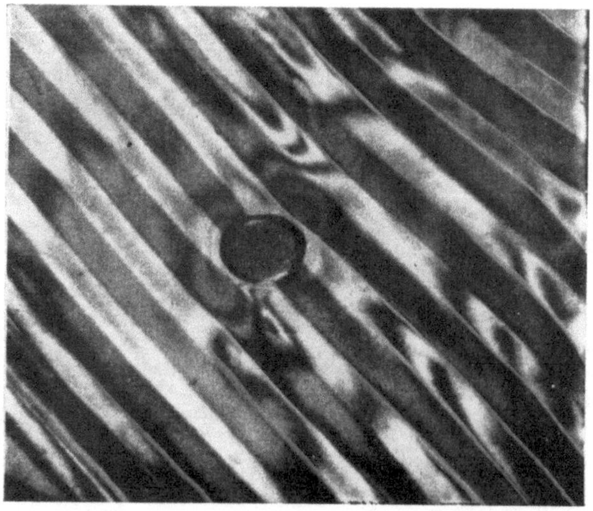

Bild 5d

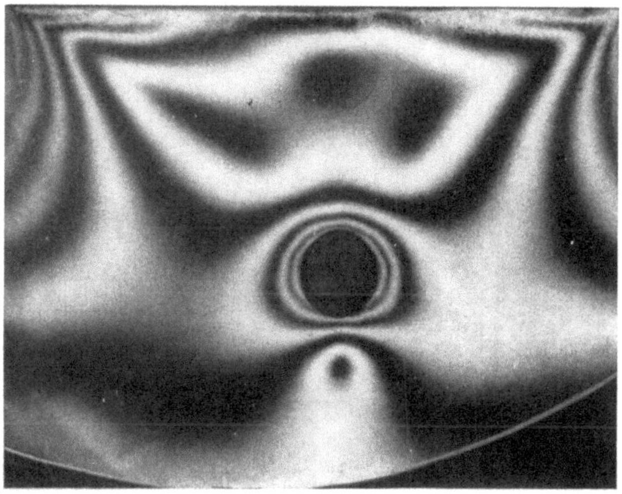

Bild 6a

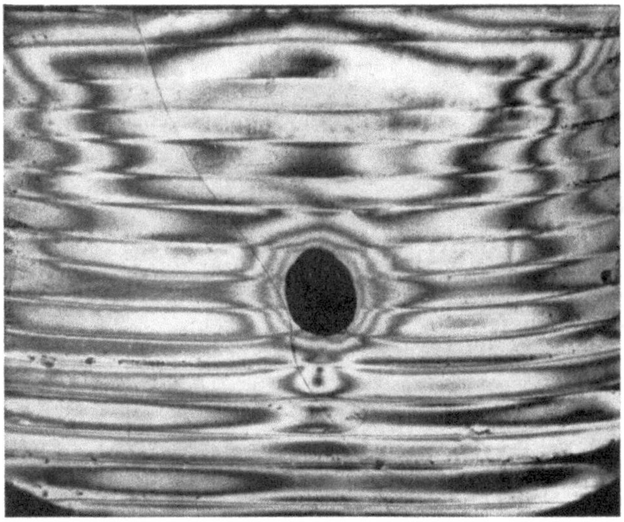

Bild 6b

Tafel 9

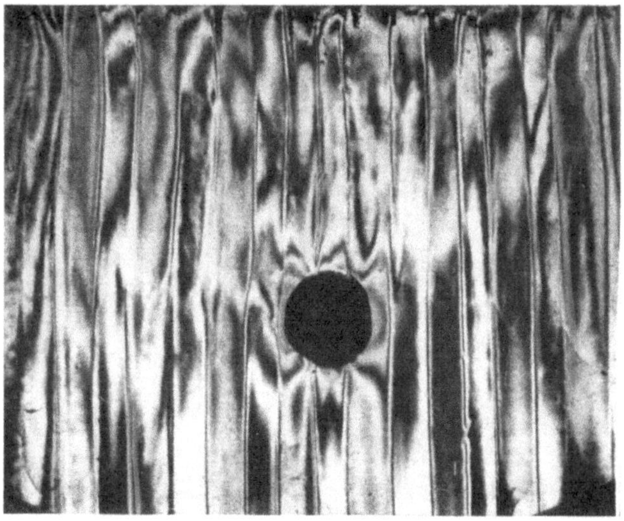

Bild 6c

Bild 6d

6. Die Normalspannungen σ_z sind gering im Vergleich zu den Normalspannungen σ_t. Die Spannungen σ_t und σ_z sind für den Umfang die Hauptspannungen.

7. Die größten Spannungskonzentrationen am Bauumfang hängen ab von der Lage des Grubenbaues im Gebirge und von den physikalisch-mechanischen Eigenschaften der Schichten. Man kann sie für jeden konkreten Fall nach theoretischer Berechnung und Aufstellung der entsprechenden Diagramme bestimmen.

   Sowohl für Zug- als auch für Druckwirkungen sind die Punkte der maximalen Spannungskonzentrationen die Stellen, an denen die Zerstörung der Grubenbaue eingeleitet wird.

Literatur

[1] Lechnitzky, S. G.: Teorija uprugosti anisotropnogo tela (Elastizitätstheorie für anisotrope Körper), Gostechisdat Moskva 1950, Leningrad.

[2] Savin, G. N.: Konzentrazija naprjashenija okolo otverstii (Die Spannungskonzentration in der Nähe von Öffnungen). Moskva 1951, Leningrad.

[3] Muschelisvili, N. I.: Nekotorye osnovnye zedaci matematiceskoj teorii uprugosti (Einige Grundaufgaben der mathematischen Elastizitätstheorie). Isdat. AN SSSR, Moskva 1954.

[4] Ugodcikov, A. G., und Serebrennikova, I. I.: Elektromodeljuvannja konformnogo peretvorenija zovnisnosti kruga na zovnisistj zadanoi krivoi, Prikladna Mechanika, tom III, z. 1957.

[5] Frocht, M. M., Fotouprugostj (Photoelastizität), tom I, II Gostechidsat 1957.

[6] Sonntag, G.: Der Einfluß der Anisotropie auf die Beanspruchung des Gebirges in der Umgebung von Stollen. Z. Bauing. (1958), Heft 8 und 9.

Kritische Einschätzung gebirgsmechanischer Modellversuche bei der Lösung der Stabilität eines Schichtenverbandes der nordböhmischen Tertiärformation

von J. Kohoutek, Prag

Zusammenfassung

Es werden die Bedingungen der physikalischen Ähnlichkeit zur vollständigen Lösung der Flächen- und Raumprobleme der Gesteinsmechanik in einem Einstoff- und Zweistoffsystem angeführt.

Eine vollkommene Lösung der Aufgaben der Gesteinsmechanik ist nicht möglich. Die kritische Bewertung der Modellversuche und der Grenzen ihrer Verwendbarkeit bei der Lösung der Stabilität einer miozänen Schichtengruppe wird durch eine theoretische Erwägung über die Mechanik der statistischen Menge gleich großer Kugeln und über die Zusammensetzung der den Miozängesteinen äquivalenten Modellmaterialien ermöglicht. Die Modellversuche müssen so durchgeführt werden, daß mit ihrer Hilfe die integrale Form der physikalischen Gleichungen der Stabilität der Schichtengruppe als Beziehung zwischen dimensionslosen Argumenten festgestellt werden kann.

Eine notwendige und hinreichende Bedingung für die Ähnlichkeit zweier Erscheinungen ist die Gleichheit aller dimensionslosen Argumente, einschließlich der von Rand- und Anfangsbedingungen abgeleiteten Argumente (Kirpitschev-Guchman 1931). Unter einem dimensionslosen Argument verstehen wir hier eine dimensionslose Gruppe physikalischer Größen. Aus dem angeführten Kirpitschev-Guchman-Satz ergibt sich, daß das Modell geometrisch dem Prototyp ähnlich sein muß. Zwei den Wirkungen gleich verteilter Kräfte ausgesetzte Körper behalten ihre geometrische Ähnlichkeit nur dann, wenn sie aus Materialien hergestellt sind, die ähnliche Formänderungsdiagramme besitzen (Bild 1).

Die Bedingung der geometrischen Ähnlichkeit kann in der Gesteinsmechanik nur unter der Voraussetzung genau eingehalten werden, daß das Modell aus dem Material des Prototyps in natürlicher Größe hergestellt ist. Weil das praktisch nicht möglich ist, nützen wir die Erkenntnis aus, daß unter bestimmten Umständen der untersuchte Vorgang von einigen Kriterien praktisch überhaupt nicht abhängt oder von ihnen nur in einem zu vernachlässigendem Maße abhängig ist (Kirpitschev-Michejev 1936).

Für die Stabilitätslösung müssen wir bei jedem Gestein seine mechanisch bedeutsamen Eigenschaften kennen, d. h. seine Festigkeit, Formänderungseigenschaften und sein Raumgewicht. Die Ergebnisse der Laboratoriums- und Felduntersuchungen zeigen, daß man bei Tertiärgesteinen die Einhüllende der Mohrschen Grenzspannungskreise im Druckgebiet mit genügender Genauigkeit durch eine Gerade ersetzen kann, die mit der positiven Richtung der waagerechten Achse den Reibungswinkel φ einschließt. Gegenwärtig stehen uns folgende mechanisch bedeutungsvollen Gesteinseigenschaften der nordböhmischen Tertiärformation zur Verfügung:

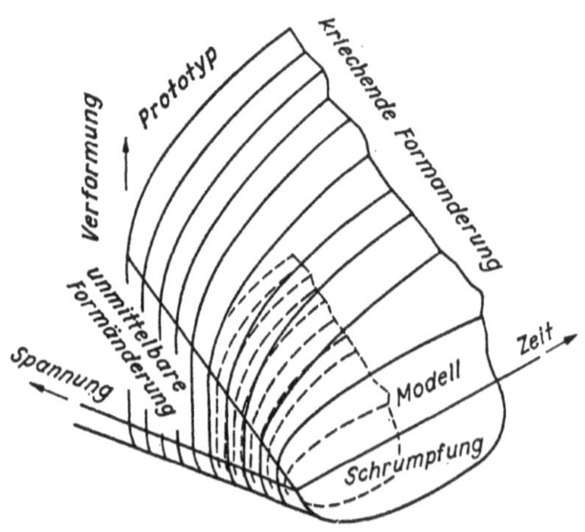

Bild 1
Prototyp- und Modellformänderungsdiagramme

Gestein	Reibungswinkel $\varphi°$	Kohäsion c kp/cm²	Raumgewicht t/m³	Steifezahl E_s kp/cm²
Ton	19°30′	0,67	1,98	60
Tonstein (Schieferton)	26°	0,66	1,74	250
Braunkohle	35°	12,00	1,20	

Die Modellgesetze (Tabellen 1 und 2) erfordern, daß der Reibungswinkel des Modellmaterials und des Prototyps gleich sei. Es bezeichne:

N_p die beliebige Gesteinscharakteristik in kp/cm²,
N_m die diesbezügliche Modellcharakteristik in kp/cm²,
γ_p das Raumgewicht des Gesteins,
γ_M das Raumgewicht des Modellmaterials,
α_l den reziproken Wert des Modellmaßstabes.

Dann gilt:

$$N_p = \frac{\gamma_p}{\gamma_M} \alpha_l N_M .$$

Unter der Voraussetzung, daß $\gamma_p = \gamma_M$ und $\alpha_l = 100$, soll die Kohäsion des Modellmaterials hundertfach niedriger sein, als die des Gesteins. Das dem Tonstein äquivalente Material soll einen Reibungswinkel $\varphi = 26°$, eine Kohäsion $c = 0{,}007$ kp/cm² und die Steifezahl $E_s = 2{,}5$ kp/cm² aufweisen. Versuchen wir nun zu beurteilen, wie genau diese Modellbedingung erfüllt werden kann.

Zunächst nehme man an, daß alle modellbildenden Teilchen Kugeln von gleichem Durchmesser seien. Es bezeichne:

$2R$ den Durchmesser der kugelförmigen Teilchen,
n den Volumenanteil des Hohlraumes im Modellmaterial,
k die Zahl der Berührungspunkte einer Kugel mit den Nachbarkugeln,
F, G, H die Reaktionen an den Berührungsstellen einer Kugel mit den Nachbarkugeln (Bild 2),
$\sigma_x, \sigma_y, \sigma_z$ die Spannungskomponenten.

Die Koordinationszahl k hängt von dem Volumenteil des Hohlraums n ab. In Bild 2 ist der Wert $(1 - n)\, k/\pi$ in Abhängigkeit von n aufgetragen, wobei die von Manegold (1955) mitgeteilten Werte von k und n, welche O. W. Smith bei der Rüttlung und Schüttung gleich großer Bleikugeln erhalten

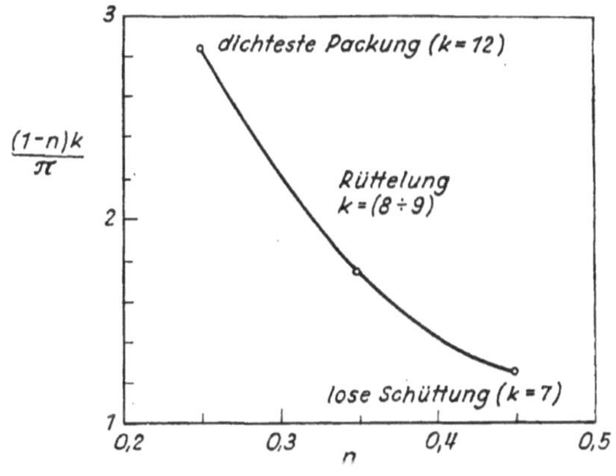

Bild 2. Die Abhängigkeit $(1 - n)\, k/\pi$ von n nach Versuchen von O. W. Smith

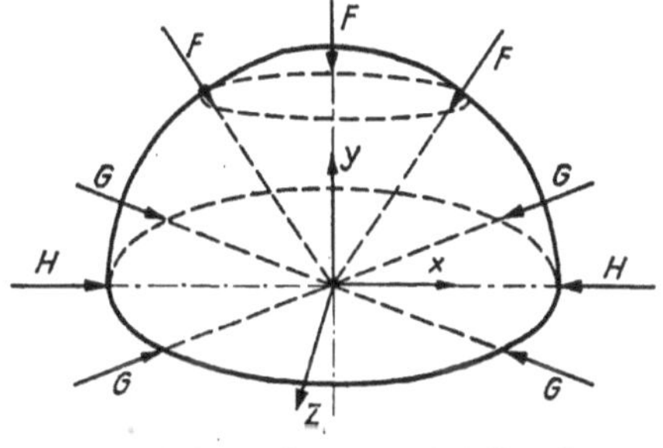

Bild 3. Die Reaktionen an den Berührungsstellen einer Kugel mit den Nachbarkugeln

Tabelle 1. Modellgesetze zur Lösung der Raumprobleme der Gesteinsmechanik in einem Einstoffsystem

Ähnlichkeitsbedingungen für:	Formänderung		
	lineare	unlineare	allgemeiner Fall
die äußeren Kräfte	$\alpha_P = \alpha_G \, \alpha_y \, \alpha_l$	$\alpha_P = \alpha_{G'} \, \alpha_l^2$	
das Eigengewicht	$\alpha_P = \alpha_\gamma \, \alpha_l^3$		
die Trägheitskräfte	$\alpha_P = \frac{\alpha_\gamma \, \alpha_y \, \alpha_l^3}{\alpha_t^2}$	$\alpha_P = \frac{\alpha_\gamma \, \alpha_l^4}{\alpha_t^2}$	
die äußeren Kräfte und das Eigengewicht	$\alpha_\gamma = \frac{\alpha_G \, \alpha_y}{\alpha_l^2}$	$\alpha_\gamma = \frac{\alpha_{G'}}{\alpha_l}$	
die Zeiten bei gleichzeitiger Wirkung			
der äußeren und Trägheitskräfte	$\alpha_t = \alpha_l \sqrt{\frac{\alpha_\gamma}{\alpha_G}}$	$\alpha_t = \alpha_l \sqrt{\frac{\alpha_\gamma}{\alpha_{G'}}}$	$\alpha_t = \frac{v_M}{v_0} \alpha_{l_0}$
der äußeren und Trägheitskräfte und des Eigengewichts	$\alpha_t = \sqrt{\alpha_y}$	$\alpha_t = \sqrt{\alpha_l}$	
einzelne statische Größen sind in folgendem Verhältnis			
Kräfte	$\alpha_P = \frac{P_{\text{Prototyp}}}{P_{\text{Modell}}}$		
Biegungsmomente	$\alpha_M = \alpha_P \, \alpha_l$		
Spannungen	$\alpha_\sigma = \frac{\alpha_P}{\alpha_l^2}$		
Verschiebungen	$\alpha_y = \frac{\alpha_P}{\alpha_G \, \alpha_l}$	$\alpha_y = \sqrt{\frac{\alpha_P}{\alpha_{G'}}}$	
bezogene Formänderung	$\alpha_\varepsilon = \frac{\alpha_P}{\alpha_G \, \alpha_l^2}$	$\alpha_\varepsilon = \frac{\alpha_P}{\alpha_{G'} \, \alpha_l}$	

$$m_{\text{Prototyp}} = m_{\text{Modell}}$$

Bezeichnungen: In den Tabellen 1 und 2 bezeichnen:

G — den Gleitmodul
G' — den Verformungsmodul
k — den Durchlässigkeitswert
l — das Längenausmaß
m — die Poissonsche Querkontraktionszahl
M — das Biegungsmoment
P — die Kraft
b — die Breite
t — die Zeit
v — die Verformungsgeschwindigkeit
v_0 — die Verformungsgeschwindigkeit der Gesteinsprobe
y — die Verschiebung
α — das Verhältnis einer Prototypgröße zur Modellgröße
γ — das Raumgewicht
ε — die bezogene Formänderung
σ — die Spannung

Bemerkung: Für Zweistoffsysteme gelten die Beziehungen in den Tabellen 1 und 2 unter der Voraussetzung, daß gleichzeitig die Bedingung

$$\alpha_k = \frac{\alpha_l \, \alpha_\varepsilon}{\alpha_\gamma \, \alpha_t}$$

erfüllt wird (Kohoutek 1961).

Tabelle 2. Modellgesetze zur Lösung der Flächenprobleme der Gesteinsmechanik in einem Einstoffsystem

Ähnlichkeitsbedingungen für:	Formänderung		
	lineare	unlineare	allgemeiner Fall
die äußeren Kräfte	$\alpha_P = \alpha_G \, \alpha_y \, \alpha_b$	$\alpha_P = \alpha_{G'} \, \alpha_b \, \alpha_l$	
das Eigengewicht	$\alpha_P = \alpha_\gamma \, \alpha_b \, \alpha_l^2$		
die Trägheitskräfte	$\alpha_P = \frac{\alpha_\gamma \, \alpha_y \, \alpha_b \, \alpha_l^2}{\alpha_t^2}$	$\alpha_P = \frac{\alpha_\gamma \, \alpha_b \, \alpha_l^3}{\alpha_t^2}$	
die äußeren Kräfte und das Eigengewicht	$\alpha_\gamma = \frac{\alpha_G \, \alpha_y}{\alpha_l^2}$	$\alpha_\gamma = \frac{\alpha_{G'}}{\alpha_l}$	
die Zeiten bei gleichzeitiger Wirkung			
der äußeren und Trägheitskräfte	$\alpha_t = \alpha_l \sqrt{\frac{\alpha_\gamma}{\alpha_G}}$	$\alpha_t = \alpha_l \sqrt{\frac{\alpha_\gamma}{\alpha_{G'}}}$	$\alpha_t = \frac{v_M}{v_0} \alpha_{l_0}$
der äußeren und Trägheitskräfte und des Eigengewichts	$\alpha_t = \sqrt{\alpha_y}$	$\alpha_t = \sqrt{\alpha_l}$	
einzelne statische Größen sind in folgendem Verhältnis			
Kräfte	$\alpha_P = \frac{P_{\text{Prototyp}}}{P_{\text{Modell}}}$		
Biegungsmomente	$\alpha_M = \alpha_P \, \alpha_l$		
Spannungen	$\alpha_\sigma = \frac{\alpha_P}{\alpha_b \, \alpha_l}$		
Verschiebungen	$\alpha_y = \frac{\alpha_P}{\alpha_G \, \alpha_b}$	$\alpha_y = \alpha_l$	
bezogene Formänderung	$\alpha_\varepsilon = \frac{\alpha_P}{\alpha_G \, \alpha_b \, \alpha_l}$	$\alpha = 1$	

$m_{\text{Prototyp}} = m_{\text{Modell}}$

hatte, der Berechnung zugrunde gelegt wurden. Für die dichteste Kugelpackung gilt $n = 0{,}26$ und $k = 12$. Unter der Voraussetzung, daß in kugelförmigem Gut die Hauptspannungsrichtung zum Koordinatensystem gewählt wird, beträgt die tangentiale Seitenkraft $\tau = 0$ und zwischen den Kugeln wirken folgende Reaktionen (Bild 3) (Dantu 1961).

$$F = R^2 \sqrt{2} \, \sigma_z ,$$

$$G = \frac{R^2 \sqrt{2}}{3} (4 \, \sigma_y - \sigma_z) ,$$

$$H = \frac{R^2 \sqrt{2}}{3} (6 \, \sigma_x - \sigma_z - 2 \, \sigma_y) .$$

Für $\sigma_x = \sigma_y = \sigma_r$ (Bild 3) (Dreiaxialuntersuchung) sind die schrägen Reaktionen

$$F = R^2 \sqrt{2} \, \sigma_z$$

und die waagerechten Reaktionen

$$G = H = \frac{R^2\sqrt{2}}{3}(4\,\sigma_r - \sigma_z)\,.$$

Weil die Reaktionen positiv sind, ergibt sich aus der letzten Gleichung

$$4\,\sigma_r - \sigma_z \geq 0\,,$$

$$\sigma_z \leq 4\,\sigma_r\,,$$

$$\frac{\sigma_z}{\sigma_r} = 4\,,$$

und der Reibungswinkel φ beträgt in diesem Falle (Bild 4), unter der Voraussetzung, daß der Reibungswiderstand zwischen den Kugeln Null ist,

$$\varphi = 36°\,52'\,,\qquad \tan\varphi = 0{,}75\,.$$

Wenn zwischen den Kugeln eine Reibung wirkt, ist der Reibungswinkel — wieder unter der Voraussetzung, daß $\sigma_x = \sigma_y = \sigma_r$ — größer (Bild 5).

Es bezeichne $\tan\psi$ den Reibungskoeffizienten zwischen den Kugeln.

Dann ist:

$$\sin\varphi = \frac{\sigma_z - \sigma_r}{\sigma_z + \sigma_r} = 3\,\frac{\sqrt{2} + 2\tan\psi}{5\sqrt{2} + 2\tan\psi}\,.$$

Die horizontale Verzerrungskomponente ε_z kann aus der Gleichung

$$\varepsilon_z \approx \frac{1}{2}\left[3\left(\frac{4\,\sigma_r - \sigma_z}{3}\right)^{2/3} - \left(\frac{\sigma_z}{E}\right)^{2/3}\right]$$

errechnet werden. Ist der Kugelradius R kleiner als etwa 0,5 mm, können zwischen den Kugeln Anziehungskräfte wirken und Zugspannungen übertragen werden, auch wenn keine stofflichen Brücken zwischen den Teilchen gespannt sind. Die Haftkraft zwischen den Kugeln hängt von der Art des Bindungsmechanismus ab und kann überschlägig berechnet werden (Rumpf 1958). Es bezeichne:

f_u die untere Grenze des Feuchtigkeitsgehaltes, bezogen auf die Feststoffvolumeneinheit für die Schichtdichte der Wasseradsorptionsschicht 3 Å,

f_0 die obere Grenze des Feuchtigkeitsgehaltes für die Schichtdichte 30 Å

f die relative Feuchtigkeit des Kugelgutes,

ϑ den Randwinkel der Flüssigkeit am Feststoff.

Die Ergebnisse der verschiedenen Berechnungen der Zugfestigkeitskomponenten sind in Bild 6 zusammengefaßt. Als Abzisse ist die maßgebende Kugelgröße $2\,R$, als Ordinate die errechnete Zugfestigkeit des Kugelgutes in kp/cm² aufgetragen.

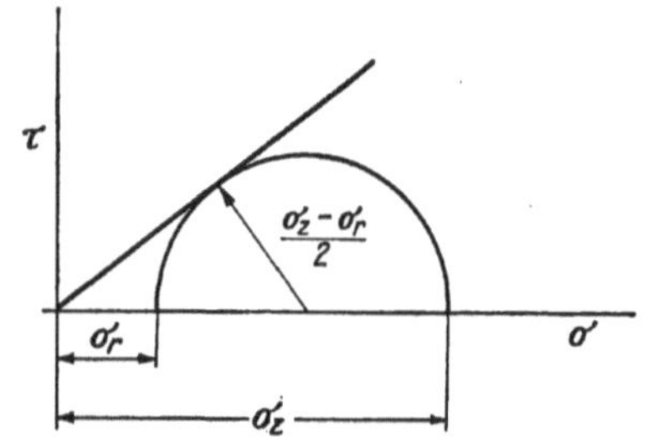

Bild 4
Mohrscher Grenzspannungskreis für $\sigma_z = 4\,\sigma_r$

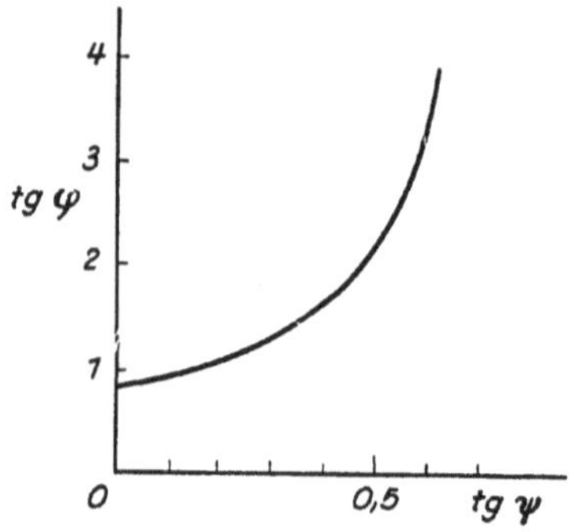

Bild 5. Die Abhängigkeit tg φ vom Koeffizienten der Kugelreibung

Die schrägen Striche teilen das Diagramm in Gebiete verschiedener Bindungsmechanismen mit einer von der Kugelgröße abhängigen Festigkeit. Oberhalb C sind Bindungen durch Klebstoffe möglich. Das Diagramm wurde unter der Voraussetzung zusammengestellt, daß die mittlere Koordinationszahl $k = 9$ ($n = 0{,}32$) und die Bindungen statistisch, also nicht regelmäßig über den Querschnitt und in den Raumrichtungen, verteilt sind. Der Reibungswinkel φ ist dabei kleiner als früher angeführt wurde und beträgt etwa 30°. Es muß betont werden, daß die erwähnte Berechnung eine theoretische Fiktion ist und daß das hiermit gewonnene Bild eine größenordnungsmäßige Schätzung darstellt. Dies ist jedoch für die Beurteilung der sich bei der Herstellung des Modellmaterials ergebenden Möglichkeiten von Nutzen.

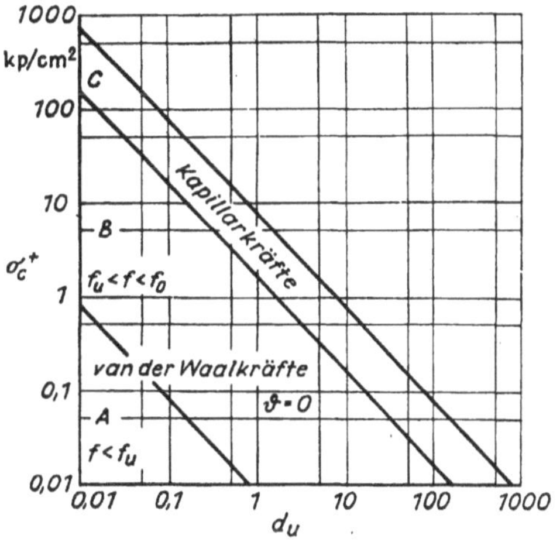

Bild 6. Theoretische Zugfestigkeit: Bereiche der verschiedenen Bindungsmechanismen

Wenn wir den Reibungswinkel φ durch Zusatz eines viskosen Bindemittels senken (Bild 7), vergrößert sich die Kohäsion und, das Raumgewicht der Modellmasse wird herabgesetzt. Eine vollständige Ähnlichkeit erreichen wir auch dann nicht, wenn wir die Glaskugeln (die Ballotine) durch Eisenkugeln (Ferrosilizium) mit größerem Raumgewicht ersetzen. Die genaue Ähnlichkeit der einen Gesteinseigenschaft stört die Ähnlichkeit einer anderen Eigenschaft. Weil die Versuche an Modellen so durchzuführen sind, daß durch sie die integrale Form der physikalischen Gleichungen als Beziehung zwischen dimensionslosen Argumenten bestimmt wird, bleibt nichts anderes übrig, als eine ganze Reihe von Modellen herzustellen und zu beurteilen, wie der untersuchte Vorgang von den einzelnen Gesteinskonstanten abhängt. Dabei muß die Stabilität des Schichtenverbandes bei elastischen, plastischen und kriechenden Deformationen gesondert untersucht werden.

Als geeignetes Modellmaterial für den Bau von Modellen des Tertiärgebirges dienen Gemische von Glas oder Eisenkugeln mit Bentonit und Glyzerin. Wie sich das Raumgewicht,

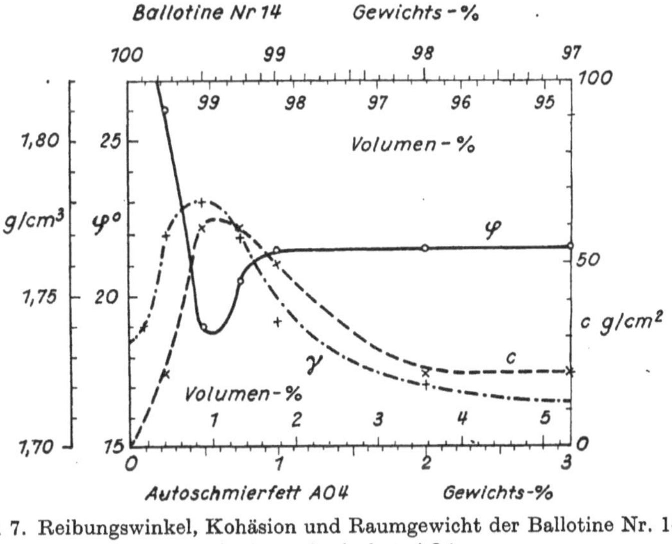

Bild 7. Reibungswinkel, Kohäsion und Raumgewicht der Ballotine Nr. 14 mit Autoschmierfett AO4

der Reibungswinkel und die Kohäsion einiger Gemische aus den angeführten Materialien ändert, zeigt die Tabelle 3. Weil sich die Festigkeit dieser Gemische mit der Belastungsgeschwindigkeit ändert, ermöglichen die aus ihnen verfertigten Modelle auch das Studium rheologischer Erscheinungen. Der Zeitmaßstab kann aus den Zeitdeformationskurven des

Tabelle 3

Bestandteile des Modellmaterials in Gewichts-%			Mechanisch wichtige Eigenschaften die Werte in Klammern gelten für die „schnelle" Untersuchung		
Ferrosilizium	Bentonit	Glyzerin	Reibungswinkel °	Kohäsion c kp/cm²	Raumgewicht g/cm³
50	30	20	20 (6)	0,27 (0,53)	2,62
40	40	20	33 (23)	0,36 (0,78)	2,24

Gesteins und des äquivalenten Materials bestimmt werden. Dabei ist nicht entscheidend, ob die Deformationskurve des Prototyps im Laboratorium oder durch direkte Messung im Terrain bestimmt wurde. Setzen wir voraus, daß die Deformationskurven des Gesteins und des Modellmaterials einen verschiedenen Zeitverlauf besitzen (Bild 8). Eine bestimmte Erscheinung tritt in Wirklichkeit in der Zeit t_{1p} ein, beim Modell in der Zeit t_{1M} (z. B. eine bestimmte Formänderung der Terrainoberfläche oder der Abbaufirste). Der Zeitmaßstab ist in diesem Falle durch den Ausdruck

$$\frac{1}{\alpha_t} = \frac{t_{1M}}{t_{1P}}$$

gegeben.

Der Fehler, den wir dabei begehen, ist um so größer, je mehr sich die Formen der Kurven P und M voneinander unterscheiden. Die Genauigkeit der Lösung erhöht sich, wenn wir die Formänderung des Prototyps in dem Gebiet bestimmen, dessen Stabilität an dem Modell studiert wird. In besonderen Fällen kann der Zeitmaßstab aus dem rheologischen Modell bestimmt werden. Aus den Formänderungsdiagrammen der nordböhmischen Tonsteine (Bild 9) kann man auf einen geometrisch ähnlichen Verlauf der senkrechten und waagerechten Formänderung bei einem schnellen und langsamen Versuch schließen.

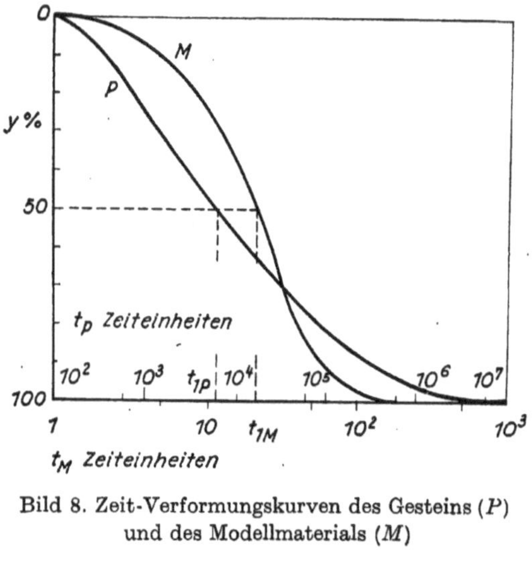

Bild 8. Zeit-Verformungskurven des Gesteins (P) und des Modellmaterials (M)

Die Umformung der Tonsteine kann durch ein rheologisches Modell nach Bild 10 veranschaulicht und durch eine Gleichung ausgedrückt werden.

Es bezeichne:

ε die vertikale (horizontale) Verzerrungskomponente,

$c_0, c, k_1, k_2, m, n_1, n_2, r_1, r_2$ die Gesteinskonstanten,

σ die Spannungskomponente, t die Zeit.

$$\varepsilon = c_0 \sigma + c \sigma^m + k_1 \sigma^{n_1} t^{r_1} + k_2 \sigma^{n_2} t^{r_2}.$$

Der Zeitmaßstab ist in diesem Falle durch

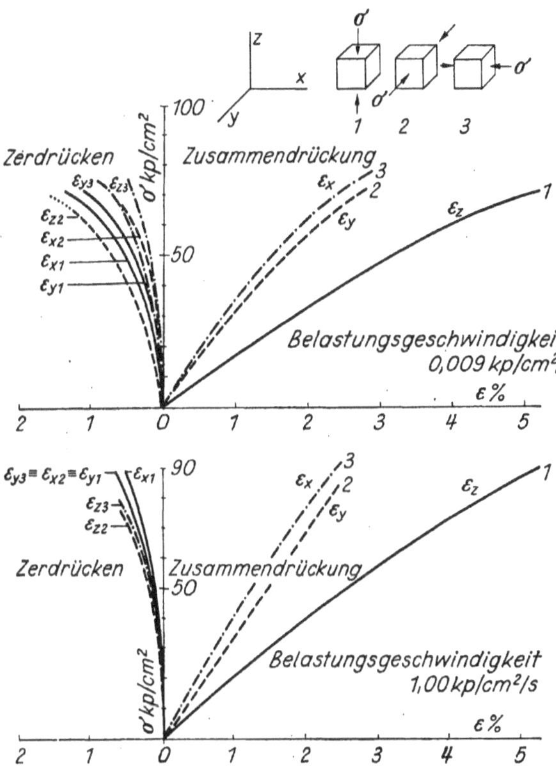

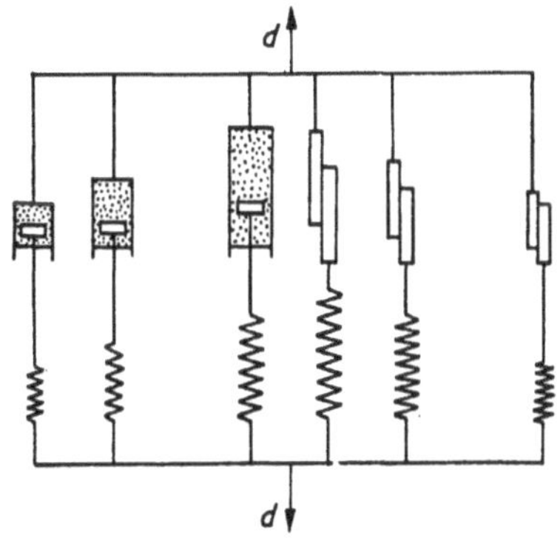

Bild 10. Das rheologische Modell der Umformung der nordböhmischen Tonsteine

Bild 9. Formänderungsdiagramme der nordböhmischen Tonsteine

den Ausdruck

$$\frac{1}{\alpha_t} = \sqrt[r_1]{\frac{\alpha_\sigma n_1}{\alpha_\varepsilon}} = \sqrt[r_2]{\frac{\alpha_\sigma n_2}{\alpha_\varepsilon}} = \sqrt[r_1]{\frac{1}{\alpha_\sigma m - n_1}} = \sqrt[r_2]{\frac{1}{\alpha_\sigma m - n_2}}$$

gegeben.

Schluß

Ein Modell des Tertiärgebirges herzustellen, das genau die Ähnlichkeitsbedingungen erfüllt, ist nicht möglich. Für die Praxis genügt eine annähernde Modellierung. Nach Bedarf erhöhen wir die Genauigkeit der Lösung dadurch, daß wir ein Modell aus verschiedenen äquivalenten Materialien herstellen und ihren Einfluß auf die untersuchte Stabilität verfolgen. Für den Bau eines Modells des Tertiärgebirges eignen sich am besten Modellmaterialien, die aus Glas(Ballotine)- oder Eisen(Ferrosilizium)-Kugeln, Bentonit und Glyzerin verfertigt wurden.

Literatur

[1] DANTU, P.: Étude mécanique d'un milieu pulvérulent formé de sphéres égales de compacité maxima. Proceedings of the Fifth International Conference on Soil Mechanics and Foundation Engineering, Dunod, Paris, 1961.

[2] KIRPITSCHEV, M. V.: GUCHMANN, A. A.: Trudy Leningradskogo obl. teplotechničeskogo instituta (LOTI), No 1, 1931.

[3] KIRPITSCHEV, M. V., und Michejev, M. A.: Modelirovanije teplovych ustrojstv. Izd. AN SSSR, 1936.

[4] KOHOUTEK, J.: Die Bedingungen der physikalischen Ähnlichkeit bei der Lösung von Aufgaben der Gebirgsmechanik an Modellen. Sborník prací Hornického ústavu ČSAV, sv. 4, ČSAV Praha 1961.

[5] MANEGOLD, E.: Kapillarsysteme, 1. Bd., Springer-Verlag, Heidelberg 1955, S. 294.

[6] RUMPF, H.: Grundlagen und Methoden des Granulierens, Chemie-Ing. Techn. 30. (1958), 3, S. 153.

Einige Ergebnisse der Untersuchung von Gebirgsdrücken und Verformungen in weichem Gebirge in situ und an Modellen in der Tschechoslowakischen Sozialistischen Republik und ihre kritische Bewertung

von V. Sibek, Prag

Das Bergbauinstitut der Tschechoslowakischen Akademie der Wissenschaften führt bei der Lösung von Gebirgsdruckproblemen Untersuchungen direkt in den Gruben und weiter an Modellen aus äquivalenten Materialien und spannungsoptischen Stoffen durch.

Die bisherigen Forschungsarbeiten betrafen Braunkohlenreviere mit weichem Tertiärgestein, wo bereits heute in größerem Maßstabe mächtige Braunkohlenflöze durch Strebbruchbau in Bänken abgebaut werden.

Ich möchte einige Forschungsergebnisse aus dem nordböhmischen Braunkohlenrevier anführen, aus Schächten mit einer Flözlagerungstiefe von 70, 180 und 300 m.

Die einfache Druckfestigkeit der Hangendtonsteine war in den angeführten Gruben größenordnungsmäßig die gleiche (etwa 30—48 kp/cm²). Das Kohlenflöz hat dann laut den Laboratoriumsversuchen eine einachsige Druckfestigkeit von etwa 70—80 kp/cm².

Nach den im Kohlenflöz in situ durchgeführten Belastungsversuchen wurden Unterschiede in den Festigkeitscharakteristiken in Abhängigkeit von der Mächtigkeit des Hangenden festgestellt, wie folgende Tabelle zeigt:

	Durchschnittswerte (Kohle)	Grube Ludmila m = 70 m	 Žižka m = 70 m	 Centrum m = 180 m	 Pluto m = 300 m
In situ, durch Meßplatten mit mit einer Fläche von 100 cm² festgestellt	Spezifische Bruchfestigkeit kp/cm²	46—53	43—59	143	258
	Eindringwiderstand kp/cm²	18—29	29—37	110	136
Im Laboratorium Muster 7×7×7 cm	Würfelfestigkeit, Druck kp/cm²	75	73 ×)	81	56—70 ×)

m = Hangendmächtigkeit; ×) = abgeleitet von nicht bearbeiteten Proben

Aus diesen Ergebnissen ist die Disharmonie zwischen der Gruben- und Laboratoriumsforschung zu ersehen. Diese wird vor allem dadurch verursacht, daß es im Laboratorium nicht möglich ist, aus weichen, durch Risse zerstörten Gesteinen gute Proben zu formen, und außerdem wurden die Versuche nur bei einer einachsigen Beanspruchung durchgeführt. Auch die Versuche aus ungeformten Proben ergeben keine den Messungen in situ entsprechenden Ergebnisse.

Für den praktischen Bedarf in den Betrieben kann man daher bei der Bestimmung der Ausbautechnologie vorläufig die durch Belastungsmethoden in der Grube gewonnenen Ergebnisse verwenden.

Die Methoden für die Laboratoriumsuntersuchungen der Festigkeitscharakteristiken von weichen Gesteinen wird man weiter entwickeln müssen.

In der Grube wurde der Einfluß der Sohlenunebenheit auf die spezifische Bruchfestigkeit bei verschieden großen Unterlagen untersucht. Die Ergebnisse der Grubenforschung sind in Bild 1 angeführt. Die Kurve *1* zeigt einen Fall, wo die Meßplatte infolge einer unebenen Sohle mit derselben einen Winkel von 5 bis 18° gebildet hat. Dadurch entsteht eine exzentrische Belastungsübertragung auf die Sohle, und die spezifische Bruchfestigkeit ist bis um 100% geringer als in dem Falle, wo die Meßplatte mit ihrer ganzen Fläche genau auf der Sohle aufliegt (Kurve *2*).

Zur Verringerung des Einflusses der Sohlenunebenheit und auch der Exzentrizität der übertragenen Belastung auf die Sohle wurden Gummieinlagen oder Einlagen aus anderem pseudoplastischen Material geprüft, die zwischen der unebenen Sohle und der Meßplatte angebracht wurden. Die Kurve *3* zeigt die Abhängigkeit der Bruchfestigkeit von der Größe der Unterlage bei Verwendung einer Gummieinlage.

Die Werte der spezifischen Bruchfestigkeit, insbesondere bei einer größeren Fläche der Unterlage, nähern sich dem Idealfalle, d. h., daß die Meßplatte genau mit der ganzen Fläche auf der Sohle aufliegt und die übertragene Belastung auf die Sohle zentrisch ist.

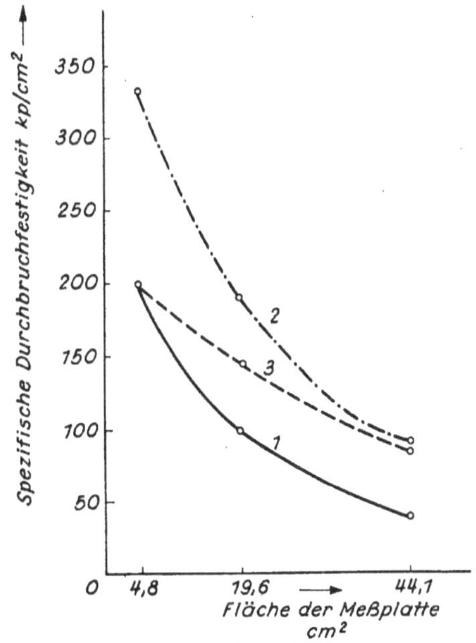

Bild 1. Durchbruchfestigkeit
1 — Winkel zwischen Sohle und Meßplatte 5—18°; 2 — Meßplatte sitzt mit ihrer ganzen Fläche auf der Sohle; 3 — unter Verwendung einer Gummiunterlage

Die in situ durchgeführten Versuche haben gezeigt, daß bei Verwendung von Gummieinlagen der Eindringwiderstand der Sohle um 30 bis 50% größer ist, als in den Fällen ohne Einlagen.

An Modellen aus spannungsoptischen Materialien, welche in unserem Institut von Ing. C. Sc. Perla durchgeführt wurden, wurden dann die aus den Gruben gewonnenen Erkenntnisse theoretisch geklärt.

Auf Bild 2 ist der Verlauf der Isochromaten, d. h. der Linien der konstanten maximalen Schubspannungen in dem Falle dargestellt, wenn auf die Sohle eine Belastung direkt durch eine Stahlplatte übertragen wird.

In Bild 3 ist der gleiche Fall angeführt, aber mit einer Gummieinlage.

Aus dem Verlauf der maximalen Schubspannungen, vor allem unter den Plattenkanten ist zu ersehen, daß die Isochromaten bei Verwendung einer Gummieinlage niederer Ordnung sind als im vorhergehenden Falle. Bei Unterlagen mit Gummieinlagen ist der Spannungszustand in der Sohle also günstiger, was die spezifische Bruchfestigkeit und den Eindringwiderstand der Sohle verbessert.

Auf ähnliche Weise kann man spannungsoptisch den Verlauf der maximalen Schubspannungen bei einer exzentrischen Übertragung der Ausbaubelastung auf die Sohle und die Firste des Abbaues feststellen. Auch mittels dieser Methode kann man experimentell die entsprechenden Typen des normalen und mechanisierten Stahlausbaus vom Gesichtspunkt der Belastungsübertragung auf das Nebengestein untersuchen.

In Gruben mit einer Hangendmächtigkeit von 70, 180 und 300 m wurden durch die Grubenforschung in Abbaustrecken vor den Strebbauen in der ersten Bank folgende Zonen festgestellt:

1. Einflußlose Zone, d. h. große Entfernung vor dem Abbau, in welcher sich der Einfluß der Abbauarbeiten nicht äußert.

2. Zone normaler Verformungen, in einer größeren Entfernung vor dem Abbau, in welcher sich die Verformungen nur in einem kleinen Ausmaße äußern.

3. Zone erhöhter Verformungen in kurzer Entfernung vor dem Abbau, in welcher sich die Verformungswirkungen plötzlich vergrößert haben.

4. Zone schneller Verformungen in unmittelbarer Entfernung vor dem Abbau, welche an die Verformungen im Abbau anschließt und oft auch hinter den Abbau übergeht.

Der Umfang und die Größe dieser Zonen sind durch die mechanischen Eigenschaften der Gesteine, die geologischen Verhältnisse, die Technologie der Abbauarbeiten sowie durch die Lagerungsteufe beeinflußt. Bei einer Vergrößerung der Hangendmächtigkeit tritt auch eine Vergrößerung des Umfangs dieser Zonen ein, wie folgende Tabelle darlegt.

Verformungszonen vor dem Abbau	Umfang der Verformungszonen in m bei einer Hangendmächtigkeit		
	70	180	300
Zonen schneller Verformungen	2—3	2—3	2—3
Zonen erhöhter Verformungen	von 2—3 bis 15—20	von 2—3 bis ca. 25	von 2—3 bis ca. 30
Zonen normaler Verformungen	von 15—20 bis min. 70	von ca. 25 bis min. 110	von ca. 30 bis min. 110
Zonen ohne Einfluß	über min. 70	über min. 110	über min. 110

Auch die Größe der Gesteinsverformungen in Abbaustrecken in vertikaler und horizontaler Richtung vor den Abbauen steigert sich mit der Lagerungsteufe.

In der folgenden Tabelle sind die Ergebnisse der gemessenen Verformungen in den Abbaustrecken der ersten Bank beim Durchgang des Strebbaus angeführt.

Grube	Lagerungsteufe in m	Streckenausbau	Verformungen in den Abbaustrecken (beim Durchgang des Abbaus) in					
			vertikaler Richtung			horizontaler Richtung		
			Konvergenz der Sohle und der Firste in mm	Firstenverformung in mm	Sohlenverformung in mm	Konvergenz der Streckenstöße in mm	Verformung des direkten Streckenstoßes in mm (Messung in Belastung zur Verankerung in einer Teufe von 1,5 bis 2 m)	
							in abgebautem Stoß m_c	in unabgebautem Stoß m_a
Ludmila 1. Bank	70	aus Holz D 9	65— 75					
Žižka 1. Bank	70	aus Holz D 9	90—150	60—110	30—65	85	62	23
Centrum 1. Bank	180	aus Holz D 9	120—190	100—150	20—40			
Pluto 1. Bank	300	aus Stahl Z 21	180—260	bis 200	bis 60	150—230	85	80

Bild 2

Bild 3

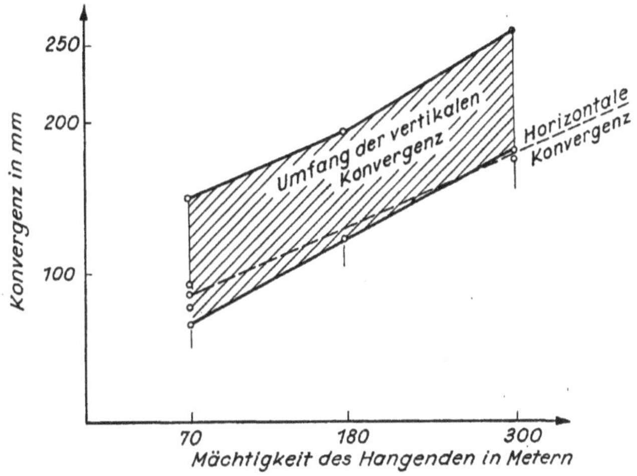

Bild 4. Abhängigkeit der Konvergenz in den Abbaustrecken von der Mächtigkeit des Hangenden

Es muß bemerkt werden, daß in den angeführten Fällen die Technologien der Abbauarbeiten, insbesondere die Fortschrittgeschwindigkeiten aller Abbaue, wo die Messungen durchgeführt wurden, größenordnungsmäßig gleich waren, und auch die Festigkeitscharakteristiken des Kohlenflözes und des unmittelbaren Hangenden waren praktisch die gleichen. Nach den im Flöz durchgeführten Belastungsmessungen ist aber die Bruchfestigkeit und der Eindringswiderstand bei Gruben mit größerer Überlagerung größer, wie bereits angeführt wurde. In diesen Fällen äußerte sich daher der direkte Einfluß der Teufe durch eine Vergrößerung der Verformung.

In Bild 4 sind die vertikalen und horizontalen Konvergenzen in Abhängigkeit von der Mächtigkeit des Hangenden graphisch dargestellt. Laut dieser Darstellung ist der Zuwachs an vertikaler und horizontaler Konvergenz in Abhängigkeit von der Mächtigkeit des Hangenden generell linear.

An einem Gebirgsmodell aus äquivalenten Materialien wurde in unserem Institut von Dr. Kohoutek und Ing. Filip ein ähnlicher Fall gelöst.

Das Modell des Tertiärgebirges wurde in einem Maßstab von 1 : 100 aus äquivalenten Materialien folgender Zusammensetzung durchgeführt:

Flöz (30 m) 65% Ballotine Nr. 14 (Glaskugeln mit Durchmesser 60 μ) 35% Bentonit

Tonstein (70 m) 99% Ballotine Nr. 14. 1% Automobilfett AOO.

Der Effekt einer größeren Mächtigkeit des Hangenden wurde mittels zusätzlicher Belastung mit Bleigewichten erzielt.

Die Formänderungen wurden mit im Bergbauinstitut konstruierten elektrischen Widerstandsgebern gemessen und aus ihrer Größe wurde die Belastung in der Umgebung des Gebers bestimmt. Die Meßgenauigkeit dieser Geber war etwa 2 bis 3%.

Das Modell war zweidimensional (Höhe 1,5 m, Länge 3 m, Breite 0,10 m).

Seitenverformungen des Modells wurden durch eine feste Vorder- und Hinterwand ausgeschlossen.

Die Ergebnisse der Größe und des Umfanges der Druckzonen vor dem Strebbau bei einer Hangendmächtigkeit von 70, 180 und 300 m sind in Bild 5 angeführt.

Aus dem Diagramm ist zu ersehen, daß sich der Umfang der Verformungszonen (Druckzonen) vor dem Abbau mit der Erhöhung der Lagerungsteufe vergrößert. So z. B. bei einer Hangendmächtigkeit von 70 m reicht die Zone der erhöhten Verformungen bis in eine Entfernung von 15 m vor dem Abbau, bei einem 180 m mächtigem Hangenden 21 m und bei einer Teufe von 300 m 28 m. Auch das Maximum des Zusatzdruckes vor dem Abbau wächst mit größerer Teufe. So z. B. bei einer Hangendmächtigkeit von 70 m beträgt das Maximum des Zusatzdruckes 105% γ H bei einem Hangenden von 180 m 114% γ H und bei 300 m 135% γ H.

Im Vergleich mit den Forschungsergebnissen in der Grube kann man sehen, daß die Vergrößerung des Umfanges der Zonen erhöhter Verformungen vor dem Abbau mit steigender Lagerungsteufe mit den an Modellen festgestellten Ergebnissen im Grunde übereinstimmt.

Auch die Vergrößerung des an Modellen festgestellten Maximums an Zusatzdruck mit größerer Lagerungsteufe, ist generell mit dem Anwachsen der bei der Grubenforschung festgestellten Verformungen im Einvernehmen.

Zur Beurteilung der richtigen Funktion von Modellen aus äquivalenten Materialien vom Gesichtspunkt der Übereinstimmung mit natürlichen Grubenbedingungen werden in unserem Institut hauptsächlich folgende Parameter verfolgt:

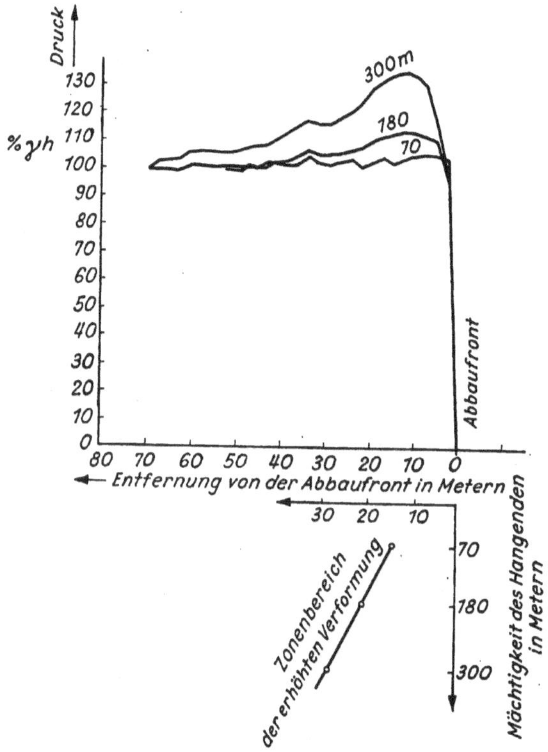

Bild 5. Druckzonen vor den Strebbauen in der ersten Bank bei einem Hangenden von 70, 180 und 300 m

a) die Entfernung, in der nach Beginn der Abbauarbeiten der erste Durchbruch der unmittelbaren Hangendschichten eintritt;

b) die Grenzwinkel der Oberflächenverformungen unter dem Einfluß des fortschreitenden Abbaus;

c) der Umfang der Druck- und Verformungszonen vor und hinter dem Strebe.

Kritische Bewertung der Ausnützung der Gebirgsmodellierung

Die Modelltechnik und Forschungsmethodik mit äquivalenten oder optisch empfindlichen Materialien, welche in unserem Institut durchgeführt wird, ist eng mit der Forschung in natürlichen Grubenbedingungen verbunden. Zur Lösung der Modellähnlichkeit durch äquivalente Materialien wurden vorerst Forschungsarbeiten in situ durchgeführt und nach den Ergebnissen wurden die Modellierungstechnologien entwickelt. Grundsätzlich gehen wir bei dieser Forschung von einfacheren Problemen zu komplizierteren über, und zwar so, um fortlaufend mittels Untersuchungen an Modellen kompliziertere Aufgaben im Vorsprung vor der Forschung in situ durchführen zu können. Durch Forschungasrbeiten in der Grube wurden z. B. Abhängigkeiten und Grundparameter der Druckwirkungen beim Strebbau eines mächtigen Braunkohlenflözes in der ersten und zweiten Bank festgestellt. Ähnliche Forschungsarbeiten wurden an Modellen aus äquivalenten Materialien durchgeführt. Gegenwärtig lösen wir die Druckwirkungen beim Abbau der dritten Bank an Modellen, und die gewonnenen Abhängigkeiten und Erkenntnisse empfehlen wir zur praktischen Durchführung in den Gruben.

Durch Modelluntersuchungen kann man den Umfang und die Größe der Druckzonen vor und hinter dem Streb in den einzelnen Bänken feststellen und dadurch auch die Möglichkeit einer bestimmten Harmonisierung der Ausrichtungs- und Abbauarbeiten bestimmen. Man kann so auch die Einflüsse der verschiedenen Mächtigkeiten des Hangenden bei verschiedenen Abbausystemen usw. feststellen.

Außerdem kann man an Modellen die Erscheinungen und Gesetzmäßigkeiten studieren, welche vom Gesichtspunkt des Arbeitsaufwandes und der Wirtschaftlichkeit sehr schwierig in situ untersucht werden können, z. B. die Prozesse im Gebirge über und unter den Abbauen, die Einflüsse der verschiedenen Entfernungen zwischen den Streben auf die Druck- und Verformungswirkungen usw. Auch kann man so die Einflüsse der Geschwindigkeit des Abbaus, vor allem vom Gesichtspunkt der Gebirgsrheologie auf den ersten Druck und die auf die periodischen Druckwirkungen in den Streben und Kohlenblöcken usw. studieren.

Um die Möglichkeit des Studiums von Druck- und Verformungserscheinungen im Gebirge bei verschiedenen Varianten der Vorbereitungsarbeiten und des Abbaus auszuweiten, beabsichtigen wir, unsere Untersuchungen auch auf die dreidimensionale Modellierung auszudehnen.

Durch Untersuchungen von Modellen aus optisch empfindlichen Materialien können auch sehr gute Ergebnisse erzielt werden. Diese Forschung ist vor allem für eine detailliertere Lösung, z. B. für das Studium des Spannungszustandes im Gestein der Grubenbaue bei verschiedenen Ausbausystemen, verschiedener Form der Grubenbaue in verschieden festem Gestein usw. geeignet. Die Ergebnisse können dann bei den Forschungsarbeiten in der Grube für eine richtige Anordnung der Meßapparate und zur theoretischen Erklärung einiger Erscheinungen und Gesetzmäßigkeiten ausgenützt werden. Unsere bisherigen Forschungsarbeiten an zweidimensionalen Modellen erweitern wir im nächsten Jahre auf dreidimensionale Modelle, um auch räumliche Aufgaben lösen zu können. Diese Modellierung ist vor allem für feste oder sehr feste Gesteine mit einer hohen Elastizitätsgrenze bestimmt.

Unserer Ansicht nach ist es notwendig, die Modelluntersuchungen, sei es mit äquivalenten Materialien oder mit optisch-empfindlichen Stoffen, weiter zu vertiefen und auszuweiten. Diese Experimentalforschung an Modellen mit Forschungsarbeiten in situ verbunden kann auch sehr schwierige Aufgaben lösen, welche mittels Forschungsarbeiten nur in den Gruben große Schwierigkeiten und Kosten erfordern würden.

ZUM 3. LÄNDERTREFFEN DES INTERNATIONALEN BÜROS FÜR GEBIRGSMECHANIK VORGELEGTE ARBEITEN

Die Spannungen um einen Schacht oder eine Strecke im Gebirge, das sich im dreidimensionalen Spannungszustand befindet

von Y. Hiramatsu und Y. Oka, Kyoto

Einleitung

Im allgemeinen sind die Hauptspannungen im ungestörten Gebirge nicht immer senkrecht und waagerecht gerichtet; ihre relative Stärke kann je nach den topographischen, geologischen und orogenen Gegebenheiten unterschiedliche Werte annehmen. Aus diesem Grunde und zur Deutung gebirgsmechanischer Erscheinungen ist es notwendig, die Spannung um einen untertägigen Grubenbau zu analysieren und dabei davon auszugehen, daß sich das ungestörte Gebirge im allgemeinen im dreidimensionalen Spannungszustand befindet.

Yamaguchi [1] analysierte die Spannung um eine kreisrunde Strecke, Suzuki [2] um einen kreisrunden Schacht. Ihre Analysen gingen jedoch von der Annahme aus, daß sich eine der Hauptspannungen im ungestörten Gebirge mit der Achse des Schachtes oder der Strecke deckt. Die Spannung um einen runden Schacht herum ist häufig in der Literatur abgehandelt worden, Ausgangspunkt war jedoch immer die Annahme, die Spannung wäre zweidimensional. Sugihara [3] analysierte die Spannung um einen tonnlägigen Schacht unter der Voraussetzung, daß die Spannung im ungestörten Gebirge in allen Richtungen gleichförmig ist.

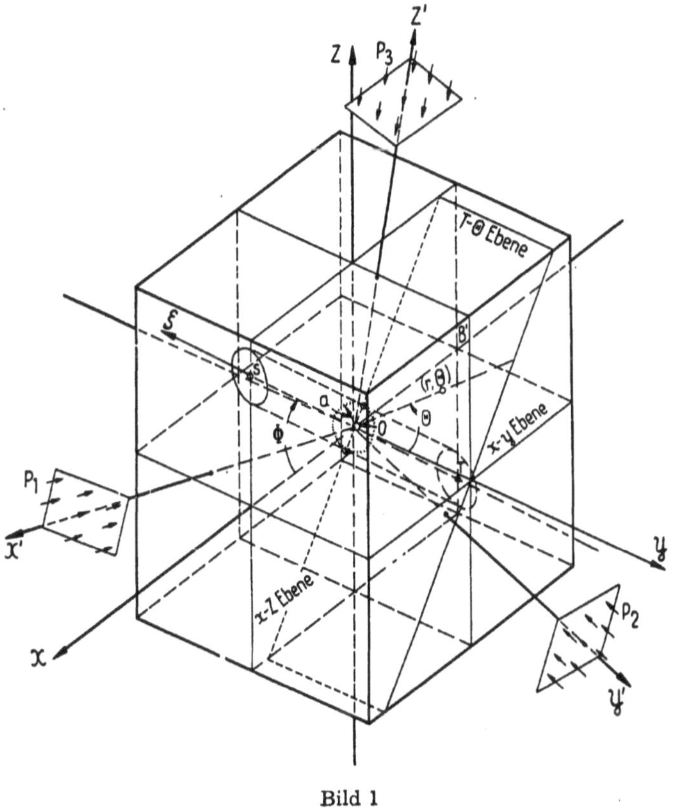

Bild 1

In jüngster Zeit ist die Spannung um eine Strecke verschiedenartigsten Querschnitts untersucht worden, wobei sich Streckenachse und eine der Hauptspannungen deckten, während die anderen beiden Hauptspannungen in anderer Richtung lagen. Dieser Spannungszustand im ungestörten Gebirge darf jedoch nicht verallgemeinert werden. Deswegen haben die Verfasser den Versuch unternommen, theoretisch und auf experimentellem Wege die Spannung um einen seigeren oder tonnlägigen Schacht oder eine Strecke zu bestimmen, wenn der Grubenbau in einem Gebirge steht, das sich im dreidimensionalen Spannungszustand befindet [4].

1. Theoretische Untersuchung der Spannung um einen runden Schacht oder eine runde Strecke

Die Bestimmung der Spannung um einen seigeren oder tonnlägigen Schacht und der um eine S recke führt zu demselben Ergbnis, vorausgesetzt, daß das Gebirge, in dem sie stehen, im allgemeinen dem dreidimensionalen Spannungzustand unterliegt. Aus diesem Grunde wird im folgenden nur die Spannung um einen tonnlägigen Rundschacht untersucht.

Die Hauptspannungen im ungestörten Gebirge werden mit p_1, p_2 und p_3 bezeichnet, der Neigungswinkel der Achse $S\,T$ des tonnlägigen Schachts erhält die Bezeichnung Φ. Die Darstellung erfolgt mit zwei Systemen von rechtwinkligen Koordinaten (x, y und z) und (x', y' und z') mit dem gleichen Nullpunkt 0 auf $S\,T$.

Wie Bild 1 zeigt, ist die z-Achse senkrecht, die x-Achse fällt mit der waagerechten Projektion von $S\,T$ zusammen und die y-Achse steht senkrecht zur x- und z-Achse, während die x'-, y'- und z'-Achse durch die Richtungen von p_1, p_2 und p_3 bestimmt sind. Weiterhin werden zylindrische Koordinaten (r, θ, ζ) angelegt, deren Nullpunkt, Anfangslinie und ζ-Achse mit Punkt 0, y-Achse bzw. der Achse $S\,T$ zusammenfallen.

In Zylinderkoordinaten läßt sich der Zustand des Kräftegleichgewichts folgendermaßen ausdrücken:

$$\left.\begin{aligned} \frac{\partial\sigma_r}{\partial r} + \frac{1}{r}\frac{\partial\tau_{r\theta}}{\partial\theta} + \frac{\partial\tau_{\zeta r}}{\partial\zeta} + \frac{\sigma_r - \sigma_\theta}{r} &= 0\,, \\ \frac{\partial\tau_{r\theta}}{\partial r} + \frac{1}{r}\frac{\partial\sigma_\theta}{\partial\theta} + \frac{\partial\tau_{\theta\zeta}}{\partial\zeta} + 2\,\frac{\tau_{r\theta}}{r} &= 0\,, \\ \frac{\partial\tau_{\zeta r}}{\partial r} + \frac{1}{r}\frac{\partial\tau_{\theta\zeta}}{\partial\theta} + \frac{\partial\sigma_\zeta}{\partial\zeta} + \frac{\tau_{\zeta r}}{r} &= 0\,. \end{aligned}\right\} \tag{1.1}$$

Hierin sind σ_r, σ_θ, σ_ζ, $\tau_{\theta\zeta}$, $\tau_{\zeta r}$ und $\tau_{r\theta}$ Spannungskomponenten, bezogen auf (r, θ, ζ)-Koordinaten.[1]) In elastischen Körpern bestehen zwischen den Spannungs- und den Verformungskomponenten folgende Beziehungen:

$$\left.\begin{aligned} \sigma_r &= \lambda e + 2\,\mu\,\frac{\partial u}{\partial r}\,, \\ \sigma_\theta &= \lambda e + 2\,\mu\left(\frac{1}{r}\frac{\partial v}{\partial\theta} + \frac{u}{r}\right), \\ \sigma_\zeta &= \lambda e + 2\,\mu\,\frac{\partial w}{\partial\zeta}\,, \\ \tau_{\theta\zeta} &= \mu\left(\frac{1}{r}\frac{\partial w}{\partial\theta} + \frac{\partial v}{\partial\zeta}\right), \\ \tau_{\zeta r} &= \mu\left(\frac{\partial u}{\partial\zeta} + \frac{\partial \omega}{\partial r}\right), \\ \tau_{r\theta} &= \mu\left(\frac{\partial v}{\partial r} - \frac{v}{r} + \frac{1}{r}\frac{\partial u}{\partial\theta}\right). \end{aligned}\right\} \tag{1.2}$$

---

[1]) Gl. (1.1) ist abgeleitet, ohne die Körperkraft zu berücksichtigen; das ist jedoch so lange gerechtfertigt, wie der Teil des betrachteten Gebirges nicht in sehr geringer Teufe liegt.

λ und μ sind die LAMÉschen Konstanten; u, v und w sind die Komponenten der Verschiebung in den Richtungen des Radiusvektors, senkrecht sowohl zum Radiusvektor als auch zur ζ-Achse, während e die Quetschung darstellt:

$$e = \frac{u}{r} + \frac{\partial u}{\partial r} + \frac{1}{r}\frac{\partial v}{\partial \theta} + \frac{\partial w}{\partial \zeta}. \tag{1.3}$$

Da sich alle Komponenten der Spannung und zwei der drei Komponenten der Verschiebung, nämlich u und v, und schließlich die Komponenten der Dehnung in der Richtung der ζ-Achse, $(\varepsilon)_\zeta$, nicht mit ζ ändern, können die Gln. (1.1), (1.2) und (1.3) folgendermaßen vereinfacht werden:

$$\left.\begin{aligned} \frac{\partial \sigma_r}{\partial r} + \frac{1}{r}\frac{\partial \sigma_{r\theta}}{\partial \Theta} + \frac{\sigma_r - \sigma_\theta}{r} &= 0, \\ \frac{\partial \tau_{r\theta}}{\partial r} + \frac{1}{r}\frac{\partial \sigma_\theta}{\partial \theta} + 2\frac{\tau_{r\theta}}{r} &= 0, \\ \frac{\partial \tau_{\zeta r}}{\partial r} + \frac{1}{r}\frac{\partial \tau_{\theta\xi}}{\partial \theta} + \frac{\tau_{\zeta r}}{r} &= 0. \end{aligned}\right\} \tag{1.4}$$

$$\sigma = \lambda e + 2\mu \frac{\partial u}{\partial r}, \tag{1.5-a}$$

$$\sigma_\theta = \lambda e + 2\mu\left(\frac{1}{r}\frac{\partial v}{\partial \theta} + \frac{u}{r}\right), \tag{1.5-b}$$

$$\sigma_\zeta = \lambda e + 2\mu K, \tag{1.5-c}$$

$$\tau_{\theta\zeta} = \mu \frac{1}{r}\frac{\partial w}{\partial \theta}, \tag{1.5-d}$$

$$\tau_{\zeta r} = \mu \frac{\partial w}{\partial r}, \tag{1.5-e}$$

$$\tau_{r\theta} = \mu\left(\frac{\partial v}{\partial r} - \frac{v}{r} + \frac{1}{r}\frac{\partial u}{\partial \theta}\right), \tag{1.5-f}$$

$$e = \frac{u}{r} + \frac{\partial u}{\partial r} + \frac{1}{r}\frac{\partial v}{\partial \theta} + K. \tag{1.6}$$

In ihnen ist

$$K = (\varepsilon)_\zeta = \frac{\partial w}{\partial \zeta} = \text{const.}$$

Durch Einsetzen der Werte σ_r, σ_θ, σ_ζ, $\tau_{\theta\zeta}$, $\tau_{\zeta r}$ und $\tau_{r\theta}$ aus den Gln. (1.5) und (1.6) in Gl. (1.4) erhält man:

$$(\lambda + \mu)\frac{\partial e}{\partial r} + \mu\left(\frac{\partial^2 u}{\partial r^2} + \frac{1}{r}\frac{\partial u}{\partial r} - \frac{u}{r^2} + \frac{1}{r^2}\frac{\partial^2 u}{\partial \theta^2} - \frac{2}{r^2}\frac{\partial v}{\partial \theta}\right) = 0, \tag{1.7-a}$$

$$(\lambda + \mu)\frac{1}{r}\frac{\partial e}{\partial \theta} + \mu\left(\frac{\partial^2 v}{\partial r^2} + \frac{1}{r}\frac{\partial v}{\partial r} - \frac{v}{r^2} + \frac{1}{r^2}\frac{\partial^2 v}{\partial \theta^2} + \frac{2}{r^2}\frac{\partial u}{\partial \theta}\right) = 0, \tag{1.7-b}$$

$$\frac{\partial^2 w}{\partial r^2} + \frac{1}{r}\frac{\partial w}{\partial r} + \frac{1}{r^2}\frac{\partial^2 w}{\partial \theta^2} = 0. \tag{1.7-c}$$

Als Grenzbedingungen ergibt sich für große Werte von r

$$\sigma_{x'} = p_1, \quad \sigma_{y'} = p_2, \quad \sigma_{z'} = p_3, \quad \tau_{y'z'} = \tau_{z'x'} = \tau_{x'y'} = 0 \tag{1.8}$$

während für $r = a$, wenn r der Radius eines tonnlägigen Schachtes ist, folgendes gilt

$$\sigma_r = 0, \tag{1.9-a}$$

$$\tau_{\zeta r} = 0, \tag{1.9-b}$$

$$\tau_{r\theta} = 0. \tag{1.9-c}$$

Nunmehr soll die Grenzbedingung (1.8) mit den Spannungskomponenten, bezogen auf die (r, θ, ζ)-Koordinaten, dargestellt werden. Angenommen, daß die Richtungs-Kosinus der x'-, y' und z'-Achse l_1, l_2, l_3; m_1, m_2, m_3 und $n_1, n_2\, n_3$ sind, dann ist

$$\left.\begin{aligned}
\sigma_x &= l_1^2 \sigma_{x'} + m_1^2 \sigma_{y'} + n_1^2 \sigma_{z'} + 2 m_1 n_1 \tau_{y'z'} + 2 n_1 l_1 \tau_{z'x'} + 2 l_1 m_1 \tau_{x'y'}\,,\\
\sigma_y &= l_2^2 \sigma_{x'} + m_2^2 \sigma_{y'} + n_2^2 \sigma_{z'} + 2 m_2 n_2 \tau_{y'z'} + 2 n_2 l_2 \tau_{z'x'} + 2 l_2 m_2 \tau_{x'y'}\,,\\
\sigma_z &= l_3^2 \sigma_{x'} + m_3^2 \sigma_{y'} + n_3^2 \sigma_{z'} + 2 m_3 n_3 \tau_{y'z'} + 2 n_3 l_3 \tau_{z'x'} + 2 l_3 m_3 \tau_{x'y'}\,,\\
\tau_{yz} &= l_2 l_3 \sigma_{x'} + m_2 m_3 \sigma_{y'} + n_2 m_3 \sigma_{z'} + (m_2 n_3 + n_2 m_3) \tau_{y'z'} + (n_2 l_3 + l_2 n_3) \tau_{z'x'} + (l_2 m_3 + m_2 l_3) \tau_{x'y'}\,,\\
\tau_{zx} &= l_3 l_1 \sigma_{x'} + m_3 m_1 \sigma_{y'} + n_3 n_1 \sigma_{z'} + (m_3 n_1 + n_3 m_1) \tau_{y'z'} + (n_3 l_1 + l_3 n_1) \tau_{z'x'} + (l_3 m_1 + m_3 l_1) \tau_{x'y'}\,,\\
\tau_{xy} &= l_1 l_2 \sigma_{x'} + m_1 m_2 \sigma_{y'} + n_1 n_2 \sigma_{z'} + (m_1 n_2 + n_1 m_2) \tau_{y'z'} + (n_1 l_2 + l_1 n_2) \tau_{z'x'} + (l_1 m_2 + m_1 l_2) \tau_{x'y'}\,.
\end{aligned}\right\} \quad (1.10)$$

Durch Einsetzen der Werte $\sigma_{x'}, \sigma_{y'} \ldots \tau_{x'y'}$ aus Gl. (1.8) in Gl. (1.20) erhält man:

$$\left.\begin{aligned}
\sigma_x &= l_1^2 p_1 + m_1^2 p_2 + n_1^2 p_3\,; & \tau_{yz} &= l_2 l_3 p_1 + m_2 m_3 p_2 + n_2 n_3 p_3\,;\\
\sigma_y &= l_2^2 p_1 + m_2^2 p_2 + n_2^2 p_3\,; & \tau_{zx} &= l_3 l_1 p_1 + m_3 m_1 p_2 + n_3 n_1 p_3\,;\\
\sigma_z &= l_3^2 p_1 + m_3^2 p_2 + n_3^2 p_3\,; & \tau_{xy} &= l_1 l_2 p_1 + m_1 m_2 + n_1 n_2 p_3\,.
\end{aligned}\right\} \quad (1.11)$$

Aus der Geometrie ist:

$$\left.\begin{aligned}
&\cos(x, r) = -\sin\Phi \sin\theta\,, && \cos(x, \theta) = -\sin\Phi\cos\theta\,, && \cos(x, \zeta) = -\cos\Phi\,,\\
&\cos(y, r) = \cos\Phi\,, && \cos(y, \theta) = -\sin\theta\,, && \cos(y, \zeta) = 0\,,\\
&\cos(z, r) = \cos\Phi\sin\theta\,, && \cos(z, \theta) = \cos\Phi\cos\theta\,, && \cos(z, \zeta) = \sin\Phi\,.
\end{aligned}\right\} \quad (1.12)$$

Durch Umformen der Spannungskomponenten, die in Beziehung zu den (x, y, z)-Koordinaten stehen, zu solchen in Beziehung zu den (r, θ, ζ)-Koordinaten und durch Beachtung von Gl. (1.11) erhalten wir:

$$\left.\begin{aligned}
&\sigma_r = \alpha_1 + \alpha_2 \cos 2\theta + \alpha_3 \sin 2\theta\,; \quad (1.13\text{-a}) && \tau_{\theta\zeta} = \gamma_1 \cos\theta + \gamma_2 \sin\theta\,; \quad (1.13\text{-d})\\
&\sigma_\theta = \alpha_1 - \alpha_2 \cos 2\theta - \alpha_3 \sin 2\theta\,; \quad (1.13\text{-b}) && \tau_{\zeta r} = \gamma_1 \sin\theta - \gamma_2 \cos\theta\,; \quad (1.13\text{-e})\\
&\sigma_\zeta = \beta_1\,; \quad (1.13\text{-c}) && \tau_{r\theta} = -\alpha_2 \sin 2\theta + \alpha_3 \cos 2\theta\,. \quad (1.13\text{-f})
\end{aligned}\right\} \quad (1.13)$$

Daraus wird:

$$\left.\begin{aligned}
\alpha_1 = \frac{1}{2}\{&(l_1^2 \sin^2\Phi + l_2^2 + l_3^2 \cos^2\Phi - 2 l_3 l_1 \sin\Phi\cos\Phi)\, p_1\\
&+ (m_1^2 \sin^2\Phi + m_2^2 + m_3^2 \cos^2\Phi - 2 m_3 m_1 \sin\Phi\cos\Phi)\, p_2\\
&+ (n_1^2 \sin^2\Phi + n_2^2 + n_3^2 \cos^2\Phi - 2 n_3 n_1 \sin\Phi\cos\Phi)\, p_3\}\,,\\
\alpha_2 = \frac{1}{2}\{&(-l_1^2 \sin^2\Phi + l_2^2 - l_3^2 \cos^2\Phi + 2 l_3 l_1 \sin\Phi\cos\Phi)\, p_1\\
&+ (-m_1^2 \sin^2\Phi + m_2^2 - m_3^2 \cos\Phi + 2 m_3 m_1 \sin\Phi\cos\Phi)\, p_2\\
&+ (-n_1^2 \sin^2\Phi + n_2^2 - n_3^2 \cos\Phi + 2 n_3 n_1 \sin\Phi\cos\Phi)\, p_3\}\,,\\
\alpha_3 = {}&(l_2 l_3 \cos\Phi - l_1 l_2 \sin\Phi)\, p_1 + (m_2 m_3 \cos\Phi - m_1 m_2 \sin\Phi)\, p_2\\
&+ (n_2 n_3 \cos\Phi - n_1 n_2 \sin\Phi)\, p_3\,,\\
\beta_1 = {}&(l_1^2 \cos^2\Phi + l_3^2 \sin^2\Phi + 2 l_3 l_1 \sin\Phi\cos\Phi)\, p_1\\
&+ (m_1^2 \cos^2\Phi + m_3^2 \sin^2\Phi + 2 m_3 m_1 \sin\Phi\cos\Phi)\, p_2\\
&+ (n_1^2 \cos^2\Phi + n_3^2 \sin^2\Phi + 2 n_3 n_1 \sin\Phi\cos\Phi)\, p_3\,,\\
\gamma_1 = {}&\{-l_1^2 \sin\Phi\cos\Phi + l_3^2 \cos\Phi\sin\Phi + l_3 l_1 (\cos^2\Phi - \sin^2\Phi)\}\, p_1\\
&+ \{-m_1^2 \sin\Phi\cos\Phi + m_3^2 \cos\Phi\sin\Phi + m_3 m_1 (\cos^2\Phi - \sin^2\Phi)\}\, p_2\\
&+ \{-n_1^2 \sin\Phi\cos\Phi + n_3^2 \cos\Phi\sin\Phi + n_3 n_1 (\cos^2\Phi - \sin^2\Phi)\}\, p_3\,,\\
\gamma_2 = {}&(-l_2 l_3 \sin\Phi - l_1 l_2 \cos\Phi)\, p_1 + (-m_2 m_3 \cos\Phi - m_1 m_2 \sin\Phi)\, p_2\\
&+ (-n_2 n_3 \sin\Phi - n_1 n_2 \cos\Phi)\, p_3\,.
\end{aligned}\right\} \quad (1.14)$$

Gl. (1.13) ist der Ersatz für Gl. (1.8). Löst man Gl. (1.7-c) nach w auf und berücksichtigt die Gln. (1.5-d), (1.5-e), (1.13-d) und (1.13-e), dann ergibt sich w zu

$$w = (A_1' r + A_1 r^{-1}) \cos\theta + (B_1' r + B_1 r^{-3}) \sin\theta . \qquad (1.15)$$

Damit folgt aus den Gln. (1.2-d) und (1.2-e):

$$\tau_{\theta\zeta} = \mu \{(-A_1' - A_1 r^{-2}) \sin\theta + (B_1' + B_1 r^{-2}) \cos\theta\} ,$$

$$\tau_{\zeta r} = \mu \{(A_1' - A_1 r^{-2}) \cos\theta + (B_1' - B_1 r^{-2}) \sin\theta\} .$$

Aus den Gln. (1.13-d), (1.13-e) und (1.9-b) wird:

$$\tau_{\theta\zeta} = \gamma_1 \left(1 + \frac{a^2}{r^2}\right) \cos\theta + \gamma_2 \left(1 + \frac{a^2}{r^2}\right) \sin\theta , \qquad (1.16)$$

$$\tau_{\zeta r} = \gamma_1 \left(1 - \frac{a^2}{r^2}\right) \sin\theta - \gamma_2 \left(1 - \frac{a^2}{r^2}\right) \cos\theta . \qquad (1.17)$$

Die Gln. (1.7-a) und (1.7-b) werden folgendermaßen umgeschrieben:

$$(\lambda + 2\mu) \frac{\partial e}{\partial r} + \mu \left(\frac{1}{r^2} \frac{\partial^2 u}{\partial \theta^2} - \frac{1}{r^2} \frac{\partial v}{\partial \theta} - \frac{1}{r} \frac{\partial^2 v}{\partial r \, \partial \theta}\right) = 0 , \qquad (1.18\text{-a})$$

$$(\lambda + 2\mu) \frac{1}{r} \frac{\partial e}{\partial \theta} + \mu \left(\frac{\partial^2 v}{\partial r^2} + \frac{1}{r} \frac{\partial v}{\partial r} - \frac{v}{r^2} + \frac{1}{r^2} \frac{\partial u}{\partial \theta} - \frac{1}{r} \frac{\partial^2 u}{dr \, d\theta}\right) = 0 . \qquad (1.18\text{-b})$$

Dann wird Gl. (1.18-a) nach r differenziert und die gleiche Gleichung durch r dividiert. Auf der anderen Seite wird Gl. (1.18-b) nach θ differenziert und das Ergebnis durch r dividiert. Durch Addieren dieser drei Gleichungen erhält man

$$\frac{\partial^2 e}{\partial r^2} + \frac{1}{r} \frac{\partial e}{\partial r} + \frac{1}{r^2} \frac{\partial^2 e}{\partial \theta^2} = 0 . \qquad (1.19)$$

Unter Beachtung der Gln. (1.5a), (1.5-b), (1.5-c), (1.13-a), (1.13-b), (1.13-c) und (1.9-a) wird Gl. (1.19) nach e aufgelöst:

$$e = C_0 + C_2 r^{-2} \cos 2\theta + D_2 r^{-2} \sin 2\theta . \qquad (1.20)$$

Durch Einsetzen der Gl. (1.20) und (1.6) in Gl. (1.7-a) werden $\frac{\partial e}{\partial r}$ und $\frac{\partial v}{\partial \theta}$ eliminiert:

$$\frac{\partial^2 u}{\partial r^2} + \frac{3}{r} \frac{\partial u}{\partial r} + \frac{u}{r^2} + \frac{1}{r^2} \frac{\partial^2 u}{\partial \theta^2} = 2 (C_0 - k) r^{-1} + \frac{2(\lambda + 2\mu)}{\mu} r^{-3} (C_2 \cos 2\theta + D_2 \sin 2\theta) . \quad (1.21)$$

Dann wird Gl. (1.21) unter Berücksichtigung der Gln. (1.5-a), (1.13-a) und (1.9-a) nach u aufgelöst:

$$u = 2 (C_0 - k) r + E_0 r^{-1} + \left(E_2' r + E_2 r^{-3} - \frac{1}{2} \frac{\lambda + 2u}{\mu} C_2 r^{-1}\right) \cos 2\theta$$
$$+ \left(F_2' r + F_2 r^{-3} - \frac{1}{2} \frac{\lambda + 2\mu}{\mu} D_2 r^{-1}\right) \sin 2\theta . \qquad (1.22)$$

Von den Gl. (1.6), (1.20) und (1.22) ist:

$$\frac{\partial v}{\partial \theta} = e r - u - r \frac{\partial u}{\partial r}$$
$$= (2 - E_2' r + 2 E_2 r^{-3} + C_2 r^{-1}) \cos 2\theta + (-2 F_2' r + 2 E_2 r^{-3} + D_2 r^{-1}) \sin 2\theta . \quad (123)$$

Gl. (1.23) wird unter Berücksichtigung von Gl. (1.7-b) aufgelöst:

$$v = \left(- E_2' r + E_2 r^{-3} + \frac{1}{2} C_2 r^{-1}\right) - \left(- F_2' r + F_2 r^{-3} + \frac{1}{2} D_2 r^{-1}\right) \cos 2\theta . \quad (1.24)$$

Nunmehr werden die Gln. (1.20), (1.22) und (1.24) in die Gln. (1.5-a), (1.5-b), (1.5-c) und (1.5-f) eingesetzt. Dann wird jede Konstante bestimmt, die durch die Gln. (1.13-a), (1.13-b), (1.13-c), (1.13-f), (1.9-a) und (1.9-c) gegeben ist. Damit erhält man die Gleichungen, aus denen sich die Spannungskomponenten um einen runden tonnlägigen Schacht berechnen lassen:

$$\left.\begin{aligned}
\sigma_r &= \alpha_1\left(1-\frac{a^2}{r^2}\right)+\alpha_2\left(1-4\frac{a^2}{r^2}+3\frac{a^4}{r^4}\right)\cos 2\theta+\alpha_3\left(1-4\frac{a^2}{r^2}+3\frac{a^4}{r^4}\right)\sin 2\theta\,,\\
\sigma_\theta &= \alpha_1\left(1+\frac{a^2}{r^2}\right)+\alpha_2\left(-1-3\frac{a^4}{r^4}\right)\cos 2\theta+\alpha_3\left(-1-3\frac{a^4}{r^4}\right)\sin 2\theta\,,\\
\sigma_\zeta &= \beta_1-\frac{2\lambda}{\lambda+\mu}\,\alpha_2\frac{a^2}{r^2}\cos 2\theta-\frac{2\lambda}{\lambda+\mu}\,\alpha_3\frac{a^2}{r^2}\sin 2\theta\,,\\
\tau_{\theta\zeta} &= \gamma_1\left(1+\frac{a^2}{r^2}\right)\cos\theta+\gamma_2\left(1-\frac{a^2}{r^2}\right)\sin\theta\,,\\
\tau_{\zeta r} &= \gamma_1\left(1-\frac{a^2}{r^2}\right)\sin\theta-\gamma_2\left(1-\frac{a^2}{r^2}\right)\cos\theta\,,\\
\tau_{r\theta} &= \alpha_2\left(-1-2\frac{a^2}{r^2}+3\frac{a^4}{r^4}\right)\sin 2\theta\;\alpha_3\left(1+2\frac{a^2}{r^2}-3\frac{a^4}{r^4}\right)\cos 2\theta\,.
\end{aligned}\right\}\quad(1.25)$$

Da die Poissonsche Konstante m gleich $2(\lambda+\mu)/\lambda$ ist, kann $2\lambda/(\lambda+\mu)$ in der dritten Gleichung von Gl. (1.25) durch den Ausdruck $4/m$ ersetzt werden. Durch Einsetzen $\Phi = 0°$ oder $90°$ können mit Gl. (1.25) die Spannungskomponenten um eine runde Strecke oder einen seigeren Schacht errechnet werden.

Zu bemerken ist zu Gl. (1.25) noch, daß σ_r, σ_θ $\tau_{\theta\zeta}$ und $\tau_{r\theta}$ unabhängig von elastischen Konstanten sind, so daß sie bestimmt sind, während σ_ζ von der Poissonschen Konstante abhängig und deswegen also unbestimmt ist.

Für den Fall der Annahme, daß die Richtung einer der Hauptspannungen im ungestörten Gebirge mit der Achse des Grubenbaus mit kreisförmigem Querschnitt zusammenfällt, sind die Spannungskomponenten σ_r, σ_θ und $\tau_{r\theta}$ als Flächenspannungen untersucht worden. Von den Autoren wurde rechnerisch nachgewiesen, daß diese einfache Betrachtung gerechtfertigt ist. σ_ζ kann aber auf diesem einfachen Wege nicht bestimmt werden.

2. Experimentelle Bestimmung der Spannung um einen Schacht oder eine Strecke

Theoretische Überlegungen

Zuerst soll der generelle Weg diskutiert werden, auf welche Weise die Spannung um einen Grubenbau in einem Gebirge, das sich im dreidimensionalen Spannungszustand befindet, experimentell bestimmt wird.

Es gebe zwei Systeme von rechtwinkligen Koordinaten (x, y, z) und $(x', y'$ und $z')$ mit dem gleichen Nullpunkt 0. Die Lage der x-, y- und z-Achse ist freigestellt; nehmen wir an, die x- und die y-Achse wären horizontal, die z-Achse stände senkrecht. Die Achsen x', y' und z' werden in der jeweiligen Dichtung der Hauptspannungen p_1, p_2 und p_3 im ungestörten Gebirge angenommen. Die Richtungs-Kosinus der Achsen x', y' und z' seien l_1, l_2, l_3; m_1, m_2, m_3; n_1, n_2, n_3.

In jedem Punkt bestimmter Entfernung vom Grubenbau bestehen dann folgende Beziehungen:

$$\sigma_{x'}, = p_1\,,\qquad \sigma_{y'} = p_2\,,\qquad \sigma_{z'} = p_3\,,\qquad \tau_{y'z'} = \tau_{z'x'} = \tau_{x'y'} = 0\,. \tag{2.1}$$

$\sigma_{x'}, \sigma_{y'}, \dots \tau_{x'y'}$ sind die Spannungskomponenten in bezug auf die (x', y', z')-Koordinaten. Wird Gl. (2.1) mit den Spannungskomponenten in bezug auf die (x, y, z)-Koordinaten formuliert, erhält man:

$$\left.\begin{aligned} \sigma_x &= l_1^2 p_1 + m_1^2 p_2 + n_1^2 p_3\,, & \tau_{yz} &= l_2 l_3 p_1 + m_2 m_3 p_2 + n_2 n_3 p_3\,, \\ \sigma_z &= l_3^2 p_1 + m_3^2 p_2 + n_3^2 p_3\,, & \tau_{zx} &= l_3 l_1 p_1 + m_3 m_1 p_2 + n_3 n_1 p_3\,, \\ \sigma_y &= l_2^2 p_1 + m_2^2 p_2 + n_2^2 p_3\,, & \tau_{xy} &= l_1 l_2 p_1 + m_1 m_2 p_2 + n_1 n_2 p_3\,. \end{aligned}\right\} \tag{2.2}$$

Wenn ein Modell für einen photoelastischen Versuch gleichzeitig in den Richtungen und mit den Stärken von p_1, p_2 und p_3 belastet wird, dann wird in ihm ein Spannungszustand erzeugt, wie er durch Gl. (2.2) ausgedrückt wird. Aber es wäre sowohl zu aufwendig als auch Zeitvergeudung, wollte man einen derartigen Versuch für jeden vorkommenden Fall von p_1, p_2 und p_3 ausführen.

Um gleichwohl die Spannungskomponenten in jedem Punkt des Modells zu bestimmen, wurde vorgeschlagen, bei einer bestimmten Form des Grubenbaus, wie auch immer der Spannungszustand im ungestörten Gebirge sein möge, sich auf die Durchführung von sechs Arten von Versuchen zu beschränken, weil das ausreichend sein müßte.

Nunmehr soll die Spannungsanalyse aus solchen Versuchen behandelt werden, bei denen nacheinander sechs Modelle in den Richtungen x, y, z, a, b und c mit den Werten p_x, p_y, p_z, p_a, p_b und p_c belastet wurden. Die Achsen a, b und c sind die Halbierungslinien für die Achsen y und z, z und x sowie x und y (Bild 2). Wenn diese sechs Arten der Belastung gleichzeitig auf das Modell ausgeübt werden, lassen sich die Spannungskomponenten an jedem Punkt, der eine bestimmte Entfernung vom Grubenbau hat, durch die folgenden Gleichungen beschreiben:

$$\sigma_x = p_x + p_b \cos^2 \frac{\pi}{4} + p_c \cos^2 \frac{\pi}{4} = p_x + \frac{1}{2}(p_b + p_c)\,, \tag{2.3-a}$$

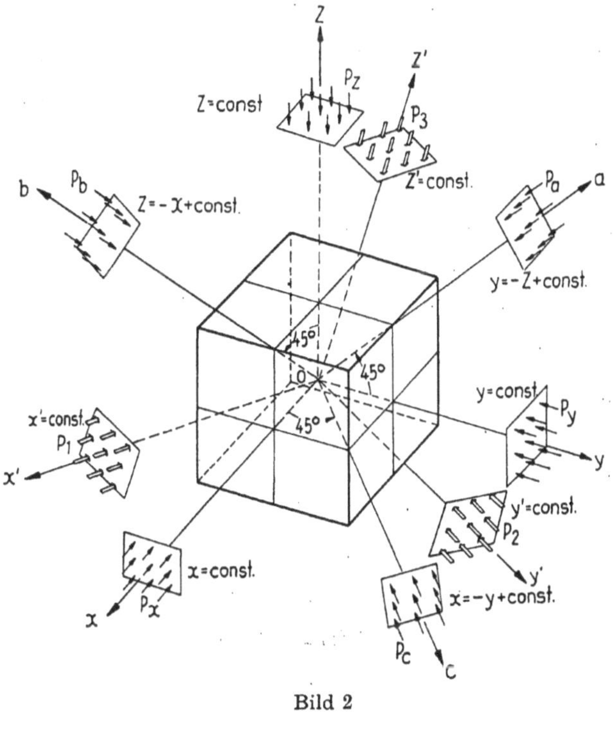

Bild 2

$$\sigma_y = p_y + \frac{1}{2}(p_c + p_a)\,, \tag{2.3-b}$$

$$\sigma_z = p_z + \frac{1}{2}(p_a + p_b)\,, \tag{2.3-c}$$

$$\tau_{yz} = \frac{1}{2}p_a\,, \qquad \tau_{zx} = \frac{1}{2}p_b\,, \qquad \tau_{xy} = \frac{1}{2}p_c\,. \tag{2.4}$$

Wenn die Spannungskomponenten nach den Gln. (2.3) und (2.4) gleich denen in Gl. (2.2) sind, müssen die folgenden Beziehungen bestehen:

$$\left.\begin{aligned}
p_x + \frac{1}{2}(p_b + p_c) &= l_1^2 p_1 + m_1^2 p_2 + n_1^2 p_3\,,\\
p_y + \frac{1}{2}(p_c + p_a) &= l_2^2 p_1 + m_2^2 p_2 + n_2^2 p_3\,,\\
p_z + \frac{1}{2}(p_a + p_b) &= l_3^2 p_1 + m_3^2 p_2 + n_3^2 p_3\,,\\
\frac{1}{2}p_a &= l_2 l_3 p_1 + m_2 m_3 p_2 + n_2 n_3 p_3\,,\\
\frac{1}{2}p_b &= l_3 l_1 p_1 + m_3 m_1 p_2 + n_3 n_1 p_3\,,\\
\frac{1}{2}p_c &= l_1 l_2 p_1 + m_1 m_2 p_2 + n_1 n_2 p_3\,.
\end{aligned}\right\} \tag{2.5}$$

Dann wird gesetzt:

$$\left.\begin{aligned}
&\alpha_{1.1} = l_1^2 - l_3 l_1 - l_1 l_2\,,\\
&\alpha_{1.2} = m_1^2 - m_3 m_1 - m_1 m_2\,,\\
&\alpha_{1.3} = n_1^2 - n_3 n_1 - n_1 n_2\,,\\
&\alpha_{2.1} = l_2^2 - l_1 l_2 - l_2 l_3\,,\\
&\alpha_{2.2} = m_2^2 - m_1 m_2 - m_2 m_3\,,\\
&\alpha_{2.3} = n_2^2 - n_1 n_2 - n_2 n_3\,,\\
&\alpha_{3.1} = l_3^2 - l_2 l_3 - l_3 l_1\,,\\
&\alpha_{3.2} = m_3^2 - m_2 m_3 - m_3 m_1\,,\\
&\alpha_{3.3} = n_3^2 - n_2 n_3 - n_3 n_1\,,\\
&\alpha_{4.1} = 2\,l_2 l_3\,, \qquad \alpha_{4.2} = 2\,m_2 m_3\,, \qquad \alpha_{4.3} = 2\,n_2 n_3\,,\\
&\alpha_{5.1} = 2\,l_3 l_1\,, \qquad \alpha_{5.2} = 2\,m_3 m_1\,, \qquad \varphi_{5.3} = 2\,n_3 n_1\,,\\
&\alpha_{6.1} = 2\,l_1 l_2\,, \qquad \alpha_{6.2} = 2\,m_1 m_2\,, \qquad \alpha_{6.3} = 2\,n_1 n_2\,.
\end{aligned}\right\} \tag{2.6}$$

Damit erhält man folgende Gleichungen:

$$\left.\begin{aligned}
p_x &= \alpha_{1.1} p_1 + \alpha_{1.2} p_2 + \alpha_{1.3} p_3\,,\\
p_y &= \alpha_{1.2} p_1 + \sigma_{2.2} p_2 + \sigma_{2.3} p_3\,,\\
p_z &= \alpha_{3.1} p_1 + \alpha_{3.2} p_2 + \alpha_{3.3} p_3\,,\\
p_a &= \alpha_{4.1} p_1 + \alpha_{4.2} p_2 + \alpha_{4.3} p_3\,,\\
p_b &= \alpha_{5.1} p_1 + \alpha_{5.2} p_2 + \alpha_{5.3} p_3\,,\\
p_c &= \alpha_{6.1} p_1 + \alpha_{6.2} p_2 + \alpha_{6.3} p_3\,.
\end{aligned}\right\} \tag{2.7}$$

Wenn das Modell gleichzeitig mit p_x, p_y, p_z, p_a, p_b und p_c belastet wird, wird der Spannungszustand der gleiche sein wie bei der gleichzeitigen Belastung mit p_1, p_2 und p_3.

Nunmehr soll gezeigt werden, wie die Spannungskomponenten in jedem Punkt P eines Modells, die in Beziehung zu einem gewählten Koordinatensystem (x'', y'', z'') stehen, bei der gleichzeitigen Belastung mit p_1, p_2 und p_3 ermittelt werden. Sechs Modelle werden vorbereitet; eines wird mit dem Wert p_x in der x-Richtung belastet. Die Spannungsausbildung in ihm wird durch eine entsprechende Wärmebehandlung konserviert. Wenn die Spannungsausbildung mit einem photoelastischen Gerät ausgewertet wird, werden die Spannungskomponenten im Punkt P bestimmt, aus denen sich die Spannungskoeffizienten A_x, B_x .... F_x, die durch die folgenden Gleichungen definiert sind, ermitteln lassen[1]):

$$A_x = (\sigma_{x''})_x/\bar{p}_x\,,\ B_x = (\sigma_{y''})_x/\bar{p}_x\,, \ldots .\ F_x = (\tau_{x''y''})_x/\bar{p}_x\,. \tag{2.8}$$

In ihnen sind $(\sigma_{x''})_x$, $(\sigma_{y''})_x$, ... $(\tau_{x''y''})_x$ die durch $\bar{p}_x$ verursachten Spannungskomponenten, ausgedrückt in bezug auf die (x'', y'', z'')-Koordinaten.

In der gleichen Weise werden die anderen fünf Modelle nacheinander mit p_y, p_z, p_a, p_b und p_c belastet, so daß die fünf Gruppen von Spannungskoeffizienten A_y, B_y, ..., F_y, ... A_c, B_c, ... F_c gefunden werden.

Umgekehrt können bei gegebenen Werten von p_1, p_2 und p_3 die theoretischen Werte der Belastung p_x, p_y, p_z, p_a, p_b und p_c aus Gl. (2.7) errechnet werden. Damit lassen sich die fraglichen Spannungskomponenten aus den folgenden Gleichungen ermitteln:

$$\left.\begin{aligned}\sigma_{x''} &= A_x p_x + A_y p_y + A_z p_z + A_a p_a + A_b p_b + A_c p_c\,,\\ \sigma_{y''} &= B_x p_x + B_y p_y + B_z p_z + B_a p_a + B_b p_b + B_c p_c\,,\\ &\ldots\ldots\ldots\ldots\ldots\ldots\ldots\ldots\ldots\ldots\\ &\ldots\ldots\ldots\ldots\ldots\ldots\ldots\ldots\ldots\ldots\\ \tau_{x''y''} &= F_x p_x + F_y p_y + F_z p_z + F_a p_a + F_b p_b + F_c p_c\,.\end{aligned}\right\} \tag{2.9}$$

Am Beispiel der Bestimmung der Spannung um einen Schacht oder eine Strecke mit gleichartigem Querschnitt soll die Behandlung dieses Problems fortgesetzt werden. In diesem Fall ist die Spannungsanalyse viel einfacher.

Es ist üblich, die Achse des Schachts oder der Strecke als x-Achse zu wählen, die y-Achse senkrecht zur x-Achse und zur Horizontalen und die z-Achse senkrecht zur x- und zur y-Achse. Im folgenden soll ausgeführt werden, wie die Spannungskomponenten σ_t, σ_l und τ_{tl} an jedem gegebenen Punkt P der Stöße ermittelt werden. Sie werden ausgedrückt in bezug auf rechtwinklige Koordinaten (t, l, n) mit dem Nullpunkt in P; die t-Achse ist eine Tangente am Stoß und steht senkrecht zur x-Achse, die l-Achse verläuft parallel zur x-Achse, während die n-Achse normal zur Stoßoberfläche verläuft (Bild 3). Da P sich auf der Stoßoberfläche befindet, ist

$$\sigma_n = \tau_{ln} = \tau_{nt} = 0\,.$$

Die Spannungskomponenten hinsichtlich σ_t, σ_l und τ_{tl} sollen mit A, B und C bezeichnet werden. Die Aufgabe besteht darin, sechs Gruppen von Spannungskoeffizienten aus sechs Versuchen zu finden, nämlich:

$$A_x,\ B_x,\ F_x\,;\quad A_y,\ B_y,\ F_y\,;\quad A_z,\ B_z,\ F_z\,;$$
$$A_a,\ B_a,\ F_a\,;\quad A_b,\ B_b,\ F_b\,;\quad A_c,\ B_c,\ F_c\,.$$

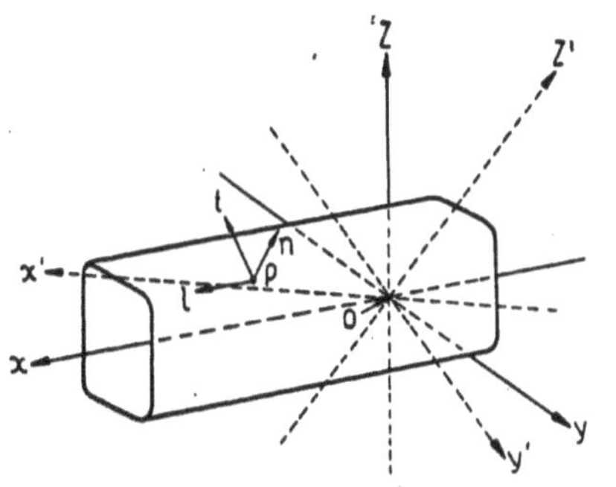

Bild 3

[1]) Im allgemeinen ist die Spannung um einen untertägigen Grubenbau unbestimmt. Zum Nachweis dieser unbestimmten Spannung mit Hilfe von dreidimensionalen photoelastischen Versuchen muß entsprechend berücksichtigt werden, daß die Poissonsche Konstante des Modellmaterials bis zu über 2 abnimmt, wenn die Spannungsformen durch Wärmebehandlung fixiert werden.

Aus theoretischen Gründen ist jedoch die erste Gruppe von Spannungskoeffizienten — A_x, B_x und F_x —, die aus einem Versuch zu bestimmen ist, bei dem das Modell in Richtung der Achse des Grubenbaus belastet wird, darzustellen mit:

$$A_x = 0 , \quad B_x = 1 , \quad F_x = 0 .$$

Aus diesem Grund braucht kein Versuch durchgeführt zu werden, bei dem das Modell in der x-Achse belastet wird.

Es ist der Tatsache Rechnung zu tragen, daß σ_l nicht aus dreidimensionalen Versuchen bestimmt werden kann, und zwar aus folgender Ursache. Nach den strengen Gesetzen der Spannungsanalyse, mitgeteilt in Gl. (1.25), um einen tonnlägigen Rundschacht hängt σ_l von den elastischen Konstanten ab und ist unbestimmt, während auf der anderen Seite die Poissonsche Konstante des Materials, das für das Modell verwendet wird, bis zu 2 abnimmt, wenn die Spannungsausbildung durch Wärmebehandlung fixiert wird. Demzufolge ist die Bestimmung der unbestimmten Spannung σ_l mit Hilfe dreidimensionaler photoelastischer Versuche nicht möglich.

Die Alternative zur Bestimmung von σ_l ist im folgenden beschrieben. Mit E bzw. m seien der Elastizitätsmodul bzw. die Poissonsche Querkontraktionskonstante des Gebirges bezeichnet, in dem der Schacht bzw. die Strecke steht; die Verformung im Punkt P in der l-Richtung ist ε_l. Aus der Beziehung zwischen Spannung und Verformung in einem elastischen Körper folgt:

$$(\sigma_l)_y = E(\varepsilon_l)_y + \frac{1}{m}\left[(\sigma_t)_y + (\sigma_n)_y\right] = E(\varepsilon_l)_y + \frac{1}{m}(\sigma_t)_y ,$$

$$(\sigma_l)_z = E(\varepsilon_l)_z + \frac{1}{m}(\sigma_t)_z ,$$

$$(\sigma_l)_c = E(\varepsilon_l)_c + \frac{1}{m}(\sigma_t)_c .$$

Auf der anderen Seite ergibt sich aus der Definition:

$$(\sigma_l)_y = B_y\, p_y , \qquad (\sigma_l)_z = B_z\, p_z , \,\ldots\ldots\, (\sigma_l)_c\ B_c\, p_c ,$$
$$(\sigma_t)_y = A_y\, B_y , \qquad (\sigma_t)_z = A_z\, p_z , \,\ldots\ldots\, (\sigma_t)_c = A_c\, p_c .$$

Hieraus:

$$\left.\begin{aligned} B_y &= (\varepsilon_l)_y \frac{E}{p_x} + \frac{A_y}{m} , \\ B_z &= (\varepsilon_l)_z \frac{E}{p_y} + \frac{A_z}{m} , \\ B_c &= (\varepsilon_l)_c \frac{E}{p_c} + \frac{A_c}{m} . \end{aligned}\right\} \tag{2.11}$$

Vorausgesetzt, daß ε_l sich nicht beim Abteufen des Schachts bzw. beim Auffahren der Strecke ändert, erhalten wir:

$$B_y = \frac{A_y - 1}{m} , \quad B_z = \frac{A_z - 1}{m} , \quad B_a = \frac{A_a - 1}{m} , \quad B_b = \frac{2\,A_b + m - 1}{2\,m} , \quad B_c = \frac{2\,A_c + m - 1}{2\,m} . \tag{2.12}$$

Da σ_t und τ_{tl} bestimmt werden können, wenn sie als zweidimensionale Spannungen betrachtet werden, genügt es, die Modelle in drei Arten des photoelastischen Versuchs in den Richtungen x, y und a zu belasten. Lediglich die zwei Versuchsarten, in denen die Modelle in den Richtungen b und c belastet werden, müssen dreidimensional sein. Da jedoch zweidimensionale photoelastische Versuche dreidimensionalen in der Genauigkeit überlegen sind, ist zu empfehlen, A_b und A_c nicht in dreidimensionalen, sondern in zweidimensionalen Versuchen zu bestimmen, wobei folgende Gleichungen maßgebend sind[1]):

$$A_b = \frac{1}{2} A_z , \qquad A_c = \frac{1}{2} A_y . \tag{2.13}$$

Unter Verwendung dieser Beziehung können B_a und B_b nach Gl. (2.12) folgendermaßen geschrieben werden:

$$B_b = \frac{A_z + m - 1}{2\,m} , \qquad B_c = \frac{A_y + m - 1}{2\,m} . \tag{2.14}$$

Wenn der Querschnitt eines Grubenbaus mehr als eine Symmetrieachse hat, so bei Kreis-, Quadrat-, Rechteck-, Trapez- oder Bogenform, besteht zwischen A_y, A_z und A_a die folgende Beziehung[2]):

$$A_y + A_z = A_a + \bar{A}_a .$$

$\bar{A}_a$ ist der Spannungskoeffizient, der σ_t am Symmetriepunkt von P in bezug auf die Symmetrieachse darstellt. Zu empfehlen ist, die Genauigkeit in der Bestimmung von A_y, A_z und A_a durch Verwendung der Gl. (2.15) zu erhöhen.

Zu bemerken ist, daß τ_{tl} immer gleich Null ist, wenn ein Modell in der Richtung x, y, z und a belastet wird. Deswegen gilt:

$$F_x = F_y = F_z = F_a = 0 . \tag{2.16}$$

---

[1]) Die $\bar{b}$-Achse sei die Halbierungslinie der y-Achse und die Minusseite der x-Achse. Wenn ein Modell in den Richtungen b und $\bar{b}$ gleichzeitig mit der gleichen Kraft p_b belastet wird, sind die Spannungskomponenten an jedem Punkt von bestimmter Entfernung vom Grubenbau gegeben durch

$$\sigma_x = \frac{1}{2} p_b + \frac{1}{2} p_b = p_b , \quad \sigma_y = 0, \quad \sigma_z = \frac{1}{2} p_b + \frac{1}{2} p_b = p_b ,$$

$$\tau_{yz} = 0 , \quad \tau_{zx} = \frac{1}{2} p_b - \frac{1}{2} p_b = 0 , \quad \tau_{xy} = 0 .$$

Folglich ist am Punkt P der Stoßoberfläche

$$\sigma_t = A_x \sigma_x + A_z \sigma_z = A_z p_b ,$$

wenn $A_x = 0$.

Da andererseits die Stoßoberfläche parallel der x-Achse ist, nimmt die Größe von σ_t, die durch die Belastung p_b in der b-Richtung verursacht wird, den gleichen Wert wie bei der Belastung in der $\bar{b}$-Richtung an. Deswegen ist die Größe von σ_t, wenn ein Modell gleichzeitig Belastungen in den Richtungen b und $\bar{b}$ mit dem gleichen Wert p_b unterworfen wird, durch die Gleichung

$$\sigma_t = 2\,A_b\,p_b$$

gegeben. Auf diese Weise gelangt man zu Gl. (2.13).

[2]) Die $\bar{a}$-Achse sei die Halbierungslinie der z-Achse und die Minusseite der y-Achse. Die Spannungskomponente σ_t, bewirkt durch die gleichzeitigen Belastungen mit einem Wert p_a in den Richtungen a und $\bar{a}$, ist gleich der, die durch die gleichzeitigen Belastungen mit dem gleichen Wert in den Richtungen y und z hervorgerufen wird, während σ_t an einem Punkt durch eine Belastung in der $\bar{a}$-Richtung gleich dem σ_t ist, das am Symmetriepunkt durch eine Belastung mit dem gleichen Wert in der a-Richtung hervorgerufen wird. Folglich erhalten wir Gl. (2.15).

Die Spannungskomponenten an der Stoßoberfläche eines seigeren oder tonnlägigen Schachts oder einer Strecke können also durch die folgenden Gleichungen ermittelt werden:

$$\left.\begin{aligned}\sigma_t &= A_y\,p_y + A_z\,p_z + A_a\,p_a + \frac{A_z}{2}\,p_b + \frac{A_y}{2}\,p_c\,;\\ \sigma_l &= p_x + \frac{A_y-1}{m}\,p_y + \frac{A_z-1}{m}\,p_z + \frac{A_a-1}{m}\,p_a + \frac{A_z+m-1}{2\,m}\,p_b + \frac{A_y+m-1}{2\,m}\,p_c\,,\\ \tau_{tl} &= F_b\,p_b + F_c\,p_c\,.\end{aligned}\right\}\quad(2.17)$$

Die Spannungskoeffizienten A_y, A_z, A_a, F_b und F_c, die in Gl. (2.17) auftauchen, werden durch die photoelastischen Versuche nach Tabelle 1 bestimmt, und $p_x, p_y \ldots p_c$ werden aus den Größen und Richtungen von p_1, p_2 und p_3 errechnet, s. Gl. (2.7).

Tabelle 1

Spannungs-koeffizient	Zweidimensionale photo-elastische Versuche, Belastung des Modells in	Dreidimensionale photo-elastische Versuche, Belastung des Modells in	Bemerkungen
A_y	y-Richtung	—	Beachte Gl. (2.15)
A_z	z-Richtung	—	
A_a	a-Richtung	—	
F_b	—	b-Richtung	
F_c	—	c-Richtung	

In einem Spezialfall, bei dem die Richtung der Schacht- oder der Streckenachse mit der Richtung von p_1 zusammenfällt, nämlich x-Achse und x'-Achse decken sich, ist

$$l_1 = 1\,,\quad l_2 = l_3 = m_1 = n_1 = 0\,.$$

Unter Beachtung von Gl. (2.7) haben wir somit

$$p_b = p_c = 0\,.$$

Damit sind die Spannungskomponenten durch die folgenden Gleichungen gegeben:

$$\left.\begin{aligned}\sigma_t &= A_y\,p_y + A_z\,p_z + A_a\,p_a\,,\\ \sigma_l &= p_x + \frac{A_y-1}{m}\,p_y + \frac{A_z-1}{m}\,p_z + \frac{A_a-1}{m}\,p_a\,,\\ \tau_{tl} &= 0\,.\end{aligned}\right\}\quad(2.18)$$

In diesem Fall sind lediglich die drei Spannungskomponenten A_y, A_z und A_a aus zweidimensionalen photoelastischen Versuchen zu ermitteln.

Photoelastische Versuche

In der oben beschriebenen Weise wurden die Spannungsverhältnisse um einen Schacht oder eine Strecke mit quadratischem oder rechtwinkligem Querschnitt und abgerundeten Ecken untersucht. Auch zum Vergleich der experimentell und theoretisch ermittelten Werte wurde die Spannung um einen runden Schacht oder eine runde Strecke auf dem gleichen Wege ermittelt. Zweidimensionale photoelastische Versuche wurden zur Bestimmung von A_y, A_t und A_a durchgeführt; deren Werte lassen sich, durch Dividieren von σ_t, experimentell ermittelt, durch die Belastungsgrößen in den Richtungen y, z bzw. a errechnen. Die Beschreibung von zweidimensionalen photoelastischen Versuchen kann unterbleiben, da sie gut bekannt sind.

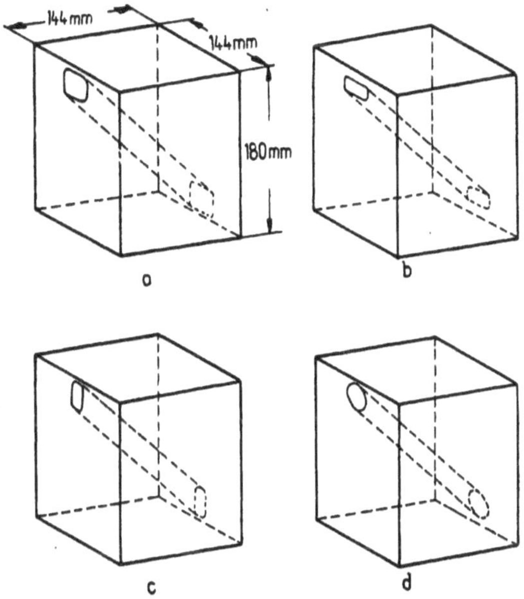

Bild 4. Modelle für dreidimensionale photoelastische Versuche

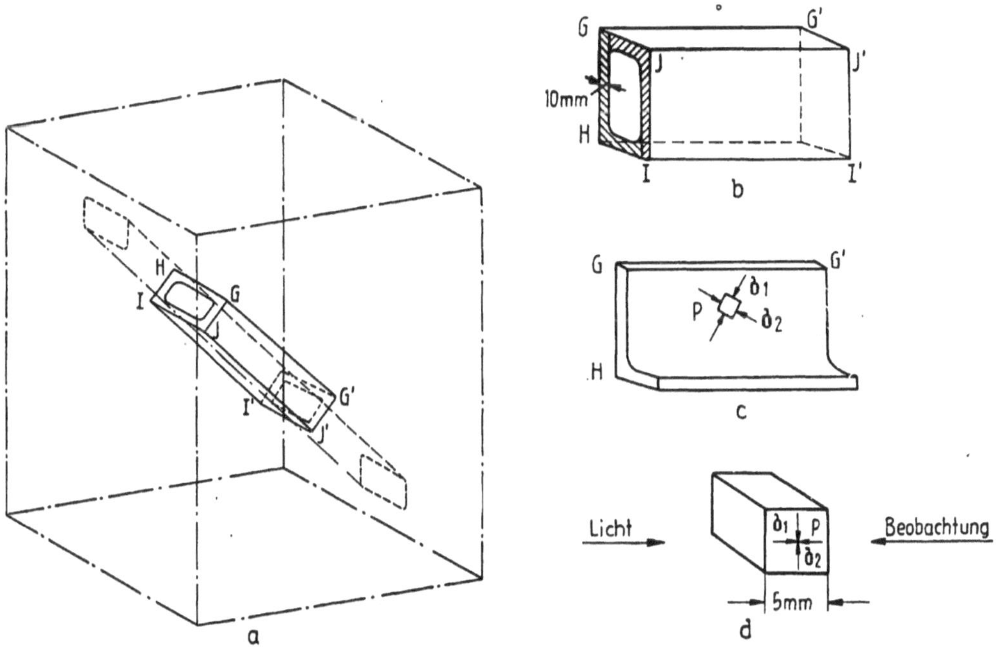

Bild 5. Zerlegungen eines Modells zur Bestimmung der Hauptspannungen im Punkt P

Tabelle 2. Werte der Spannungskoeffizienten

Querschnitt	Spannungs-koeffi-zienten	Werte der Spannungskoeffizienten an den Punkten											
		P_0 P_{12}	P_1 P_{13}	P_2 P_{14}	P_3 P_{15}	P_4 P_{16}	P_5 P_{17}	P_6 P_{18}	P_7 P_{19}	P_8 P_{20}	P_9 P_{21}	P_{10} P_{22}	P_{11} P_{23}
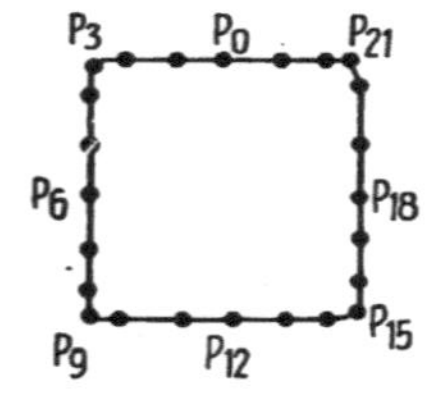	A_y	1,79	1,92	2,41	1,71	—0,53	—0,99	—1,00	—0,99	—0,53	1,71	2,41	1,92
	A_z	—1,00	—0,99	—0,53	1,71	2,41	1,92	1,79	1,92	2,41	1,71	—0,53	—0,99
	A_a	0,40	0,94	2,45	4,41	2,46	0,94	0,40	—0,01	—0,57	—1,00	—0,57	—0,01
	F_b	0	±0,11	±0,19	±0,05	∓0,62	∓0,46	∓0,40	∓0,46	∓0,62	±0,05	±0,19	±0,11
	F_c	∓0,40	∓0,46	∓0,62	±0,05	±0,19	±0,11	0	∓0,11	∓0,19	∓0,05	±0,62	±0,46
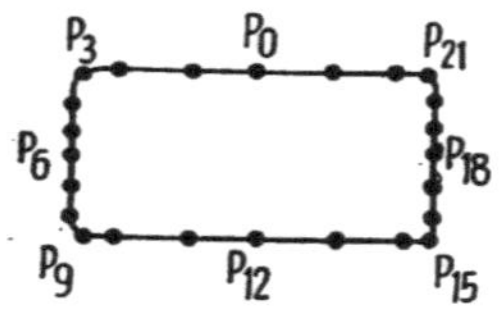	A_y	1,50	1,49	2,01	1,04	—0,16	—0,93	—1,00	—0,93	—0,16	1,04	2,01	1,49
	A_z	—1,00	—0,95	—0,54	1,50	3,19	2,51	2,40	2,51	3,19	1,50	—0,54	—0,95
	A_a	0,25	0,65	2,14	3,17	2,86	1,38	0,70	0,20	0,16	—0,64	—0,67	—0,10
	F_b	0	±0,21	±0,29	∓0,19	∓0,95	∓0,76	∓0,70	∓0,76	∓0,95	∓0,19	±0,29	±0,21
	F_c	∓0,25	∓0,25	∓0,44	∓0,01	±0,12	±0,11	0	∓0,11	∓0,12	±0,01	±0,44	±0,25
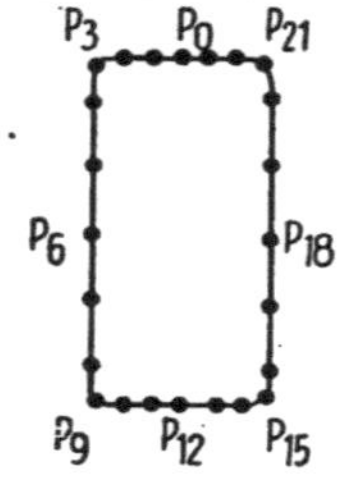	A_y	2,40	2,51	3,19	1,50	—0,54	—0,95	—1,00	—0,95	—0,54	1,50	3,19	2,51
	A_z	—1,00	—0,93	—0,16	1,04	2,01	1,49	1,50	1,49	2,01	1,04	—0,16	—0,93
	A_a	0,70	1,38	2,86	3,17	2,14	0,65	0,25	—0,10	—0,67	—0,64	0,16	0,20
	F_b	0	±0,11	±0,12	∓0,10	∓0,44	∓0,25	∓0,25	∓0,25	∓0,44	∓0,01	±0,12	±0,11
	F_c	∓0,70	∓0,76	∓0,95	∓0,19	±0,29	±0,21	0	∓0,21	∓0,29	±0,19	±0,95	±0,76

Zur Bestimmung von F_b und F_c wurden dreidimensionale photoelastische Versuche ausgeführt. Form und Größe der Modelle für die entsprechenden Versuche sind in Bild 4 dargestellt. Die Modelloberfläche wurde in 36 Quadrate eingeteilt und mit 1,5 kp/cm² mit Hilfe von Gewichten gleichmäßig belastet. Die Spannungsausbildung wurde durch Wärmebehandlung fixiert. Zur Auswertung wurden die Modelle dann in eine Anzahl von kleinen Stücken zerlegt (Bild 5).

Die Bestimmung von F_b und F_c an irgendeinem Punkt P im Stoß eines Grubenbaus wurde in folgender Weise vorgenommen. Wie Bild 5 *b* zeigt, wird zuerst ein flaches Stück aus dem Stoß um den Punkt P herum herausgeschnitten. Wenn flächenpolarisiertes Licht auf den Punkt P, normalerweise im Stoß, geworfen wird, werden die Isoklinen sichtbar, mit deren Hilfe die Richtung der Hauptspannungen bestimmt werden kann (Bild 5 *c*). Danach wird, wie Bild 5 *d* zeigt, ein kleiner quadratischer Würfel von 5×5 mm Querschnitt aus dem flachen Stück um Punkt P herum herausgeschnitten und zirkular polarisiertem Licht ausgesetzt, und zwar senkrecht zu zwei der Hauptspannungen, beispielsweise σ_1 und n. Damit läßt sich die Streifenreihenfolge bestimmen, aus der die Hauptspannung σ_1 entwickelt wird. Dabei ist die photoelastische Empfindlichkeit, die deswegen vorher an Probestücken ermittelt wird, die aus dem gleichen Material wie die Modelle bestehen und die der gleichen Wärmebehandlung ausgesetzt wurden, in Betracht zu ziehen.

Die Bestimmung der Streifenreihenfolge verlangt besonderes Geschick (Bild 6). Aus den Größen und Richtungen der Hauptspannungen, die damit festgelegt sind, kann die Komponente der Scherspannung τ_{tl} am Punkt P ermittelt werden. Wenn sie durch den Wert der Belastung in der Richtung *b* oder *c* dividiert wird, erhält man F_b oder F_c. Tabelle 2 enthält die Werte der fünf Spannungskoeffizienten A_y, A_z, A_a, F_b und F_c für einen Schacht oder eine Strecke mit quadratischem oder liegendem rechteckigem oder stehendem rechteckigem Querschnitt mit abgerundeten Ecken, die auf diese Weise bestimmt wurden.

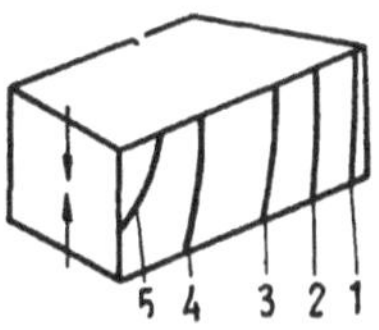

Bild 6. Bestimmung der Streifenreihenfolge

Um die Genauigkeit festzustellen, mit der die Spannungskoeffizienten durch die dreidimensionalen photoelastischen Versuche erhalten wurden, werden in Tabelle 3 die Werte von A_b und F_b denen gegenübergestellt, die theoretisch unter Verwendung von Gl. (1.25) errechnet wurden.

Tabelle 3. Vergleich der Werte der Spannungskoeffizienten um einen runden Schacht oder eine runde Strecke, auf experimentellem Wege und theoretisch ermittelt

Spannungskoeffizienten		Werte der Spannungskoeffizienten an Punkten mit dem Neigungswinkel						
		0°	15°	30°	45°	60°	75°	90°
A_b	theoretisch	—0,50	—0,37	0	0,50	1,00	1,37	1,50
	experimentell	—0,60	—0,39	0,09	0,51	1,03	1,53	1,80
F_b	theoretisch	1,00	0,97	0,87	0,71	0,50	0,26	0
	experimentell	1,00	0,95	0,82	0,62	0,28	0,08	0

Man erkennt aus Tabelle 3, daß es nicht ganz leicht ist, aus den Versuchen hinreichend genaue Werte für die Spannungskoeffizienten zu bekommen. Wahrscheinlich liegt der Fehler beim Herstellen des Modells oder in der Dicke der Scheiben begründet, durch die die Isochromaten beobachtet werden.

3. Diskussion

Wir wollen annehmen, daß der tonnlägige Rundschacht in einem Gebirge aufgefahren wurde, in denen $p_1 = p_2 = k\,p_3$ und p_3 senkrecht gerichtet ist, und die Mittelpunkte im seitlichen Stoß und im Hangenden mit A bzw. B bezeichnen. Die Veränderungen von σ_θ, σ_ζ und $\tau_{\theta\zeta}$ in den Punkten A und B sowie Größe und Richtung der Hauptspannungen im Punkt A bei dem Neigungswinkel Φ des tonnlägigen Schachts werden entsprechend Gl. (1.25) berechnet. Weiterhin wird angenommen, daß die POISSONsche Konstante des Gebirges = 4 ist.

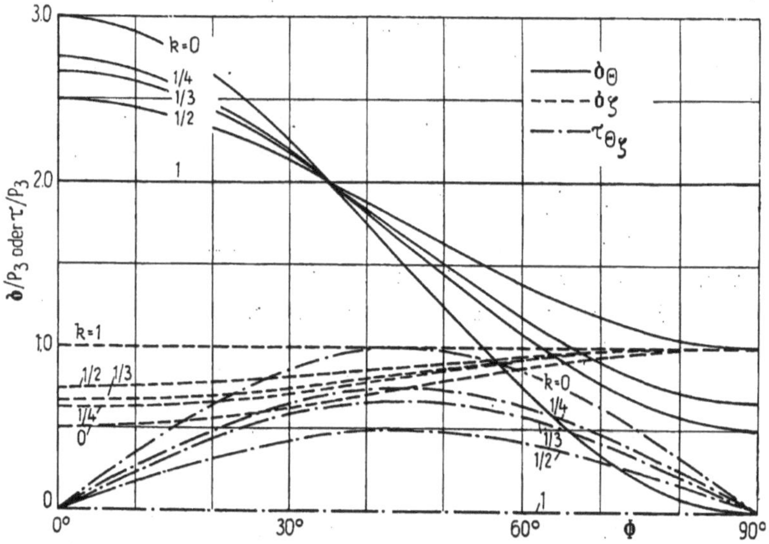

Bild 7a. Beziehungen zwischen den Spannungskomponenten σ_θ, σ_ζ und $\tau_{\theta\zeta}$ im Punkt A und dem Neigungswinkel Φ

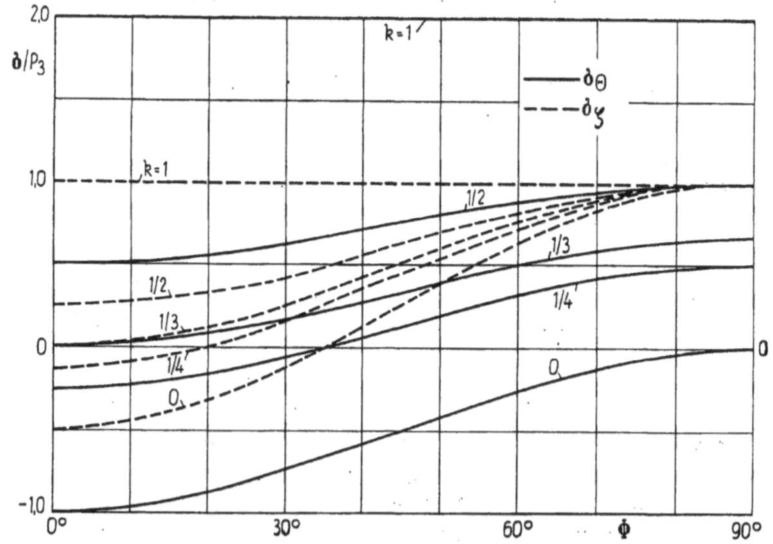

Bild 7b. Beziehungen zwischen den Spannungskomponenten σ_θ und σ_ζ im Punkt B (Hauptspannungen) und dem Neigungswinkel Φ

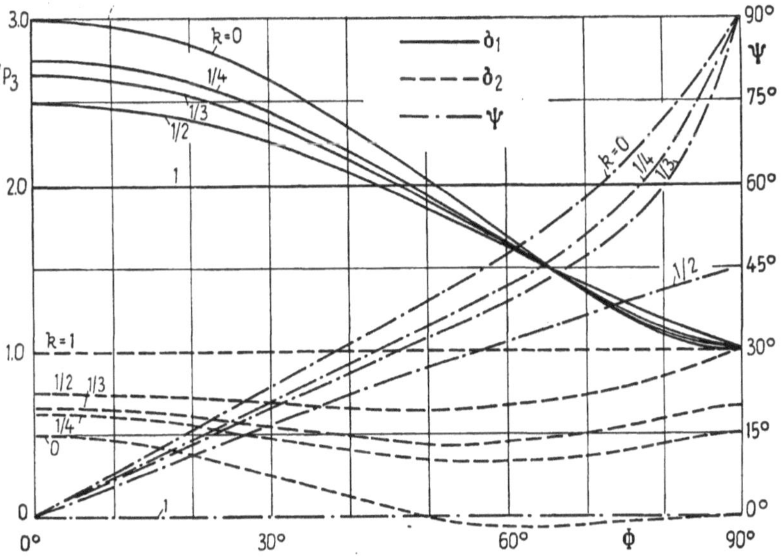

Bild 7c. Beziehungen zwischen Größe und Richtung der Hauptspannungen im Punkt A und dem Neigungswinkel Φ; ψ ist der Winkel zwischen der kleineren Hauptdruckspannung und der ζ-Achse

Die entsprechenden Verhältnisse sind in Bild 7a bis c dargestellt. Bei $\Phi = 0°$ wird der tonnlägige Schacht zur Strecke, bei $\Phi = 90°$ wird er zum Seigerschacht.

Aus Bild 7 ist zu erkennen, daß die größte Spannung im Stoß bei $\Phi = 0°$ auftritt, während der kleinste Wert bei $\Phi = 90°$ erreicht wird.

Weiterhin soll die Spannungskonzentration um einen Schacht oder eine Strecke für den Fall diskutiert werden, daß die Richtungen aller Hauptspannungen im ungestörten Gebirge von der Vertikalen oder Horizontalen abweichen. Angenommen, daß die Hauptspannungen im ungestörten Gebirge entsprechend Bild 8 verlaufen, wird sich eine Verteilung der Hauptspannungen im Stoß eines seigeren, eines tonnlägigen Schachts ($\Phi = 15°$) und einer Strecke entsprechend Bild 9 *a* bis *d* einstellen. In diesen Bildern sind Größe und Richtung der Hauptspannungen in bezug auf die Abwicklung der Stoßoberfläche dargestellt; die positive Richtung von Schacht- oder Streckenachse ist senkrecht gerichtet. In Bild 9 gilt *a* für Schächte oder Strecken mit rundem, *b* mit quadratischem, *c* mit liegendem rechteckigen und *d* mit stehendem rechteckigem Querschnitt.

Bild 9*a* basiert auf der theoretisch ermittelten Spannung, 9 *b*, *c* und *d* auf der durch Versuche ermittelten. Die Poissonsche Konstante des Gebirges wurde in allen vier Fällen mit 4 angenommen. Die Punkte P_0, P_1 ... P_{12} auf den Abszissen in Bild 9 *b* bis *d* entsprechen denen in Tabelle 2. In Bild 9 *a* dagegen wird die Lage der Punkte durch den Winkel θ bestimmt.

Aus Bild 9 ist zu erkennen, wie die Hauptspannungen im Stoß von der Richtung der Schacht oder Streckenachse (oder von der Richtung senkrecht zu ihr) mit der Ablenkung

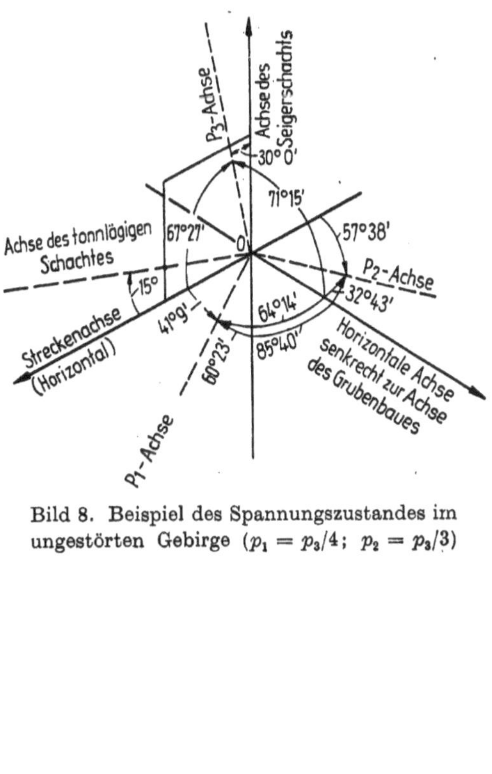

Bild 8. Beispiel des Spannungszustandes im ungestörten Gebirge ($p_1 = p_3/4$; $p_2 = p_3/3$)

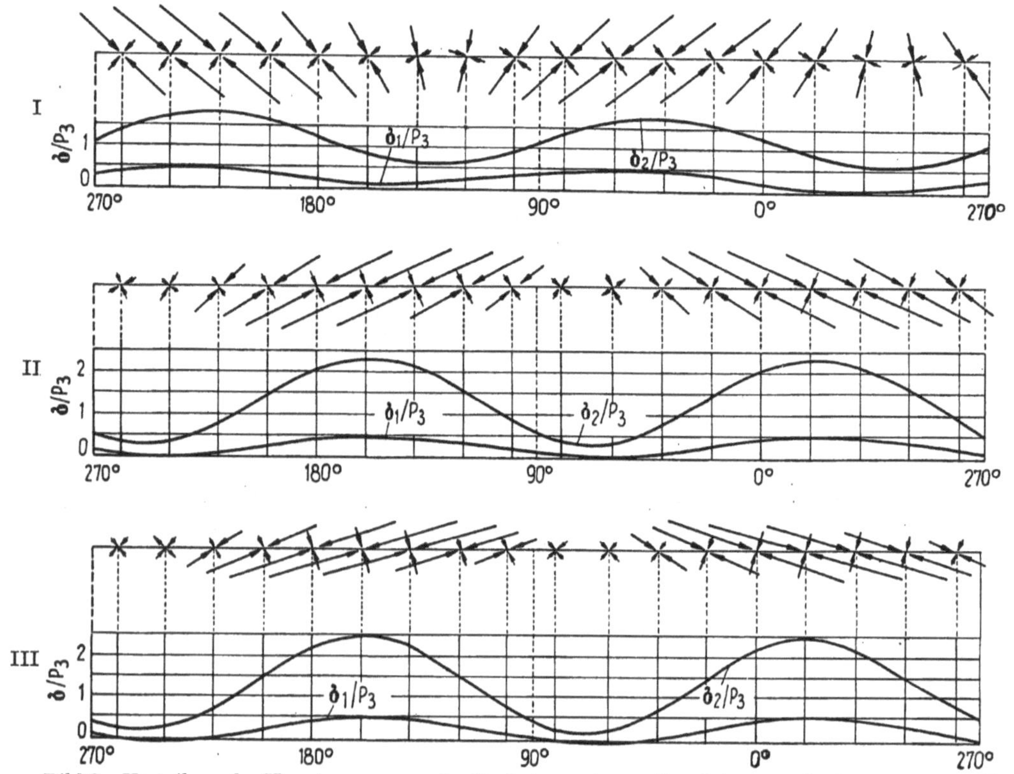

Bild 9a. Verteilung der Hauptspannungen im Stoß eines seigeren I und eines tonnlägigen Schachtes II und einer Strecke mit rundem Querschnitt III

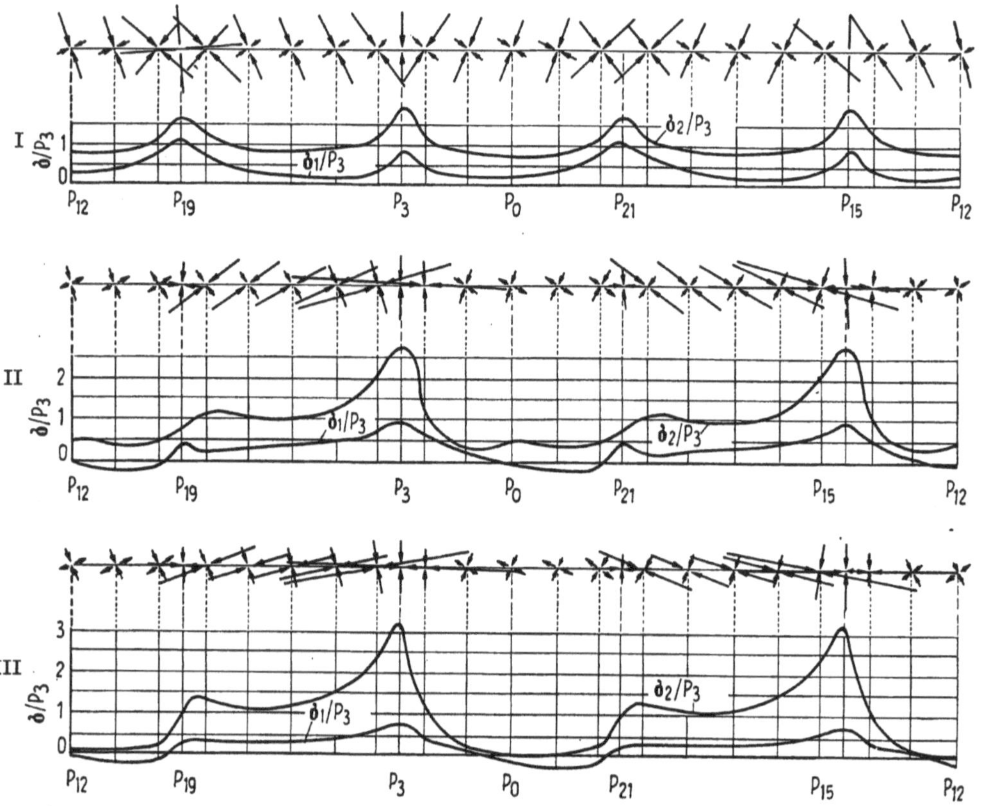

Bild 9b. Verteilung der Hauptspannungen im Stoß eines seigeren I und eines tonnlägigen Schachtes II und einer Strecke mit quadratischem Querschnitt III

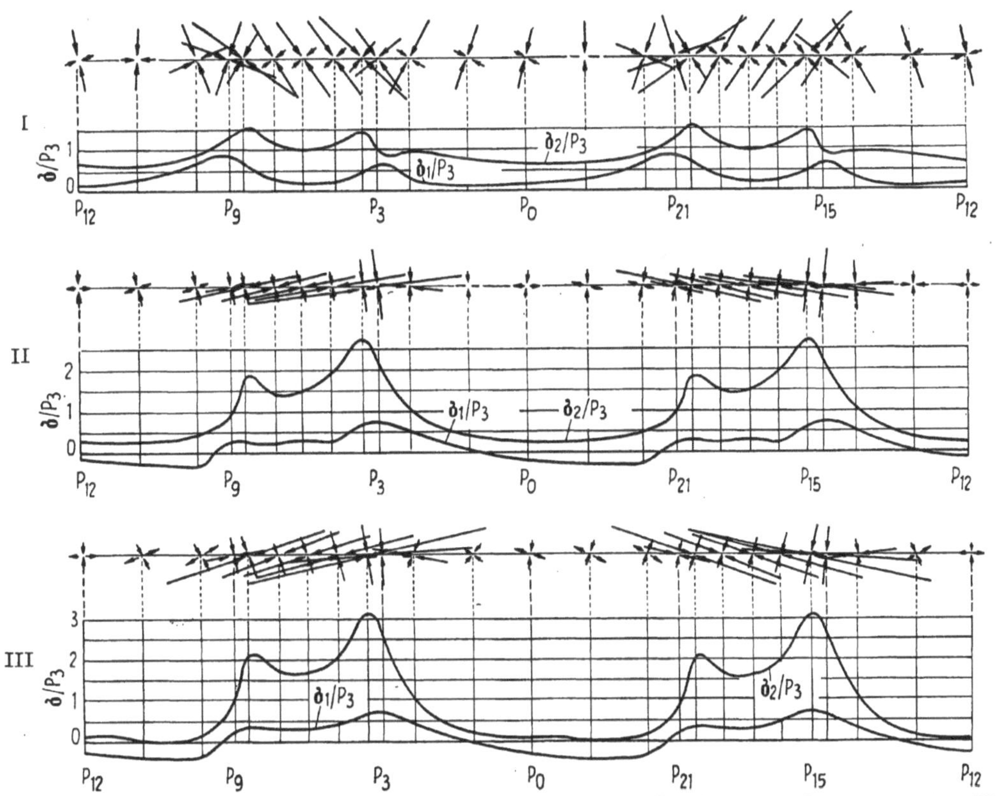

Bild 9c. Verteilung der Hauptspannungen im Stoß eines seigeren I und eines tonnlägigen Schachtes II und einer Strecke mit einem Querschnitt in Form eines liegenden Rechteckes III

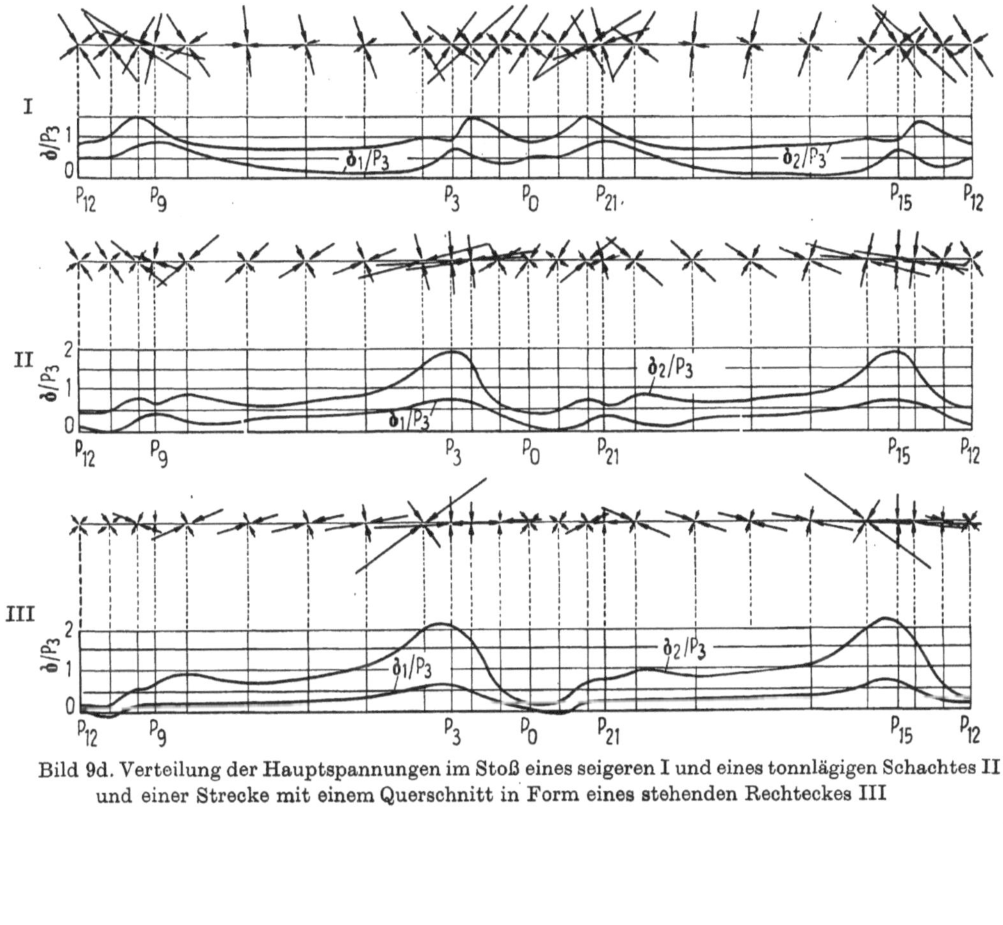

Bild 9d. Verteilung der Hauptspannungen im Stoß eines seigeren I und eines tonnlägigen Schachtes II und einer Strecke mit einem Querschnitt in Form eines stehenden Rechteckes III

der Schacht- oder Streckenachse von der Richtung einer der Hauptspannungen im ungestörten Gebirge abweichen.

Es scheint, daß entlang des Streckenumfangs die höchste Zugspannung (oder die geringste Druckspannung) nahe den Punkten auftreten wird, an denen sich die Fläche befindet, zu denen p_3 gehört (der größte Wert von p_1, p_2 und p_3), und an denen die Schacht- oder Streckenachse den Umfang schneidet, während die größte Druckspannung an den Punkten sich konzentrieren wird, an denen die senkrecht zu ihnen stehende Ebene die Umrißlinie schneidet. Diese Regel wird jedoch zweifelhaft, wenn p_1 oder p_2 sehr groß ist oder wenn im Querschnitt Ecken auftreten, da die Punkte maximaler Spannung das Bestreben haben, sich an solche Ecken zu verlagern.

Die höchste Druckspannung, die sich im Stoß zeigt, wird sehr wesentlich durch die Richtung des Maximums der Hauptspannungen im ungestörten Gebirge beeinflußt, so daß es schwierig ist, hierfür eine einfache Regel zu finden. Aber es kann kein grober Fehler sein zu sagen, daß in allen Fällen die größte Spannung etwa den gleichen Wert haben wird wie die größte Spannung in dem Fall, daß Schacht- und Streckenachse gleichgerichtet der Richtung von p_1 oder p_2 ist.

Zusammenfassung

Der Spannungszustand um einen untertägigen Grubenbau hängt wesentlich vom Spannungszustand des Gebirges ab, in dem der Grubenbau steht. Im vorliegenden Beitrag wird die Spannung um einen seigeren oder tonnlägigen Schacht oder um eine Strecke unter dem Gesichtspunkt behandelt, daß sich das Gebirge im dreidimensionalen Spannungszustand befindet.

Dazu wird eingangs die Spannung um einen runden Schacht oder eine runde Strecke genau analysiert. Danach wird die allgemeine Methode der experimentellen Bestimmung der Spannung um einen Schacht oder eine Strecke diskutiert, wobei besondere Aufmerksamkeit der Deutung von unbestimmten Spannungen geschenkt wurde.

Weiterhin wurde gezeigt, wie die Spannung um Schächte oder Strecken mit quadratischem oder rechteckigem Querschnitt und abgerundeten Ecken durch zwei- und dreidimensionale photoelastische Versuche bestimmt wird. Die Ergebnisse wurden auch bildlich dargestellt, und an Hand der Bilder wurde der Einfluß des Spannungszustandes im ungestörten Gebirge auf die Spannung um Schächte oder Strecken diskutiert.

Literatur

[1] YAMAGUCHI, N.: J. Inst. Civil Engr. Japan, 15 (1929) 291.
[2] SUZUKI, H.: J. Inst. Mining and Metallurgical Engr. Japan, 65 (1949) 118.
[3] SUGIHARA, T.: J. Inst. Mining and Metallurgical Engr. Japan, 47 (1931) 1176.
[4] HIRAMATSU, Y., OKA, Y., und KOSUMI, T.: J. Inst. Mining and Metallurgical Engr. Japan, 75 (1959) 1080).

Die Theorie der Modelle unter besonderem Hinweis auf Probleme der Geomechanik

von G. Oberti, Bergamo

1. Allgemeines

Die experimentelle Modelltechnik erscheint heute als das am besten geeignete Instrument zur Lösung der allgemeineren wie auch der verwickelteren statischen Probleme, vor die man sich im Ingenieurwesen bei den verschiedenen Hypothesen in bezug auf das Verhalten der Materialien gestellt sieht.

Tatsächlich stößt man trotz des erheblichen Fortschritts auf dem Gebiete der mathematischen Forschungsmittel immer mehr auf das Unvermögen des analytischen Handwerkszeugs, die verwickelten Erscheinungen zu beschreiben, die die Verteilung der Beanspruchungen in den Bauten bestimmen, und dies schon wegen der Notwendigkeit, bei der Hypothese eines plastischen und viskosen Verhaltens der Materialien die Untersuchungen auch auf Analysen der Erscheinungen der Anelastizität und des Zusammenbruchs zu erstrecken.

Dieser Vortrag, der sich vor allem auf das zivile Bauwesen bezieht, weist ganz besonders auf die mit der Geomechanik verbundenen Probleme hin, die sich ihrer Natur wegen einer theoretischen Schematisierung widersetzen, die sich auf den Bereich der Elastizitätshypothesen oder auch den der Hypothesen über das anelastische Verhalten beschränkt, je nachdem, welche Auslegungen am zuverlässigsten sind. Die Modelltechnik bietet, wie schon gesagt wurde, insbesondere im Falle von Problemen der Bodenmechanik mittels des Modells durch direkte Analogie des in dem Modell reproduzierten Falles mit dem in der Wirklichkeit angetroffenen Fall durch eine einfache Auslegung nach den Gesetzen der Ähnlichkeit die Möglichkeit, die auftretenden Beanspruchungen und Deformationen in jedem beliebigen Punkte und für alle beliebigen Belastungs- und Umrißverhältnisse hervortreten zu lassen.

Probleme der Geomechanik sind im übrigen vom I.S.M.E.S. seit seiner Gründung experimentell behandelt worden.

Die Ausführungen von Dämmen, Tunneln, Stollen, Gebäudefundamenten unter besonderen Verhältnissen usw. machen die Kenntnis der mechanischen Eigenschaften des Gesteins erforderlich, das, je nach dem Fall, den Schüben entgegenwirkt oder im Gegenteil direkt die Ursache für die Schübe selbst ist.

Es liegt nun auf der Hand, daß man die mechanischen Eigenschaften eines Gesteins nicht genügend kennenlernen kann nur durch Versuche an kleinen Proben, deren Abmessungen in jedem Falle begrenzt sind und daher nicht genügen, um ein Gesamtbild von der vorhandenen Lage zu ergeben. Von größerem Interesse sind daher Untersuchungen an Ort und Stelle, wo mittels Stollen und Druckkammern, die in dem Mittel selbst angelegt wurden, weite Gebiete des Gesteins der Belastung ausgesetzt werden, von dem mit Hilfe von Deformationsmessungen zuverlässigere Elemente bestimmt werden, die in Wechselbeziehung zu den mechanischen Eigenschaften stehen.

Andere Verfahren der Erforschung der Eigenschaften des Gesteins fußen auf der Messung der Schallgeschwindigkeit in dem Medium. Diese Prüfungen erbringen im übrigen auch Auskunft über eventuelle Diskontinuitäten infolge von Lücken, Brüchen oder Hohlräumen.

Das I.S.M.E.S. besitzt vollständige Vorrichtungen und verfügt über eine beträchtliche Erfahrung in der Durchführung der oben erwähnten Untersuchungen an Ort und Stelle. Einige dieser Vorrichtungen wurden von uns entwickelt und vervollkommnet.

In seiner eigentlichen Tätigkeit in bezug auf Prüfungen an Modellen und insbesondere an Modellen von Staudämmen ist das I. S.M.E.S. wahrscheinlich das erste Spezialinstitut gewesen, das die Notwendigkeit der Reproduktion (Nachbildung) der Bindungsverhältnisse, d. h. der Fundamentverhältnisse, bei den Modellen von Dämmen als dem grundlegenden Element für die Bestimmung ihres statischen Verhaltens unterstrichen hat. Es hat sich daher auch schon sehr bald die Aufgabe der Modellierung des Grundgesteins in ihren verschiedenen Möglichkeiten gestellt, und man hat dieses Problem auch in befriedigender Weise gelöst.

Viele andere Probleme der Geomechanik, wie z. B. statische Untersuchungen an Tunnelmodellen oder an Fundamentmodellen für Gebäude mit besonderen Eigenschaften, wurden ebenfalls bearbeitet und im allgemeinen mit Hilfe der Modelltechnik glänzend gelöst.

Es dürfte hier angebracht sein, auf die grundlegende Unterscheidung hinzuweisen, die man zweckmäßigerweise machen muß, wenn man von Modellen spricht: Auch bei den Modellen, die sich auf Probleme der Geomechanik beziehen, gibt es in der Tat Teilmodelle, bei denen beispielsweise das Studium der Spannungen auf das Gebiet der Elastizität beschränkt ist oder bei denen das Problem auf den zweidimensionalen Fall verringert wird. Wir werden aber Modelle haben können, die den tatsächlichen Fall streng getreu nachahmen, wohlverstanden: mittels geeigneter Kriterien der Ähnlichkeit, wobei auch die mechanischen Eigenschaften der Materialien beachtet werden (Spannungs-Verformungskurve, Poisson-Modul usw.).

Das Thema des jetzigen Kongresses führt uns zur Untersuchung der Modelle der letzteren Art, d. h. der Modelle, die wir als „Totalmodelle“ bezeichnen können im Gegensatz zu denen des ersteren Typs, d. h. der „Teilmodelle“, wie zum Beispiel den photoelastischen zweidimensionalen Modellen, welche jedoch schon in vielen Fällen Hinweise von beträchtlichem Interesse erbringen.

Es ist nun zweckmäßig, der Lösung von Problemen auf dem Gebiete der Geotechnik die Beschreibung einiger der bemerkenswertesten Anwendungsbeispiele der Modellistik vorauszuschicken mit einigen Hinweisen auf die Theorie von der Ähnlichkeit, die es gestattet, die am Modell gewonnenen Ergebnisse auszuwerten und sie auf den tatsächlichen Bau zu übertragen.

2. Grundlagen der Ähnlichkeitstheorie

Die Theorie der Modelle fußt bekanntlich auf dem Prinzip der Ähnlichkeit, wobei zwei Systeme als physikalisch ähnlich angesehen werden, wenn das Verhältnis zwischen den Größen gleicher physikalischer Art, die gemessen wurden, und zwar an einander entsprechenden Stellen, einen konstanten Wert hat. Man sagt, daß die Ähnlichkeit vollkommen ist, wenn dies für alle physikalischen Größen zutrifft, und zwar konstante oder veränderliche, von denen das Problem abhängt, das Gegenstand der Untersuchung ist.

Wenn die beiden Systeme unabhängig voneinander mittels adimensionaler Verhältnisse zwischen den genannten physikalischen Größen bestimmt werden, so müssen alle genannten dimensionslosen Verhältnisse am Modell den gleichen Zahlenwert haben, den sie beim Prototyp haben.

Wenn man (für den zu untersuchenden besonderen Fall) die physikalischen Größen, die auf die Erscheinung Einfluß haben können und wofür man eine erschöpfende mathematische Theorie besitzt, einzeln nimmt, so liefert uns die Theorie von der Ähnlichkeit die Verhältnisse zwischen den am Modell gemessenen Größen und den wirklichen Größen.

Bei den Strukturmodellen genügen zur Bestimmung der Erscheinung (Phänomen) drei unabhängige grundlegende Größen, die unter den wirkenden physikalischen Größen ausgewählt werden.

Als solche wählt man die klassischen Größen: Länge, Masse, Zeit (L, M, T).

Wenn nur das statische Verhalten der Struktur untersucht wird, so verringern sich diese Größen praktisch auf zwei, da man annimmt, daß die Größe „Zeit" keinen Einfluß auf den Verlauf der Erscheinung hat. Wenn, wie im Falle von statischen Modellen, die Erscheinung durch den Spannungszustand zum Ausdruck kommt, der in dem Bau durch bekannte Belastungen, die auf diesen zur Einwirkung gebracht werden, erzeugt wird, so kann man die physikalischen Größen, von denen die genannte Erscheinung abhängt, sowie ihre Dimensionen wie folgt zusammenstellen:

1. Einheitsbeanspruchungen σ	ML^{-1}	T^{-2}	PL^{-2}
2. lineare Abmessungen l	L		L
3. Elastizitätsmodul E	ML^{-1}	T^{-2}	PL^{-2}
4. Gesamtbelastung P	ML	T^{-2}	P
5. Spezifisches Gewicht γ	ML^{-2}	T^{-2}	PL^{-2}
6. Plastizitätsgrenze s	ML^{-1}	T^{-2}	PL^{-2}
7. Bruchbelastung r	ML^{-1}	T^{-2}	PL^{-2}
8. Poisson-Verhältnis m	—		—

Von den aufgezählten Größen kann man einige dimensionslose Verhältnisse $\mu_1, \mu_2 \ldots$ betrachten: beispielsweise beim Eisenbeton den Elastizitätsmodul des Betons und den des Eisens, das zu seiner Bewehrung benutzt wird und ganz allgemein das Verhältnis zwischen der als grundlegend gewählten Belastung und den anderen vorher festgelegten Belastungen.

Das Gesetz, nach welchem alle erwähnten Größen an dem Zustandekommen der Erscheinung beteiligt sind, kann man mathematisch durch Gleichungen des folgenden Typs ausdrücken:

$$f(\sigma, l, E, P, s, r, \gamma, m, \mu_1, \mu_2 \ldots) = 0 \tag{1}$$

wobei f Funktionen sind, die an die Bedingung gebunden sind, daß alle ihre Glieder die gleichen physikalischen Dimensionen haben, damit die Gleichungen für jede der gewählten Maßeinheiten gelten.

In Gleichung (1) haben nur die ersten sieben Größen Abmessungen, die von 0 abweichen, und die vorhergehende Tabelle zeigt, daß diese von nur zwei Grundgrößen P und l abhängig gemacht werden können.

Bei den anderen fünf können sich die folgenden adimensionalen Verhältnisse ergeben:

$$\frac{\sigma}{PL^{-2}}; \quad \frac{E}{PL^{-2}}; \quad \frac{s}{PL^{-2}}; \quad \frac{r}{PL^{-2}}; \quad \frac{\gamma}{PL^{-3}}. \tag{2}$$

Wenn man daher von den effektiven Werten aller Größen absieht, die an der Bestimmung der Erscheinung beteiligt sind (insbesondere also auch von denen für P und l), wie es gewöhnlich der Fall ist, wenn man ein Gesetz zum Ausdruck bringen will, das für alle Bauten (Gefüge, Strukturen) gültig ist, wenn vollkommene Ähnlichkeit besteht, so kann man an Stelle von Gleichung (1) Gleichung (3) gemäß der Riabucinski-Buckingam-Beziehung einsetzen, die im Vergleich zur ersteren zwei veränderliche Größen weniger enthält:

$$F\left(\frac{\sigma}{PL^{-2}}, \frac{E}{PL^{-2}}, \frac{s}{PL^{-2}}, \frac{r}{PL^{-2}}, \frac{\gamma}{PL^{-3}} m, \mu_1, \mu_2 \ldots\right) = 0\,. \tag{3}$$

Unter Hinweis auf das, was schon zu Anfang gesagt wurde, können wir auch behaupten, daß es zur Erzielung vollständiger Ähnlichkeit erforderlich ist, daß alle dimensionslosen Parameter in der Relation (3) am Modell und am Prototyp den gleichen Wert annehmen. Bei Auflösung von Gleichung (3) in bezug auf die erste Beziehung erhält man:

$$\frac{\sigma}{PL^{-2}} = \varphi\left(\frac{E}{PL^{-2}}, \frac{s}{PL^{-2}}, \frac{r}{PL^{-2}}, \frac{\gamma}{PL^{-3}}, m, \mu_1, \mu_2 \ldots\right) \tag{4}$$

und da infolge der Ähnlichkeit die Funktion φ sowohl beim Prototyp als auch beim Modell den gleichen Wert annehmen wird, so erhält man:

$$\frac{\sigma}{PL^{-2}} : \frac{\sigma'}{P'L'^{-2}} = \frac{\varphi}{\varphi'} = 1 . \tag{5}$$

Wenn man nun an dieser Stelle die Maßstabverhältnisse einführt:

$$\lambda = \frac{L}{L'} K = \frac{P}{P'} \varrho = \frac{\gamma}{\gamma'}, \tag{6}$$

so gestattet es Gleichung (5), von den am Modell gemessenen Beanspruchungen auf diejenigen des Prototyps zu kommen über Gleichung (7)

$$\frac{\sigma}{\sigma'} = \frac{K}{\lambda^2} = \zeta . \tag{7}$$

Dem Ausdruck ζ, der oben definiert wurde, gibt man den Namen *Wirkungsverhältnis.* Wenn der Experimentator vollkommene Ähnlichkeit erreichen will, so muß er so verfahren, daß beim Übergang vom Prototyp auf das Modell nicht nur m und die verschiedenen Ausdrücke für μ unverändert bleiben, sondern es müssen auch die folgenden Gleichheiten nachgeprüft werden:

$$\frac{E}{PL^{-2}} = \frac{E'}{P'L'^{-2}}; \quad \frac{s}{PL^{-2}} = \frac{s'}{P'L'^{-2}}; \quad \frac{r}{PL^{-2}} = \frac{r'}{P'L'^{-2}}; \quad \frac{\gamma}{PL^{-3}} = \frac{\gamma'}{P'L'^{-3}}; \tag{8}$$

Daraus ergibt sich unter Berücksichtigung von (7):

$$\frac{E}{E'} = \frac{s}{s'} = \frac{r}{r'} = \zeta . \tag{9}$$

Beim Übergang vom Prototyp auf das Modell müssen sich daher im gleichen konstanten Verhältnis verringern: der Elastizitätsmodul, die Plastizitätsgrenze und die Bruchbelastung. Allgemeiner ausgedrückt müssen dann, wenn wir es mit verschiedenen elastischen Materialien zu tun haben, welche die Elastizitätsmodule E, E_1, $E_2 \ldots$, die Plastizitätsgrenzen s, s_1, $s_2 \ldots$ und die Bruchbelastungen r, r_1 und $r_2 \ldots$ haben, nach den obigen Ausführungen auch die dimensionslosen Beziehungen

$$\mu_1 = \frac{E_1}{E}; \quad \mu_2 = \frac{E_2}{E} \ldots ; \quad \bar{\mu}_1 = \frac{s_1}{s}; \quad \bar{\mu}_2 = \frac{s_2}{s}, \tag{9a}$$

beim Übergang vom Prototyp auf das Modell beibehalten werden.

Daher muß also beispielsweise sein:

$$\frac{E_1'}{E'} = \frac{E_1}{E} \tag{9b}$$

oder auch:

$$\frac{E}{E'} = \frac{E_1}{E_1'} = \frac{s}{s'} = \frac{s_1}{s_1'} = \frac{r}{r'} = \frac{r_1}{r_1'} = \zeta . \tag{9'}$$

Wenn das Material nur ein einziges ist, sein Modul E aber, statt konstant zu sein, mit der Beanspruchung schwankt nach einem bestimmten Diagramm, wie zum Beispiel im Falle der nicht linearen Elastizität, so ist es erforderlich, daß das Diagramm des Modellmaterials dem in einem verwandten Verhältnis (angenäherten Verhältnis) entspricht.

Wenn man unter Berücksichtigung von (8) von jedem der drei ersten bzw. vom vierten Glied die zwei Relationen

$$\zeta = \frac{K}{\lambda^2}; \quad \varrho = \frac{K}{\lambda^3} \tag{9c}$$

ableitet, die in bezug auf λ und K aufgelöst werden, so ergeben die anderen beiden

$$\lambda = \frac{\zeta}{\varrho}; \quad K = \frac{\zeta^3}{\varrho^2}. \tag{9d}$$

Wenn man schließlich mit einem Modell arbeitet, das aus Materialien besteht, das physikalisch-elastischen Charakteristika nach

$$\frac{E}{E'} = \frac{s}{s'} = \frac{r}{r'} = \zeta, \quad \frac{\gamma}{\gamma'} = \varrho \tag{9e}$$

aufweist, so ergeben sich die Werte für λ und K zwangsläufig aus (9d), wobei der erste Ausdruck oft zu kleinen Werten für λ oder zu Modellen im großen Maßstab führt.

Wenn es einem gelingt, alle diese Bedingungen zu erfüllen, so kann man annehmen, daß Ähnlichkeit besteht nicht nur innerhalb der Elastizitätsgrenzen, sondern auch bis zum Bruch, wenn nur $\varepsilon = \varepsilon'$.

Beim I.S.M.E.S. wendet man die Ähnlichkeitskriterien in der Mehrzahl der Fälle jedesmal dann an, wenn das Problem so beschaffen zu sein scheint, daß es erforderlich ist, die Bedingungen der Ähnlichkeit auch in der unelastischen Phase und in der Phase des schließlichen Zusammenbruchs streng zu beachten.

Die Ausführung von Modellen für Probleme der Geomechanik, wie zum Beispiel die Nachbildung des Gebirges in jeder beliebigen Schichtung mit verschiedenen Elastizitätsmoduln, mit verschiedener Kohäsion und mit verschiedenen Reibungswinkeln hat natürlich viele Jahre mühsamer Forschungsarbeit erforderlich gemacht. Heute kann man sagen, daß wir dank der gesammelten Erfahrungen in der Lage sind, im Rahmen einer weitgehend befriedigenden Annäherung die Verhältnisse jeder beliebigen Gesteins- oder Geländesituation nachzubilden.

Man kann sagen, daß gewöhnlich die größte Unsicherheit bei der Ausführung von geomechanischen Modellen auf der begrenzten Kenntnis der Natur des Gebirges und des Gesteins, seiner Schichtung, seiner mechanischen Eigenschaften beruht, die in der Regel an Hand von Einzelproben oder bei Untersuchungen an Ort und Stelle, in Gebieten von beschränkter Ausdehnung beurteilt werden können, und die man schwerlich als Durchschnittswerte für ein ausgedehnteres Gebiet annehmen kann. Diese Unsicherheit geht gewöhnlich über die praktische Grenze der Annäherung hinaus, die als zuverlässig bei der Ausführung eines Modells gilt.

Anwendung und Auswertung von Untersuchungen an geomechanischen Modellen

von L. Goffi, Bergamo und Turin

Die Versuche an Modellen von Staudämmen, welches eines der Hauptbetätigungsgebiete der I.S.M.E.S. ist, sind, wie schon gesagt wurde, stets mit besonderer Sorgfalt durchgeführt worden, und zwar in dem Sinne, daß auch die Charakteristika des Grundgesteins im zweckmäßigen Ähnlichkeitsmaßstab nachgebildet wurden, und zwar aus der Erkenntnis heraus, daß das Grundgestein eine grundlegende Rolle in bezug auf das statische Gesamtverhalten des Gefüges spielt.

Recht häufig ist dieses Gestein nicht homogen, und diese Inhomogenität muß im Modell natürlich nachgebildet werden.

Auf dem Gebiete der Dammgründungen ist ein von uns untersuchter Fall, der des „Vaiont"-Dammes, welcher von der S.A.D.E. in Oberitalien ausgeführt wurde, von besonderem Interesse.

Das Problem der Errichtung dieses Bauwerkes war besonders schwierig, da es sich um eine Bogenstaumauer von beträchtlicher Höhe handelte (263,5 m — die höchste in Europa), die sich auf Fundamentwiderlager mit engem V-Profil mit von Zone zu Zone ziemlich veränderlichen mechanischen Charakteristiken stützt. Bild 1 zeigt eine schematische Darstellung der Gründung mit den verschiedenen Verhältnissen zwischen den Elastizitätsmoduln des Betons und des Gesteins in den verschiedenen Zonen.

Um die Uneinheitlichkeit des Untergrunds genauestens nachzubilden, hielt man es für zweckmäßig, ein Modell von großen Abmessungen im Maßstab 1:35 herzustellen. Dadurch wurde das „Vaiont"-Modell eines der größten, das bis heute beim I.S.M.E.S. ausgeführt wurde.

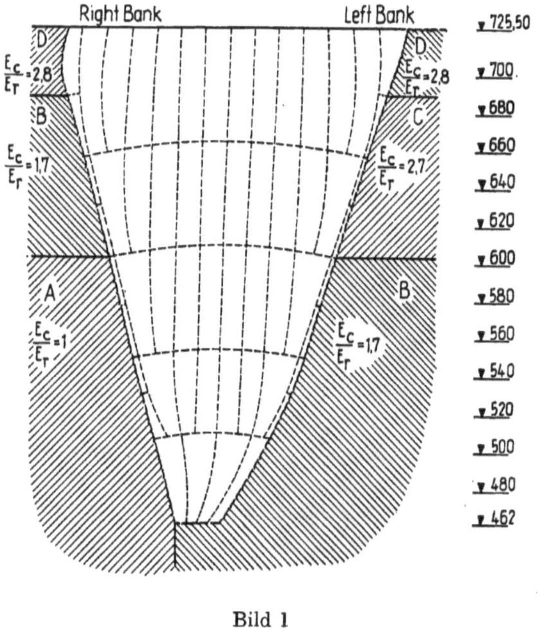

Bild 1

Das Modell (Damm und Grundgestein) wurde, wie üblich, aus Bimssteinbeton mit einem Elastizitätsmodul für den Damm von etwa 30000 kp/cm² hergestellt und für das Gestein mit einem Modul von veränderlichem Wert, bezogen auf den Modul des Dammes, wie dies in Bild 1 angegeben ist.

Wir möchten bemerken, daß man im allgemeinen für die Modelle erheblich kleinere Elastizitätsmodule anwendet als die des Prototyps. Dies hat den Zweck, den Belastungsbereich zu verringern, der bei den Prüfungen auf das Modell bei gleichen Deformationswerten in Anwendung gebracht werden muß. Dadurch wird die Aufstellung der Belastungsgeräte weniger schwierig

Nachdem die Untersuchungen im elastischen Bereich durchgeführt worden waren, wurde das Modell allmählich zum Bruch gebracht; Bild 2 zeigt die Risse auf der Talverkleidung.

Es verdient Beachtung, wie sich die Spalten auf der Talverkleidung in dem Grundgestein fortsetzen. Dies beweist die Behauptung, daß der Damm ein Ganzes mit dem Kämpfergestein bildet, dessen mechanische Eigenschaften daher das Gesamtverhalten des Ganzen beeinflussen.

Ein geomechanisches Modell von erheblicher Bedeutung ist dasjenige, das ausgeführt wurde, um die Verteilung und die Größe der Einwirkungen des Gesteins auf die Verkleidung des Tunnels beim Durchbruch der Cisa-Autostraße zu beurteilen.

Dieser Durchbruch, der zur Zeit in Italien in der Ausführung begriffen ist, ist die Durchführung durch die Appenninen — einer wichtigen Verkehrsader, welche die Städte Parma und La Spezia miteinander verbindet.

Bild 2

Der Tunnelabschnitt, der hier in Frage kommt, ist in der Tat von ungewöhnlichen Ausmaßen (Bild 3). Es handelt sich um einen Tunnel mit zwei Fahrbahnen für die beiden Verkehrsrichtungen von sehr großen Abmessungen, nämlich 13 × 16 m (Basis × Höhe).

Der Tunnel durchquert Gesteinszonen verschiedener Konsistenz. Entsprechend der sehr großen Tiefe (ca. 260 m Deckgestein) stößt man auf einen Kalkmergelflysch von mäßiger Konsistenz und mit einem E-Modul von 110000 kp/cm² sowie einer vermutlichen Elastizitätsgrenze von 40 kp/cm².

In einer anderen Zone mit einer maximalen Gesteinsüberlagerung von 160 m trifft man einen Sandmergelflysch an, der als das Extrem der geologischen Gesteinsverhältnisse vom mechanischen Gesichtspunkt aus betrachtet werden kann. Man sieht sich hier in der Tat vor praktisch unzusammenhängendes zerbröckeltes Gestein gestellt, dem man eigentlich unmöglich mechanische Eigenschaften wie Zug- und Druckfestigkeit, Elastizitätsmodul, Elastizitätsgrenze zusprechen kann, höchstens einen Winkel der inneren Reibung und einen sehr begrenzten Kohäsionswert.

Bei den Modellen zur Nachbildung der beiden untersuchten Grenzverhältnisse kam man in Anbetracht der Veränderlichkeit und der Unbestimmtheit der wirklichen Belastungsverhältnisse überein, das statische Verhalten der Verkleidung für ganz allge-

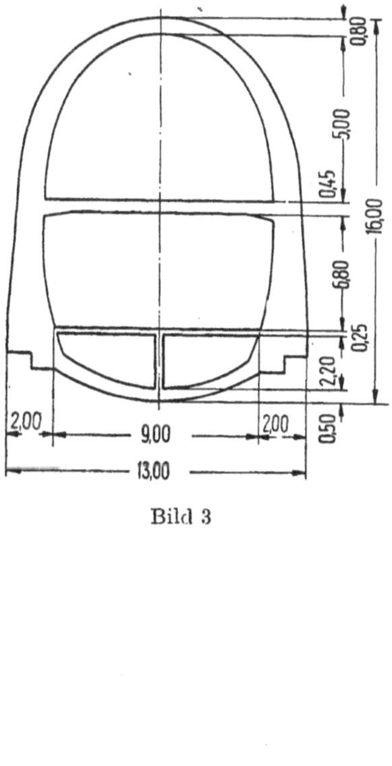

Bild 3

Bild 4

meine Verhältnisse zu untersuchen, das heißt für einen gleichmäßig in der Gesteinsmasse ausgebildeten Spannungsverlauf, der örtlich durch den Durchstich gestört wird.

Für den Fall des Gesteins mit innerer Kohäsion hat man eine Tunnelstrecke mit einer Länge von 0,75 m modelliert, was einer Länge von 15 m in der Wirklichkeit entspricht. Das Modell, das die Einzelheiten des Tunnels mit den zwei Ebenen (Fahrbahnen) und das Stützgerippe der unteren Ebene nachbildete, verfügte, wie dies auch für den wirklichen Fall vorgesehen war, über ein weitläufiges Gerüst in Form eines Metallnetzes (Drahtnetz).

Das Modell wurde dann mit Materialien verkleidet, welche das umliegende Gestein nachbildeten (Bild 4), und es wurde dann unter der 2000-Tonnenpresse im elastischen Bereich durch Anwendung gleichmäßiger Belastungen in vertikaler Richtung sowie in horizontaler und schräger Richtung (mit einer Neigung von 45° zur Achse) geprüft (siehe Bild. 5) Bei diesem letzteren Fall wurde das Modell bis zum Bruch gebracht.

Die Prüfung des Modells der Verkleidung auf mergeligem Boden erstreckte sich dagegen auf andere Modalitäten, die dem nachgebildeten Medium (Milieu) und den ihm innewohnenden Eigenschaften eigen sind.

Vor allem stellte man einen Behälter her, der das Modellgelände enthielt. Dieser Behälter wurde aus armiertem Beton hergestellt, um die hohen Scheiteldrücke auszuhalten, die im Verlaufe der Prüfungen auf das plastische Gelände (Terrain, Boden) ausgeübt wurden.

In vollkommener Analogie mit dem Fall des konsistenten Bodens wurde dann das Modell der Tunnelstrecke ausgeführt. Das genannte Modell wurde quer in den Behälter gebracht (siehe Bild 6), mit zwei offenen Fenstern in den Wänden desselben.

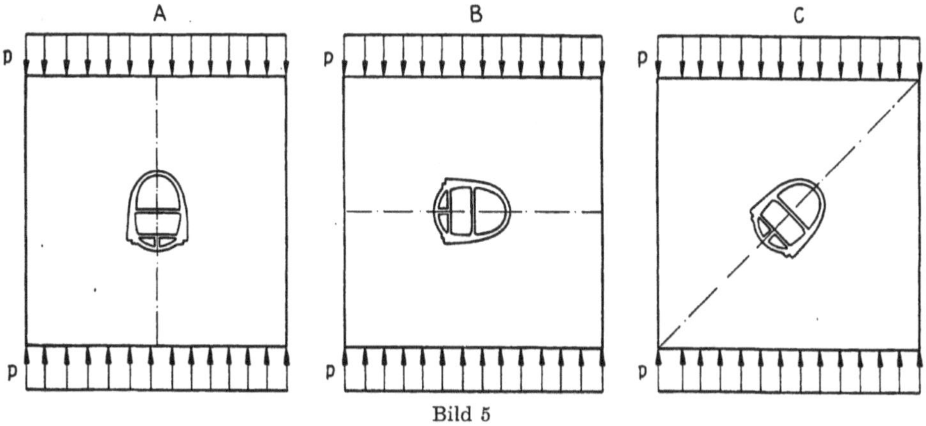

Bild 5

Es wurden Gummidichtungen in zweckmäßiger Weise angebracht, um das modellierte plastische Gelände zwischen dem Behälter und der Tunnelstrecke zu halten.

Der Behälter wurde vollkommen mit einer geeigneten Mischung aus Sand, Bentonit und anderen Beimengungen gefüllt, die mechanische Eigenschaften aufwiesen, die denen des zu modellierenden mergeligen Bodens sehr nahe kommen, wenn sie auch ungünstiger als diese waren.

Die beiden oberen und unteren Enden des Behälters wurden dann durch zwei starke Platten aus bewehrtem Beton verschlossen.

Das Ganze wurde dann unter die 2000-Tonnenpresse gebracht, die der Wirkung von acht Winden entgegenwirkte, die auf die erwähnten oberen und unteren Platten einwirkten und in der Art eines Kolbens ihren Druck auf den Boden ausübten.

Die Prüfung, die zunächst im elastischen Bereich durchgeführt wurde, wurde allmählich bis zum Zusammenbruch des Gefüges des Tunnelmodells fortgeführt.

Es ergab sich eine reiche Ernte an Ergebnissen von Biegungs- und Dehnungsmessungen bei beiden Gefügen in allen Versuchsphasen. Es ergaben sich interessante Elemente für die Beurteilung des Verhaltens der Gefüge und Anregungen, deren statische Leistung zu verbessern.

Es dürfte von Interesse sein, zu diesem Zwecke die Verfahrensweisen zu beschreiben, die zur Beurteilung und Bestimmung der Gesamtheit der voraussichtlichen Drücke auf die Tunnelverkleidung unter praktischen Verhältnissen im Falle des kompakten Gesteins angewendet wurden, und zwar auf der Grundlage der Elemente, zu denen man im Verlaufe der elastischen Phase der Prüfung kam. In bezug auf diese Phase wurden die Belastungsverhältnisse A und B (Bild 5) überlagert. Dies bedeutet: Untersuchung des Falles eines gleichmäßigen normalen Druckes an den Rändern des Modellgesteins, das um die Verkleidung gelagert ist.

Bild 7 zeigt die auf die Verkleidung wirkenden Beanspruchungen (bereits umgerechnet auf den tatsächlichen Fall) für einen üblichen gleichmäßigen Wert dieses Druckes von 10 kp/cm², ein Druck, der, wie die beim Modellgestein in An-

Bild 6

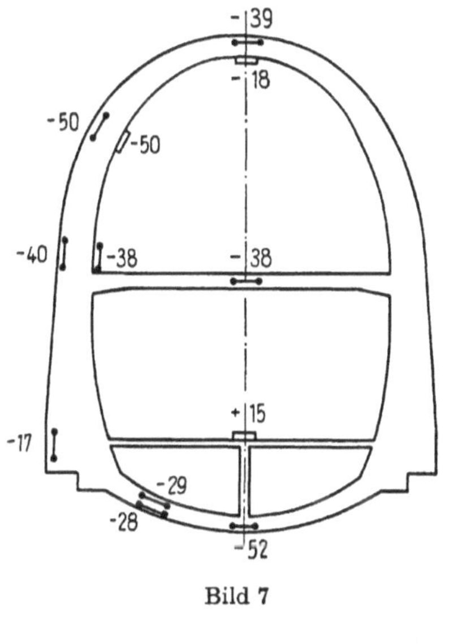

Bild 7

wendung gebrachten Dehnungsmesser zeigen, mit diesem vollen Wert vom Gestein auf die Verkleidung übertragen wird.

Wenn man nun für den wirklichen Fall annimmt, daß man sich in einer gewissen Tiefe im Herzen des Berges befindet, so wird man bekanntlich vor der Situation eines hydrostatischen Druckes stehen (in der Phase, die der Ausführung des Loches vorausgeht), ausgedrückt durch $p = -\gamma h$, wobei γ das spezifische Gewicht des Gesteins ist und h die Tiefe des betreffenden Punktes von der freien Oberfläche aus. Die zur Erörterung stehende Situation kann daher im Modell als befriedigend nachgebildet angesehen werden in bezug auf Anordnung und Verteilung der Belastungen (abgesehen von der Stärke derselben) durch die Überlagerung der Belastungsverhältnisse A und B (Bild 5).

Um nun den absoluten Wert des Druckes zu bestimmen, muß man die tatsächlichen Verhältnisse des in das Gestein des Berges eingebetteten Tunnels berücksichtigen, wo sich als Maximaldruck ergibt (für $\gamma = 2200$ kp/m³ und $h_{\max} = 260$ m in bezug auf unseren Fall):

$$p = -2200 \cdot 260 = -572000 \text{ kp/m}^2$$

das heißt: $p = 57{,}2$ kp/cm².

Wenn man also annehmen kann, daß bei einer gewissen Entfernung vom Loch die Drücke von der Störung, die durch das Loch selbst verursacht wird, nicht mehr beeinflußt werden, sondern wieder den hydrostatischen Wert annehmen, und wenn man die Elastizitätshypothese anerkennt, so ergibt sich daraus, daß man die auf die Verkleidung ausgeübte Beanspruchung für den Fall der tatsächlichen Belastung aus den Werten des Bildes 7 erhalten kann, indem man diese mit dem Verhältnis 57,2/10 = 5,72 multipliziert.

Die Gesamtheit der auf diese Weise berechneten Beanspruchungen würde sehr hoch sein und so, daß sie unannehmbar wäre, da man bei Beanspruchungen von dieser Größe die Elastizitätshypothese nicht mehr aufrechterhalten kann.

Bei der Beurteilung der Versuchsbögen ist es daher notwendig gewesen, eine kurze theoretische Formulierung des elastisch-plastischen Gleichgewichts im Inneren des Gesteins vorausgehen zu lassen, und es dürfte von Interesse sein, über diese in ihren Grundzügen zu berichten.

Es ist bekannt, daß, wenn wir in das Gestein, welches gewöhnlich einem Zustand hydrostatischer Spannungen p_0 unterworfen ist, einen Tunnel treiben (von dem wir der Einfachheit halber annehmen, daß er kreisförmig mit einem Radius r ist), so werden wir nach der Elastizitätstheorie eine Veränderung der Werte für die Spannungen erhalten, die zu folgenden Ausdrücken führen:

$$\sigma_r = p_0\left(1 - \frac{r^2}{x^2}\right), \qquad \sigma_t = p_0\left(1 + \frac{r^2}{x^2}\right). \tag{1}$$

Hierbei sind σ_r und σ_t die radialen und tangentialen Beanspruchungen in bezug auf die Tunnelachse und x die Entfernung des untersuchten Punktes bis zur Mitte des Tunnels.

Nach dem Kriterium von Tresca werden wir nun behaupten, daß Plastizitätserscheinungen auftreten werden, wenn der Unterschied im absoluten Wert $\sigma_t - \sigma_r$ einen gewissen Wert (K) erreicht, der die Elastizitätsgrenze des untersuchten Gesteins darstellt.

Das Kriterium von Tresca behauptet, daß die Differenz $\sigma_t - \sigma_r$, wenn die vorerwähnte Grenze (K) einmal erreicht ist, diese nicht mehr überschreiten kann, sondern bei diesem Wert konstant bleibt.

Daher ergibt die Gleichgewichtsgleichung in radialer Richtung:

$$\sigma_t - \sigma_r \cdot d\,x = x \cdot d\,\sigma_r\,;$$

für den plastischen Bereich kann man schreiben:

$$K \cdot d\,x = x \cdot d\,\sigma_r\,,$$

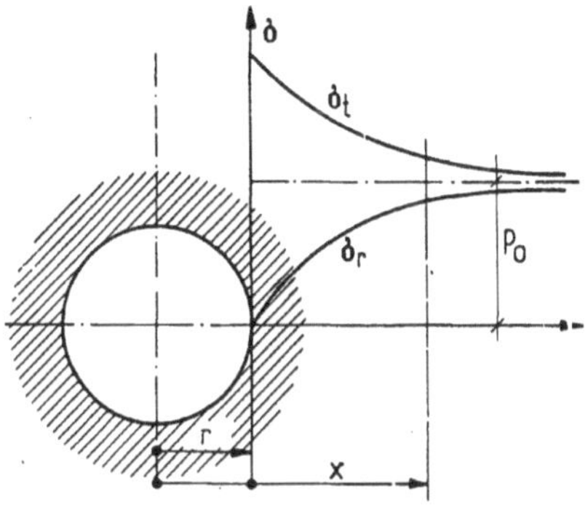

Bild 8

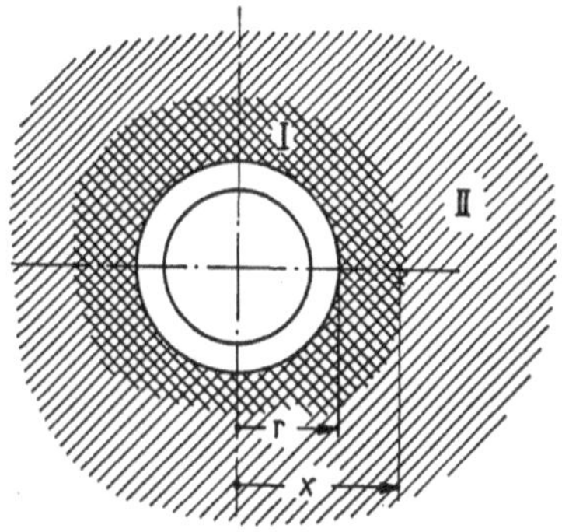

Bild 9

woraus man durch Integration die Ausdrücke σ_r und σ_t in folgender Form erhält:

$$\sigma_r = K \log x + C_1$$

$$\sigma_t = K (\log x + 1) + C_1 \,.$$

Dieses wird der Fall sein, wenn $\sigma_t - \sigma_r \geq K$; für $\sigma_t - \sigma_r < K$ werden dagegen die entsprechenden Gleichungen bei einer Gestaltung der Elastizität gemäß Bild 8 gelten mit Beanspruchungen σ_r gleich null am Rande des Loches.[1])

Wir werden daher eine plastische Zone und eine elastische Zone mit einer zylinderförmigen Trennfläche mit dem Radius x_0 haben (Bild 9), dessen Wert

$$\sigma_t - \sigma_r = K = p_0\left(1 + \frac{r^2}{x^2} - 1 + \frac{r^2}{x^2}\right) = 2\, p_0 \frac{r^2}{x^2} \tag{1}$$

ist und der bestimmt wird aus:

$$x_0 = r \cdot \sqrt{\frac{2\, p_0}{K}} \,. \tag{2}$$

Der Zustand der Kontinuität an der Grenze zwischen der plastischen Zone und der elastischen Zone wird, wenn man für das Gleichgewicht die elastischen und plastischen σ_r gleichsetzt, entsprechend

$$x_0 = r \sqrt{\frac{2\, p_0}{K}} \tag{3}$$

wie folgt ausgedrückt:

$$\sigma_r = p_0 \cdot \left(1 - \frac{r^2}{x^2}\right) = K \log x_0 + C_1 \,. \tag{4}$$

Hieraus erhält man den Wert für die Integrationskonstante C_1:

$$C_1 = p_0 \cdot \left(1 - \frac{K}{2\, p_0}\right) = K \log\left[r \sqrt{\frac{2\, p_0}{K}}\right]. \tag{5}$$

Daher wird man für $x = r$ entsprechend der Tunnelverkleidung erhalten:

$$(\sigma_r)_{x=r} = p_0\left(1 - \frac{K}{2\, p_0}\right) - K \log \frac{2\, p_0}{K} \,, \tag{6}$$

und die Verkleidung des Tunnels wird einen Druck gleich $(\sigma_r)_{x=r}$ aushalten müssen, wie aus dem oben angegebenen Ausdruck hervorgeht.

[1]) In diesem Falle, bei dem die Verkleidung des Tunnels überflüssig sein würde, würde man erhalten: $\sigma_t = 2\, p_0$. Diese Situation ist möglich, wenn

$$p_0 < \frac{K}{2} \,.$$

Unter Berücksichtigung der Daten, wie sie in Wirklichkeit vorliegen, und unter der Annahme, daß

$$K = -40 \text{ kp/cm}^2 \qquad p_0 = -57{,}2 \text{ kp/cm}^2 ,$$

wird man erhalten:

$$(\sigma_r)_{x=r} = -57{,}2 \cdot \left(1 - \frac{1}{2{,}86}\right) + 40 \cdot \frac{1}{2} \log 2{,}86 = -16{,}7 \text{ kp/cm}^2 . \qquad (7)$$

Im Zusammenhang mit dem, was aus der vorstehenden Erörterung hervorgeht, kann man behaupten, daß im Rahmen der Gültigkeit der vorgenannten Kriterien und der in Anwendung gebrachten Schematisierung die Dimensionierung und die Prüfung der Verkleidung auf Grund der Hypothese vorgenommen werden, daß auf die Verkleidung ein hydraulischer Druck von 16,7 kp/cm² ausgeübt wird. Diese Schlußfolgerung können wir auch in dem Falle einer Verkleidung von nicht kreisförmigem Querschnitt noch als ziemlich zutreffend ansehen.

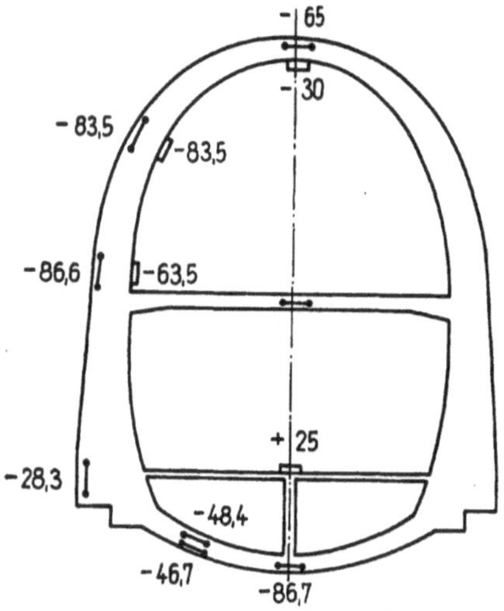

Bild 10

Unter Hinweis auf die beim I.S.M.E.S. am Modell durchgeführten Untersuchungen für die Hypothese eines wirklichen Falles mit kompaktem Gestein können wir schließlich für den Fall der untersuchten Belastungen behaupten, daß die Größe der auf die Verkleidung ausgeübten Belastungen (unter Annahme ihres elastischen Verhaltens) gleich der in Bild 7 dargestellten ist (für einen Druck von 10 kp/cm²), wenn die Spannungen mit dem Verhältnis 16,7/10 = 1,67 multipliziert werden.

Die Plastizitätswirkung ermöglicht es daher, die Spannungen erheblich zu verringern, die nach der Elastizitätshypothese einen Wert von 5,72-mal den für einen gleichmäßigen p-Wert von 10 kp/cm² gemessenen Spannungen ergeben müßten.

Bild 10 zeigt die Werte dieser Spannungen, die man als Anhaltspunkte benutzen kann für eine Prüfung und angemessene Dimensionierung der Profile der Verkleidung.

Die Möglichkeiten der Modellierung gebirgsmechanischer Prozesse in der Umgebung bergmännischer Hohlräume

von S. G. Averšin, Leningrad

1. Modellversuche als eine der Untersuchungsmethoden physikalischer Erscheinungen haben große Bedeutung erlangt; z. B. in der Hydrodynamik, in der Elektrodynamik und im Maschinenbau haben Modellvorstellungen auf der Grundlage der Gesetze der Fotoelastizität die Deutung vieler wichtiger Gesetzmäßigkeiten erleichtert.

Bis in die letzte Zeit haben Modellversuche bei der Untersuchung der Prozesse, die sich im Gestein in der Umgebung von bergmännischen Hohlräumen abspielen, unverdienter Weise keine große Anwendung gefunden. Nur in den letzten zwei Jahrzehnten begann man Modellvorstellungen beim Studium der Gebirgsmechanik zu benutzen. Neben der Methode der Fotoelastizität und der Modellversuche mit Zentrifugalkräften hat in der Sowjetunion die Methode der äquivalenten Materialien, die von dem Mitarbeiter des VNIMI, G. N. Kuznecov, vorgeschlagen wurde, eine große Anwendung gefunden.

2. Läßt sich mit Modellen eine solche Ähnlichkeit zum Gebirge und zur Einwirkung der Grubenbaue erlangen, bei denen das Wesentliche der Verschiebungsprozesse, der Verformung und der Gesteinszerstörung, wie sie in der Natur vor sich gehen, auf das Modell übertragen werden können? Die Erfahrungen bei der Schaffung von Modellsystemen mit einer angenäherten Ähnlichkeit an die Naturbedingungen geben eine positive Antwort auf diese Frage. Man kann über die Wege der Ausarbeitung der Modellmethoden, über die Zweckmäßigkeit des Zeitaufwandes und der Mittel für diese Modelluntersuchungen, über das Anwendungsgebiet des einen oder anderen Verfahrens diskutieren, aber über die Frage der Widerspiegelungsmöglichkeit einer ganzen Reihe von Prozessen, die im Gebirge vor sich gehen, scheint mir ein Streit überflüssig.

3. Die Modellierung ist die Schaffung eines Systems, welches der Natur ähnlich ist und in dem wir den Verlauf natürlicher Prozesse vergleichend untersuchen. Im besonderen ist die physikalische Modellierung oder die dynamische Modellierung verbunden mit der Schaffung eines Systems, bei dem die physikalischen Prozesse mit einer hinreichenden Genauigkeit ähnlich so verlaufen wie sie im Original, d. h. in der Natur verlaufen.

Theoretisch ist die Schaffung eines solchen Systems denkbar für beliebige physikalische Erscheinungen, für beliebige physikalische Prozesse.

Ein physikalischer Prozeß wird durch eine Summe von Faktoren bestimmt, deren Rolle durch eine Summe von Parametern gekennzeichnet ist, ebenso durch ihre Größe und ihre Wechselbeziehungen.

Schematisch läßt sich das durch die Gleichung

$$\bar{a} = \bar{x}_1 + \bar{x}_2 + \cdots + \bar{x}_n , \tag{1}$$

widerspiegeln, wobei

$\bar{a}$ — eine Größe ist, welche die charakteristische Richtung des Prozeßverlaufs widerspiegelt (für eine bestimmte Phase)

x_i — die Parameter der gleichen Dimension, welche die „Teilnahme" der einzelnen Faktoren charakterisieren.

Diese können wiederum Funktionen anderer Veränderlicher sein.

Ein System, welches der Gleichung (1) ähnlich ist, müßte lauten:

$$\bar{a}^* = m_1 \bar{x}_1^* + m_2 \bar{x}_2^* + \cdots + m_n \bar{x}_n , \tag{2}$$

wobei m_1 Modellfaktoren sind.

Im Falle einer physikalischen Ähnlichkeit sind die Modellfaktoren ohne Dimension. Die physikalischen Prozesse stellen gewöhnlich komplizierte Erscheinungen dar, die von einer großen Zahl von Faktoren abhängen. In vielen Fällen ist die Schaffung eines vollständig ähnlichen Systems sehr schwierig. Allerdings lassen sich in der Regel durch die Herstellung eines angenähert ähnlichen Systems ebenfalls wichtige Erkenntnisse über die zu untersuchenden Erscheinungen gewinnen.

Letztere Bemerkung läßt sogar angenäherte Modelluntersuchungen als wertvolle Methode für die Untersuchung physikalischer Prozesse erscheinen. Bei der Schaffung solcher Ähnlichkeitssysteme läßt sich eine hinreichende Annäherung dann erzielen, wenn die Hauptfaktoren, welche den Verlauf des Prozesses bestimmen, bekannt sind.

Die Annäherung besteht darin, daß ein System geschaffen wird, bei dem eine Ähnlichkeit nur bei den Faktoren erreicht wird, welche die Hauptrichtungen, die Haupteigenschaften des Prozesses bestimmen oder welche das Auftreten dieser physikalischen Erscheinungen bestimmen, die den Forscher im konkreten Fall interessieren. In solchen Fällen werden wir eine Erscheinung nicht in all ihren Einzelheiten modellieren, so daß bei einer unglücklichen Wahl der Faktoren, nach denen das Ähnlichkeitssystem aufgebaut wird, die Resultate unzulässige Fehler bringen können. Daraus folgt die Aufgabe der Beurteilung des Grades der notwendigen und hinreichenden Annäherung.

4. Die Kenntnisse über die Eigenschaften der physikalischen Erscheinungen und der Genauigkeitsgrad dieser Kenntnisse können verschieden sein. Wir haben hierbei den Umstand im Auge, daß in der Praxis nicht nur die Kenntnisse nützlich sein könnten, welche zu einer analytischen Berechnung der Elemente des physikalischen Prozesses führen, sondern auch die häufig zu beobachtenden qualitativen Eigenschaften, die keine quantitative Einschätzung gestatten. Diese qualitativen Eigenschaften haben in der Praxis keine geringe Bedeutung. Bei der Behandlung eines so schwierigen Gebiets, wie es der Bergbau ist, treffen wir letzteres sehr häufig an. Beispielsweise läßt sich dies bei der Untersuchung bestimmter Schutzwirkungen, welche in der gegenwärtigen Zeit eine Erklärung gefunden haben und welche sehr breit beim Kampf mit Gebirgsschlägen und Gasausbrüchen verwendet werden, anführen. Die Prozesse, die diese Schutzwirkungen bedingen, sind bekannt, aber wir können im Augenblick keine analytische Berechnung über den Wirkungsgrad des Schutzes und über das Anwendungsgebiet geben. Unabhängig davon hat aber unsere Kenntnis über solche Schutzwirkungen bekanntlich eine große praktische Bedeutung.

Wenn im Modell, welches ein System mit angenäherter Widerspiegelung der tatsächlichen Erscheinungen darstellt, die wesentlichsten charakteristischen Eigenschaften des Untersuchungsprozesses nachgebildet werden, dann ist eine Modellierung schon gerechtfertigt.

Selbstverständlich gibt es im Bergbau eine Reihe von Aufgaben, welche eine große Genauigkeit einer ingenieurmäßigen Berechnung erfordern. Das sind z. B. solche Aufgaben, die mit der Standfestigkeit zusammenhängen, z. B. die Standfestigkeit des Hangenden in Kammern, die Standfestigkeit von Bergfesten, Böschungen u. a. Wenn man bei der Untersuchung solcher Aufgaben ebenfalls Modellversuche anzuwenden versucht, wird hier eine exaktere Ähnlichkeit des Modellsystems mit dem Original (Natur) gefordert. Allerdings ist auch in dem Falle, bei dem wir nur eine hinreichende Annäherung an die Naturbedingungen erreichen (d. h. daß die Hauptzüge des Prozesses widergespiegelt werden), ein Resultat sehr wertvoll bei der Ausarbeitung von Berechnungsgrundlagen und bei der Ausarbeitung technischer Berechnungsmethoden.

Schließlich kann man durch physikalische Modellversuche (wenn auch nur angenähert) bei der Untersuchung schwieriger Erscheinungen der Gebirgsmechanik, das Auffinden von Gesetzmäßigkeiten bei solchen Prozessen, die unter natürlichen Bedingungen schwer zugänglich sind, erleichtern. Die Modellvorstellungen sollten helfen, die Rolle einzelner Faktoren zu bestimmen. Sie sollten ebenso den Zusammenhang zwischen einzelnen Elementen des Untersuchungsprozesses klären helfen.

Mit diesen Bemerkungen möchten wir unterstreichen, daß die physikalische Modellierung als Untersuchungsmethode für die Gebirgsmechanik selbst bei einem geringen Ähnlichkeitsgrad bereits wichtige und wertvolle Mitteilungen über die auftretenden Prozesse geben kann.

5. Das Gebirge als physikalisches Untersuchungssystem stellt ein Medium mit bestimmten physikalischen und mechanischen Eigenschaften dar, welches sich unter dem Einfluß der Schwerkräfte befindet. Welche Wege und Möglichkeiten gibt es für die Schaffung von physikalisch ähnlichen Modellsystemen bei Erscheinungen, die unter dem Einfluß der Schwerkräfte und im Resultat der bergmännischen Arbeiten auftreten?

Im gegenwärtigen Zeitpunkt gibt es 3 Methoden von Modellvorstellungen:

Die Methode des zentrifugalen Kräftefeldes (Zentrifuge), der Zentrifugalmodellierung, die Methode der optisch-aktiven Materialien (Fotoelastizität) und die Methode der äquivalenten Materialien.

Die ersten beiden Methoden wurden aus anderen Gebieten der Wissenschaft und Technik (aus dem Maschinenbau und dem Bauwesen) übernommen. Die letzte Methode entstand bei gebirgsmechanischen Untersuchungen. Die Zentrifugalmethode gestattet die Herstellung eines Kräftefeldes ähnlich dem des Schwerkraftfeldes in situ. Sie gibt die Möglichkeit einer Untersuchung des Verteilungscharakters der Verformungen und der Zerstörung in der Nähe von Grubenbauen. Hierbei lassen sich natürliche Gesteine verwenden, einer der Vorteile dieser Methode.

Allerdings ist der Aufgabenkreis, bei deren Lösung man die Zentrifugalmethode verwenden kann, relativ begrenzt. In der Hauptsache sind es solche Fragen, die mit der Festigkeit der Gesteine in der Nähe von Grubenbauen zusammenhängen, d. h. die Festigkeit des Daches, von Böschungen u. a.

Aus einer Reihe von Umständen u. a. wegen der geringen Abmessungen dieser Modelle gestattet die Zentrifugalmethode nicht, mit hinreichender Genauigkeit die strukturellen Besonderheiten des Gebirges wiederzugeben (Klüftung, Riese) und ebenso die Rolle letzterer zu untersuchen. Die Methode gestattet ebenfalls keine Untersuchung von Prozessen, die sich in Gesteinen im Zuge der bergmännischen Arbeiten vollziehen, d. h. beispielsweise während des Verhiebs.

Ungeachtet dieser Nachteile läßt sich die Zentrifugalmethode erfolgreich bei der Untersuchung der Verformungen und der Zerstörung der Gesteine im Zusammenhang mit der Standfestigkeit von Grubenbauen verwenden.

Die Fotoelastizität hat eine große Anwendung in einer Reihe von Zweigen der Wissenschaft und Technik gefunden und wurde in den letzten 25 Jahren auch in der Gebirgsmechanik angewandt.

Die Gesteine in der Nähe eines Grubenbaues arbeiten bis zur Störung ihres mechanischen Gleichgewichts als elastisches System. In einem solchen System ist bei der Untersuchung der Ähnlichkeit und für die Arbeit dieses Systems unter dem Einfluß der Schwerkräfte die Beachtung der Elastizitätsbedingungen hinreichend, d. h. es ist hierbei ein linearer Zusammenhang zwischen den Spannungen und Verformungen und das praktische Fehlen bleibender Verformungen notwendig.

In der gegenwärtigen Zeit gestattet die optische Modelltechnik relativ leicht, solche Bedingungen zu verwirklichen.

Zur Untersuchung der Spannungsverteilung im Gestein in der Umgebung von Grubenbauen, zum Teil auch für die Untersuchung der Punkte der Spannungskonzentrationen, läßt sich die fotoelastische Methode sehr schöpferisch anwenden. Für diese Behauptung gibt es hinreichend Werte.

Mit diesen Möglichkeiten ist bisher in unserem Wissenschaftszweig die fotoelastische Methode begrenzt. Allerdings gestattet eine Weiterentwicklung dieser Methode eine Vergrößerung des Anwendungsgebietes im Bergbau. In der letzten Zeit wurde es möglich, die Spannungen nahe vor dem Bruch zu untersuchen. Wir denken hierbei an die Anwendung solcher optisch aktiver Materialien wie beispielsweise Ogarin, welche ebenfalls Sprödbrucheigenschaften zeigt.

6. Die dritte Modellmethode, die eine breite Anwendung erhalten hat, ist die Methode der äquivalenten Materialien. Letztere gestattet die Untersuchung eines größeren Aufgabenkreises der Gebirgsmechanik als die beiden vorhergehenden Methoden. Die Idee dieser Methode und die Ausarbeitung gehen auf G. N. Kuznecov zurück. Die Aufgabe bestand darin, ein solches ähnliches System zu finden, wie es bei der Herstellung bergmännischer Hohlräume zu beobachten ist.

Es war notwendig, ein solches physikalisch-mechanisches Modellsystem des Gebirges zu schaffen, welches sich unter dem Einfluß der Schwerkräfte befindet und welches die Bedingungen bei der Herstellung bergmännischer Grubenräume und die damit zusammenhängenden Prozesse der Verformung und Zerstörung des Gesteins widerspiegelt.

Eine vollständige Lösung dieser Aufgabe wurde bisher noch nicht erzielt; aber das, was wir bereits mit Hilfe der Modelltechnik auf diesem Gebiet erzielen konnten, gestattet uns erfolgreich viele Seiten der Prozesse, die sich in den Gesteinen abspielen, zu untersuchen.

Die Modellierung solcher Prozesse mußte ohne das Vorhandensein von entsprechenden Differentialgleichungen erfolgen.

In solchen Fällen ist die Feststellung des Ähnlichkeitskriteriums und das Finden der notwendigen Modellfaktoren nach den Hauptfaktoren, die den untersuchten Prozeßverlauf bestimmen, möglich. Unter Anwendung des Gesetzes der dynamischen Ähnlichkeit und der Dimensionstheorie kann man das Ähnlichkeitskriterium für ein solches System aufstellen.

Die theoretische Seite der Bestimmung der Ähnlichkeitskriterien ist in den Arbeiten von G. N. Kuznecov enthalten. In Ihnen sind die Hauptbedingungen der Ähnlichkeit niedergelegt, und zwar: Die Ähnlichkeitsbedingungen der Zerstörung, die Ähnlichkeitsbedingungen der elastischen und plastischen Verformung und des Zeitmaßstabes.

Die auf dieser Grundlage geschaffenen Modelle gestatteten eine Wiedergabe von Verformungs- und Zerstörungsprozessen, welche sehr gut die sich in der Natur abspielenden Prozesse widerspiegeln.

Die Modelluntersuchungen mit äquivalenten Materialien wurden von uns bei der Untersuchung der Verschiebungen über bergmännischen Hohlräumen angewandt.

Die Modelle aus äquivalenten Materialien gestatten mit großer Vielseitigkeit, einige wichtige Eigenschaften dieser Verschiebungsprozesse aufzufinden.

Es wurde beispielsweise festgestellt, daß im Gebirge bei flacher Lagerung im Falle einer ebenen Verformung sich die Vektoren der Verschiebung folgender Gesetzmäßigkeit unterordnen:

$$\xi = k \frac{\partial \eta}{\partial x} \tag{3}$$

wobei ξ die Horizontalkomponente
η die Vertikalkomponente
k = Funktion von y (Entfernung vom Grubenbau).

Wie bekannt ist, hat diese Abhängigkeit eine hinreichende Erklärung gefunden, ebenso eine Anwendung auf die Berechnung der Festigkeit des Hangenden während des Abbaues.

Diese Abhängigkeit läßt sich an Modellen aus äquivalenten Materialien sehr schön verfolgen.

Bei der Ausarbeitung der Berechnungsmethode für die Verschiebung bei nicht söhliger Ablagerung war es notwendig, den Ausdruck für die Richtung der Hauptverschiebungsvektoren innerhalb des Gebirges zu kennen.

Mit Hilfe von Modellen aus äquivalenten Materialien war es möglich, die wichtigen Faktoren zu untersuchen, welche den Einfluß des Einfallswinkels auf den Verschiebungsprozeß widerspiegeln. Es war weiterhin möglich, eine analytische Lösung vorzuschlagen.

Diese und andere Beispiele zeigen die Möglichkeit einer schöpferischen Anwendung der Methode mit äquivalenten Materialien auf dem Gebiet der Gebirgsmechanik.

Die Methode erfordert noch eine Weiterentwicklung in Richtung auf die Schaffung vollständiger räumlicher Modelle. Ebenfalls sind noch theoretische Untersuchungen und die Ausarbeitung einer Technik für langdauernde Prozesse notwendig.

Es ist noch viel Arbeit zu leisten, um eine hinreichende und notwendige Genauigkeit der Modellversuche mit äquivalenten Materialien zu erzielen.

Es gibt auch sehr häufig solche Fälle, bei welchen sich durch zu große Genauigkeit bei der Auswahl und Bearbeitung der äquivalenten Materialien der Umfang der Laboratoriumsarbeiten unzulässig erhöht.

Die Modellierung von Gebirgsdruckprozessen mit Hilfe äquivalenter Materialien

von G. N. KUZNECOV, Leningrad

Zum Studium gebirgsmechanischer Prozesse bedient man sich z. Z. in der Hauptsache dreier Modellierungsmethoden: der Spannungsoptik, der Methode der Zentrifugalmodellierung und der Methode der äquivalenten Materialien.

Die Möglichkeiten der spannungsoptischen Modellierung sind eingeengt auf das Studium des elastischen Spannungszustandes. Deshalb ist diese Methode allein nicht in der Lage, die Gesamtheit der Gebirgsprozesse zu erfassen, die zum größten Teil mit inelastischen Verformungen, mit Zerstörungsprozessen und mit Verschiebungen in der Nähe von Grubenbauen zusammenhängen.

Eine große prinzipielle Schwierigkeit bei der Schaffung eines mechanisch ähnlichen Modelles bei den uns interessierenden Verformungen und Zerstörungen des Gesteins besteht darin, daß gleichzeitig die Ähnlichkeitsbedingungen für Kräfte mit verschiedenem physikalischem Charakter geschaffen werden müssen. Es sind dies einerseits Schwerkräfte (räumliche Kräfte) und andererseits Elastizitätskräfte des Gesteins, d. h. innere Spannungen, welche beim Auffahren von Grubenbauen auftreten sowie die Grenzwerte dieser Spannungen, welche eine Zerstörung des Gesteins bedingen (ebene Kräfte).

Eine Methode, bei welcher eine mechanische Ähnlichkeit in einem Modell erzielt wird, das aus natürlichen Gesteinen besteht und in dem gleichzeitig die o. g. Kräfte wirken, ist die Methode der Zentrifugalmodelle.

Allerdings hat diese Methode für die uns interessierenden Fragen des Gebirgsdrucks keine große Anwendung gefunden, da aus technischen Gründen ein Bau und eine Benutzung von Zentrifugen mit großen Abmessungen nicht möglich war. Ebenfalls war diese Methode mit großen praktischen Schwierigkeiten und Unbequemlichkeiten bei der Herstellung der verschiedensten bergmännischen Arbeitsprozesse am rotierenden Modell verbunden.

Eine andere Modellmethode, welche den Anforderungen an eine mechanische Ähnlichkeit entspricht, ist die durch den Autor im Jahre 1936 vorgeschlagene Methode der äquivalenten Materialien. Das Wesen dieser Methode besteht darin, anstelle der natürlichen Gesteine solche künstlichen Materialien zu verwenden, bei denen die physikalisch-mechanischen Eigenschaften in bestimmten Beziehungen zu den Eigenschaften der Gesteine in situ stehen. Diese Beziehungen werden auf der Grundlage allgemeiner Thesen aus der Theorie der mechanischen Ähnlichkeit bestimmt, und sie gestatten eine hinreichende und genaue Analogie mit den Gebirgsdruckerscheinungen unter Einfluß der Schwerkraft dieser Materialien.

Die Modellierung des Ausbaus geschieht durch Einführung spezieller Vorrichtungen in das Modell. Die Arbeit dieser Vorrichtungen entspricht den Kriterien der mechanischen Ähnlichkeit.

Bei Beachtung der o.a. Ähnlichkeitsbedingungen sowie bei Berücksichtigung der notwendigen Anfangs- und Grenzbedingungen gestalten sich die mechanischen Prozesse im Modell ähnlich denen in der Natur, wenn die Grubenbaue im Modell geometrisch ähnliche Abmessungen wie in situ haben.

Die Modellversuche mit äquivalenten Materialien, mit denen im Jahre 1937 in der UdSSR im VNIMI begonnen wurde [1], wird nach erfolgter Weiterentwicklung im gegenwärtigen

Zeitpunkt in vielen Forschungseinrichtungen der UdSSR, die sich mit Gebirgsdruckuntersuchungen befassen, angewandt.

Die Methodik und die Technik der Modellversuche mit äquivalenten Materialien wurde ausgearbeitet und zahlreiche Untersuchungen an Modellen durchgeführt, und zwar unter gleichzeitiger Beobachtung unter Tage sowie bei gleichzeitiger Durchführung analytischer Berechnungen.

Auf der Grundlage dieser Untersuchungen wurde folgendes erreicht:

1. Die Erforschung des Ausbreitungsmechanismus der Verschiebungsprozesse im Gebirge vom Abbau bis zur Tagesoberfläche.
2. Die Erkenntnis des Verformungsmechanismus, der Zerstörungen und der Verschiebungen um Grubenbaue der flachen und steilen Lagerung sowie die Aufstellung von Gesetzmäßigkeiten der Entwicklung dieser Prozesse. Ebenso wurden die Wechselbeziehungen zwischen Gestein und Ausbau erkannt.
3. Die Untersuchung und Bewertung technologischer Probleme und die Kräfteverteilung bei neuen Ausbautypen.
4. Erkenntnisse über den Charakter der Druckverteilung auf den Ausbau in seigeren Schächten in Abhängigkeit von der Zusammensetzung des Nebengesteins und der Nachgiebigkeit des Ausbaus.
5. Erkenntnisse über den Verteilungscharakter und die Ausmaße des Zusatzdruckes in der Nähe bergmännischer Hohlräume unter verschiedenen Ablagerungsbedingungen und bei verschiedener räumlicher Lage der Grubenbaue.

All diese angeführten Untersuchungsergebnisse an Modellen leisten eine große Hilfe bei der richtigen Interpretation von Untertagemessungen, bei der Erarbeitung einer Hypothese über den Mechanismus der Gebirgsdruckprozesse und ebenso bei der Auswahl entsprechender Berechnungsunterlagen für die quantitative Beurteilung der Festigkeit der Gesteine und für die Bestimmung der rationellsten Abmessungen des Ausbaus.

In einem kurzen Vortrag besteht nicht die Möglichkeit, alle konkreten Untersuchungsergebnisse bis zum gegenwärtigen Zeitpunkt darzulegen.

Diese Ergebnisse sind in den Veröffentlichungen der UdSSR enthalten. Es gibt eine Vielzahl von Arbeiten in den Sammelbänden der Forschungseinrichtungen, in Zeitschriften und ebenso in einigen Monographien und Broschüren.

Entsprechend den Aufgaben dieser Beratung möchte ich in meinem Vortrag nur einige Kernsätze darlegen, welche die Möglichkeiten und die Anwendungsbedingungen der Modellversuche mit äquivalenten Materialien in Hinsicht auf die Gebirgsdruckforschung behandeln.

Zum gegenwärtigen Stande der Modelltechnik mit äquivalenten Materialien läßt sich folgendes sagen:

1. Die zur Zeit angewandten Materialien in Form von Mischungen aus feinkörnigen Füllmaterialien, welche mit Paraffin oder Gipslösungen zementiert werden, gestatten die Herstellung von Modellen im Maßstab von 1 : 200 bis 1 : 10 mit befriedigenden Resultaten.

   Gleichfalls wurden gute Resultate bei der Modellierung von Sedimenten geringer Festigkeit mit Hilfe von Mischungen erzielt, bei denen das Zementierungsmittel aus viskosem Mineralöl bestand.

   Allerdings ist die Materialfrage für Modelle noch nicht vollständig gelöst. Es wird notwendig sein, in der Folgezeit neue Materialien zu finden, die sowohl eine maximale Annäherung an die geforderte mechanische Charakteristik, als auch eine hohe Homogenität im Aufbau und eine Stabilität der Eigenschaften während des Versuches zeigen.

2. Eine wichtige Aufgabe bei der Herstellung der Modelle ist die Herstellung einer makrostrukturellen Ähnlichkeit. Im VNIMI wurden einfache Methoden erarbeitet, einzelne Spaltflächen und Klüfte nachzubilden. Diese Methoden geben positive Resultate bei Modellen mit einem größeren Maßstab. Es ist noch notwendig, bessere Lösungswege zu finden, besonders für Modelle mit kleinen Maßstäben.

3. Die bekannten und z. Z. angewandten Konstruktionen der Versuchsstände für ebene Modelle entsprechen im allgemeinen den Anforderungen. Die notwendige Vervollständigung sollte in der Hauptsache in Richtung auf eine Erleichterung des Einbringens und Verdichtens des Materials am Versuchsstand gehen, ebenso erscheint eine bequemere Möglichkeit der Modellbelastung notwendig (z. B. die Anwendung von Preßluftblocks). Es muß die beste Konstruktion für Raummodelle gefunden werden, da in der nächsten Zeit eine verstärkte Anwendung von Raummodellen zu erwarten ist.

4. Im gegenwärtigen Zeitpunkt gibt es eine Reihe von Methoden für die Registrierung der Verformung und Verschiebungen an ebenen Modellen. Alle diese Methoden (fotografieren bei gleichzeitiger Anwendung von speziellen Block-Tensometern, optischen und Wärme-Tensometer, Spiegel-Tensometern u. a.) gestatten z. Z. eine Genauigkeit der Verschiebungsbestimmungen von Punkten am Modell bis zu 0,01 mm. Diese Genauigkeit ist in den meisten Fällen hinreichend. Das bezieht sich auf die Anwendung einer Vielzahl von Geräten an der Oberfläche des Modells. In einigen Fällen kann die Genauigkeit der Verschiebungs- und Verformungsmessung auf 0,001 bis 0,002 mm gebracht werden.

   Schwieriger sind diese Fragen bei geschlossenen, ebenen und räumlichen Modellen zu lösen In diesem Falle ist das Hauptmittel die Methoden der Tiefpunktvermarkung. Diese Methode sollte auch in Zukunft angewandt werden. Es ist jedoch eine Verbesserung in Hinblick auf bessere Handhabung und Erhöhung der Genauigkeit notwendig.

   Die Anwendung von neuen physikalischen Methoden, z. B. die Röntgenmethode, Anwendung von Isotopen u. a. ist praktisch noch nicht gelöst. Es besteht ein prinzipieller Zweifel an der Anwendungsmöglichkeit dieser Methoden, und zwar im Hinblick auf die notwendige Genauigkeit der Verschiebungsbestimmungen.

5. Zur Bestimmung der Mikroverformungen und des Druckes im Modell lassen sich Geräte mit geringen Abmessungen verwenden, wie sie in den Laboratorien der UdSSR benutzt werden. Diese Geräte haben die Abmessungen von $30 \times 15 \times 5$ mm und sind mit empfindlichen elektrischen Dehnungsmeßstreifen ausgerüstet.

   Mit Hilfe dieser Geräte läßt sich der Druck im Modell mit einer Genauigkeit bis zu 2 g/cm^2 und die Verformung mit einer Genauigkeit bis zu 0,001 mm bestimmen.

6. Die Konstruktion des Modellausbaus ist verschieden in Abhängigkeit von der Ausbauart und dem Modellmaßstab. In der Folgezeit erscheint es notwendig, zur Aufnahme der Kräfte und Verformungscharakteristik des Ausbaus die bei Versuchen im VNIMI erprobten selbstschreibenden elektrischen Widerstandsbrücken vom Typ EMP 209 zu verwenden.

Es ist gleichfalls notwendig, Ausbauelemente aus optisch-aktiven Materialien zu verwenden, um in Modellen mit äquivalenten Materialien die Arbeit des Ausbaues fotoelastisch zu untersuchen.

Die Hauptbesonderheiten der Methode mit äquivalenten Materialien, welche diese Methode von allen anderen Modellmethoden unterscheidet, ebenso der Stand der Modelltechnik bestimmt den Aufgabenkreis der Gebirgsmechanik, der sich mit Hilfe der Modelle aus äquivalenten Materialien bestimmen läßt. Es sind dies:

1. Die Nachbildung der Gebirgsdruckprozesse, welche die Zerstörung und Verschiebung der Gesteine zur Folge haben; ebenso die Nachbildung der Prozesse, welche die Ausbildung großer elastischer Verformungen bedingen.

2. Eine Nachbildung des makro-strukturellen Aufbaues des Gebirges unter Einfluß dieses Aufbaues auf die Entwicklung der Verformung und Zerstörung des Gesteins in der Umgebung bergmännischer Hohlräume.

3. Eine hinreichend vollständige Nachbildung aller bergmännischen Apparaturen der Gewinnung und des Ausbaus. Es ist hierbei möglich, bei entsprechender Wahl des Maßstabes sehr ausführlich die Konstruktion des Ausbaus und seine Arbeit während der bergmännischen Prozesse nachzuahmen.

Bei der Untersuchung des Gebirgsdrucks an Modellen ist es notwendig, folgende Überlegungen über die methodischen Richtungen und Anwendungen zu beachten:

Die Modellierung beliebiger Naturerscheinungen kann in zwei Richtungen erfolgen:

1. Eine Modellierung mit großer Vereinfachung der tatsächlichen Bedingungen sowie das teilweise Ausschließen einer Reihe vorhandener Faktoren, die Herabsetzung ihrer Bedeutung im Gegensatz zur Natur usw.

2. Die Modellierung eines uns interessierenden Sonderfalles mit einer maximalen Annäherung der Modellbedingungen an die Wirklichkeit.

Jede dieser Richtungen hat ihren Platz bei der Lösung theoretischer und praktischer Aufgaben. In Abhängigkeit vom Erkenntnisgrad muß jedoch eine bestimmte Richtigkeit und eine Verbindung zu den beiden genannten Richtungen beobachtet werden. Daraus folgt der geforderte Charakter der Herstellung des Modelles.

Die erste Richtung sieht ein aktives Studium der Naturerscheinungen und des Mechanismus der uns interessierenden Prozesse vor. Durch ein folgerichtiges Studium verschiedener vereinfachter Schementypen in bezug auf die Zusammensetzung der Schichten, die Art der Gewinnung, die Art der Hangendregulierung usw. werden bestimmte allgemeine Thesen aufgestellt, die für eine ganze Reihe von Gruppen und Klassen der verschiedenen Sonderfälle Gültigkeit besitzen. Durch Einführung oder Ausschaltung einzelner wirkender Faktoren läßt sich ihre Rolle und Bedeutung bei dem zu untersuchenden Prozeß bestimmen. Sehr häufig wird bei den Untersuchungen die Grenzwertmethode benutzt. Sie besteht in der Durchführung zweier Versuche, bei denen ein Versuch durch eine bestimmte Erhöhung des zu untersuchenden Faktors und der andere Versuch durch eine Herabsetzung dieses Faktors charakterisiert wird.

Die Resultate dieser Versuche zeigen einerseits die Grenzen, in denen sich die Erscheinung befindet, und andererseits bestimmen sie die Rolle und das Gewicht des entsprechenden Faktors. Bei der ersten Richtung zeigt sich mit maximaler Deutlichkeit der Vorteil der Modellmethode gegenüber Untersuchungen in situ. Bei Modellversuchen lassen sich die Bedingungen leicht ändern. Dies ist allgemein bei Naturbeobachtungen schwer möglich.

Die zweite Richtung, welche eine maximale Annäherung aller Kennwerte an die Natur zum Inhalt hat, sollte erst nach Durchführung der ersten Untersuchungsrichtung begonnen werden, daß erst nach einem erfolgreichen Studium der Prozesse gemäß Untersuchungsrichtung 1 eine richtige Interpretation der am Modell beobachteten Erscheinungen möglich ist. Dies gilt besonders deshalb, da eine Nachahmung aller Elemente kompliziertere Bedingungen schafft.

Der erkenntnistheoretische und praktische Wert der ersten Untersuchungsrichtung ist höher als der der zweiten. Deshalb sollte jedes neue Problem in der Regel mit einer Reihe vereinfachter Modellschemen begonnen werden. Dann ist es später möglich, nach dem bereits die hauptsächlichsten Zusammenhänge zwischen den Erscheinungen und die allgemeinen Gesetzmäßigkeiten des Prozesses erkannt sind, auf die Modellierung konkreter Teile mit konkreten Betriebsbedingungen überzugehen.

Deshalb ist es falsch und methodisch unrichtig, sich die quantitative Seite des Verschiebungsprozesses am Modell als das Erhalten einzelner absoluter Werte irgendwelcher Kennziffern vorzustellen, welche durch Naturbeobachtungen und späteren Vergleich der Modellwerte und der Naturbeobachtungen gewonnen wurde.

Diese Vorstellungen über die Aufgaben und Möglichkeiten der Modellversuche engen die Untersuchungsmöglichkeiten, der uns interessierenden Fragen sehr stark ein.

Natürlich gibt es Fälle, wo wir gezwungen sind, wegen der Unmöglichkeit eine schnelle Antwort auf konkrete Fragen der Praxis zu geben, sofort zur zweiten Untersuchungsrichtung überzugehen und Modelle zu schaffen, die den Naturbedingungen angenähert entsprechen. Hierbei sollte man jedoch nach Möglichkeit die Methode der Grenzwerte benutzen.

Besonders wertvolle Resultate an Modellen lassen sich dann erzielen, wenn die Versuchsdurchführung und die weitere Bearbeitung uns die Möglichkeit geben, den Zusammenhang zwischen den einzelnen Faktoren und den uns interessierenden Kennziffern des Prozesses dimensionslos zu erhalten.

Um einzelne Versuchsergebnisse an Modellen in dimensionsloser Form zu erhalten, ist es notwendig, zunächst die Zahl der dimensionslosen Kennziffern festzustellen, welche charakteristisch für den gegebenen Prozeß sind. Gleichzeitig ist es notwendig, während des Versuchs die entsprechenden Kennlinien zu messen.

Außerdem ist es wünschenswert, bei Modellversuchen nicht nur Versuche unter komplizierten Bedingungen durchzuführen, sondern Modelluntersuchungen nach einem einfachen und für alle Versuche einheitlichen mechanischen Schema durchzuführen, welches durch ein Minimum an wirkenden Faktoren charakterisiert ist. Wenn wir die uns interessierenden Kennziffern des Prozesses, die wir am einfachen Schema feststellen können, als einheitliche Größe annehmen, lassen sich damit die anderen Kennwerte an komplizierten Modellen ausdrücken. Wir erhalten dann relativ dimensionslose Größen.

Dies erleichtert auf der einen Seite eine vollständige Analyse des Materials und gestattet uns auf der anderen Seite (und das ist das wichtigste), das Versuchsmaterial in einer allgemeinen Form darzustellen, der für einen größeren Bereich von Bedingungen Gültigkeit besitzt.

Als Maßeinheit erscheint dann eine bestimmte „Funktions-Charakteristik", deren Zahlenwert relativ einfach für jede der bestimmten konkreten Versuchsbedingungen erhältlich oder für analytische Berechnungen verwendbar ist.

Diese Versuchsdurchführung und Bearbeitung des Materials gestattet uns bei der analytischen Behandlung komplizierter Aufgaben eine relativ einfache Lösung bei gleichzeitiger Verwendung der experimentellen Ausdrücke in dimensionsloser Form.

Als Beispiel hierfür lassen sich die Versuchsergebnisse des VNIMI für die Modelluntersuchung der Festigkeit des Hangenden in Grubenbauen bei verschiedenen Abmessungen und Formen des Hangenden bei verschiedener Zusammensetzung der Hangendgesteine und verschiedene Ablagerungsbedingungen anführen.

Wenn man als Einheitsgröße für die freie Hangendfläche den Teil des Hangenden unter Bedingungen einer ebenen Verformung wählt, der gerade noch offen gehalten werden kann, ohne eine Zerstörung zu bewirken, dann läßt sich die Standfestigkeit verschiedener Hangendflächen für unterschiedliche Bedingungen in dimensionsloser Form darstellen.

Ebenfalls in dimensionsloser Form wurden Zusammenhänge gefunden, die die Belastungsgröße bestimmen, die zur Zerstörung der unteren Schicht des Hangenden führte, und zwar in Abhängigkeit von der Struktur und von der Gesamtmächtigkeit der Schichten des unmittelbaren Hangenden.

Diese Art von Abhängigkeiten, welche für eine Vielzahl von Bedingungen gelten, lassen sich bei der Lösung praktischer Fragen der Hangendregulierung in Abbauen verwenden. Gleichzeitig können sie für die Ausarbeitung einer Theorie dienen.

Auf der Grundlage des oben angeführten lassen sich folgende Forderungen formulieren, bei deren Beachtung sowohl bei der Berechnung des Modellschemas als auch bei den Abbaubedingungen des Modells und der Versuchsdurchführung eine hinreichende Ähnlichkeit des Modelles für Gebirgsdruckprobleme erzielt wird:

1. Ein richtiges Beurteilen der Rolle der einzelnen Faktoren, die auf den zu untersuchenden Prozeß einwirken und eine entsprechende Nachahmung der wichtigsten bestimmenden Faktoren am Modell.
2. Übereinstimmung des Modellmaßstabes und der Meßmethoden mit dem Inhalt der zu lösenden Aufgabe.
3. Eine Übereinstimmung der Versuche an Modellen mit kleinem und großem Maßstab, um damit die Randbedingungen am großen Modell festzustellen.
4. Eine Beachtung der Ähnlichkeitsbedingungen bei Versuchsbeginn.
5. Eine rationelle Durchführung von Versuchen sowohl an ebenen als auch an räumlichen Modellen, ausgehend vom Charakter des im Modell dargestellten mechanischen Systems und der Aufgaben, die durch den Modellversuch gelöst werden sollen.
6. Eine rationelle Übereinstimmung und Folgerichtigkeit der zwei mathematischen Untersuchungsrichtungen, und zwar:
   a) Modellierung mit bedeutender Vereinfachung der tatsächlichen Bedingungen mit teilweisem Ausschluß einer Reihe wirkender Faktoren mit einer Veränderung ihrer Bedeutung im Gegensatz zur Natur usw.
   b) Die Modellierung des uns interessierenden Sonderfalles mit einer maximalen Ähnlichkeit des Modells zu den Bedingungen in situ nach allen Kennziffern hin.
7. Die Gewährleistung einer Bearbeitungsmöglichkeit und Analyse des Materials in dimensionslosen Charakteristika mittels Auswahl der entsprechenden Versuchsanordnungen und des Versuchsprogrammes.

Die im gegenwärtigen Zeitpunkt vorhandenen Erfahrungen mit Modellen aus äquivalenten Materialien zeugen davon, daß die o. a. methodischen Grundlagen und die daraus resultierenden Anforderungen an den Modellaufbau und die Versuchsdurchführung Ergebnisse erzielen lassen, die nahe an solche Naturbeobachtungen heranreichen, bei denen kein ausgesprochener Charakter vorherrscht.

Methodisch noch ungenügend ausgearbeitet und geprüft ist das Studium solcher dynamischer Prozesse am Modell, wie beispielsweise Gebirgsschläge, der Einfluß von Schießarbeiten auf die Festigkeit der Grubenbaue usw.

In dieser Richtung ist eine weitere theoretische und experimentelle Bearbeitung notwendig.

Man kann annehmen, daß die weitere Entwicklung und Anwendung der Modellversuche mit äquivalenten Materialien bei gleichzeitiger Untertagebeobachtung, analytischer Berechnung und bei Durchführung von Modellversuchen mit der spannungsoptischen Methode und der Zentrifugalmethode einen großen Nutzen bei der Lösung komplizierter Aufgaben der Gebirgsmechanik zeigen wird. Man kann ferner annehmen, daß sie die Schaffung einer allgemeinen Theorie der gebirgsmechanischen Prozesse ermöglichen wird.

Literatur

[1] Kuznecov, G. N., und andere: Das Studium des Gebirgsdrucks an Modellen. Ugletexizdat, Moskau, 1959.

Eine Untersuchung der Spannungsverteilung in Schächten in der Nähe von Füllörtern

von A. J. Surkov, Leningrad

Mit der wachsenden Teufe des Abbaues erlangen die Fragen der Standfestigkeit seigerer Grubenbaue eine große Bedeutung.

Eine Untersuchung der Zerstörungen an seigeren Schächten des Donbaß, die vom Allunions Forschungsinstitut für Markscheidewesen (VNIMI) durchgeführt wurde, gestatteten die Aufdeckung der Gründe für die Zerstörung des Schachtausbaues [1]. In der Hauptsache treten Zerstörungen auf Grund des Einflusses der Abbaue und der Füllorte auf. Diese Grubenbaue rufen eine Spannungserhöhung im Gebirge um den seigeren Schacht hervor.

Bei 99 beschädigten Abschnitten eines Schachtes sind 50 Ausbauschäden auf Brüche in Füllörtern zurückzuführen. Außerdem waren in Schächten, die in den Einflußbereich der Abbauarbeiten gerieten, in 8 von 29 Fällen Ausbauschäden in der Nähe des Füllortes zu beachten, d. h. die Ausbauschäden in der Nähe der Füllörter betrugen 60% der insgesamt festgestellten Schäden. Folglich ist eine der wichtigsten Fragen bei der Schachtunterhaltung das Studium des Einflusses der Füllorte auf die Standfestigkeit des Schachtes.

Die Arbeitsbedingungen des Ausbaus hängen von den Verformungen des Nebengesteins ab. Diese wiederum werden durch die Spannungen im Gebirge in der Nähe des Grubenbaues bestimmt.

Wenn die Spannungen in den Stößen die Festigkeit des Gesteins übersteigen, dann tritt ein Bruch ein, und zwar als Folge einer bedeutenden Druckerhöhung auf den Ausbau. Deshalb gewinnt das Studium der Spannungsverteilung in der Nähe von Füllörtern eine solch große Bedeutung. Ein Auffinden des Charakters der Spannungsverteilung gestattet die Bestimmung der Punkte mit maximaler Spannungskonzentration. Sie gestatten eine Beurteilung der Festigkeit des Gesteins und lassen Rückschlüsse auf den optimalen Abstand der Grubenbaue des Füllortes (Kammern, Durchhiebe usw.) zu.

Die Ermittlung der Spannungsverteilung an der Stelle des Übergangs vom seigeren zum söhligen Grubenbau ist eine räumliche Aufgabe.

Spannungsoptische Modellversuche

Räumliche spannungsoptische Modellversuche wurden früher bei Bergbaufragen nicht angewandt. Deshalb wurde zur Lösung der gestellten Aufgabe eine spezielle Methodik der Modelluntersuchungen aus optisch aktiven Materialien für einen räumlichen Spannungszustand in der Nähe von Grubenbauen ausgearbeitet. Die Methodik beinhaltet ein eingehendes Studium der Ähnlichkeitstheorie der Belastungsarten, des „Einfrierens der Spannung, der Bearbeitung des Modells" u. a.

Das Modell wurde in Form eines Zylinders mit einer Höhe von 90 mm und einem Durchmesser von 76 mm ausgeführt. Innerhalb dieses Zylinders lagen die seigeren und söhligen Grubenbaue mit einem Durchmesser von 6 mm. Die Achse der söhligen Grubenbaue fiel mit der Achse des Zylinders zusammen.

Unter Berücksichtigung der Durchmesser des Zylinders und der Grubenbaue zeigten die Grenzen des Modells keinen Einfluß auf die Spannungsverteilung.

Auf die Oberfläche des Modells wurde eine gleichmäßig verteilte Belastung aufgegeben, welche den hydrostatischen Spannungszustand des Gebirges imitieren sollte. Bei der angenommenen Größe des modellierten Teiles von 30 m und einer angenommenen Teufe von 600 bis 800 m betrug der Fehler beim Ersatz des natürlichen Auflagerungsdruckes durch eine Oberflächenbelastung ca. 5 bis 3,5%, d. h., es waren annähernd ähnliche Bedingungen.

Die Normalspannungen im Modell sind im Bild 1 dargestellt. Die Bestimmung der Normalspannungen geschah mit Hilfe der Integration der Gleichgewichtsgleichungen nach der von Dr. V. M. Krasnov (Leningrader Bergbauhochschule) ausgearbeiteten Methode. Auf allen Abbildungen und im Text ist unter dem Begriff Spannung die Spannungskonzentration zu verstehen, d. h., das Verhältnis der tatsächlichen Spannungen in irgendeinem Punkt des Modells zu den Spannungen, die an der Oberfläche angelegt wurden. Der Abstand auf den Abbildungen bedeutet das Verhältnis des Abstandes eines beliebigen Punktes vom Mittelpunkt des Grubenbaues zum Durchmesser des Grubenbaues.

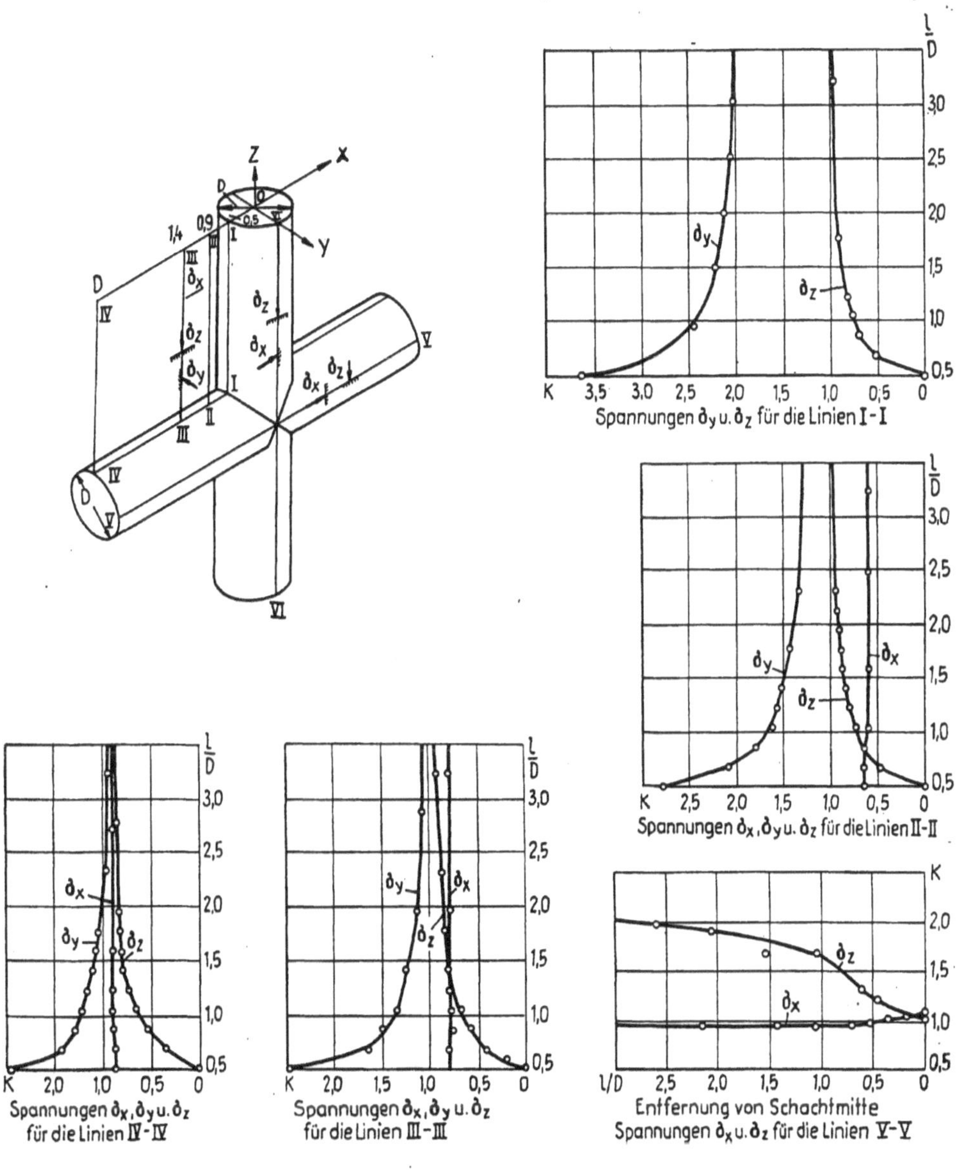

Bild 1. Die Spannungen in den Hauptschnitten des Modells

Aus den Abbildungen ist ersichtlich, daß die Verteilung des Spannungszustandes im Gebirge, welche durch den Übergang vom seigeren zum söhligen Grubenbau ausgelöst wird, im allgemeinen in einer Entfernung von 1,5 Durchmesser von der Grubenbauwandung aufhört.

Die Spannungen σ_t entlang den Linien I/I, II/II, III/III und IV/IV wachsen stärker entlang der Linie I/I. Sie übersteigen aber die Spannung im unverritzten Gebirge nicht. Die Spannung σ_z für die anderen Profile wachsen allmählich an.

Die Spannungen σ_x wachsen von 0 (entlang der Linie I/I) bis zu den Spannungen im unverritzten Gebirge (entlang der Linie IV/IV). Sie sind im allgemeinen für jede Linie konstant.

Die Spannungen σ_y, die tangential zu den Wandungen des Grubenbaues entlang der Linie I/I wirken, erreichen ihr Maximum am Übergangspunkt zwischen dem Schacht und dem söhligen Grubenbau.

Der Wert für σ_y an diesem Punkt lag für verschiedene Modelle im Bereich von 3—3,6. Mit wachsender Entfernung vom söhligen Grubenbau fällt σ_y entlang der Linie I/I bis zur Größe der Tangentialspannung um einen einzelnen Grubenbau ($\sigma_y = 2$).

Der Wert von σ_y entlang der Linie II/II, III/III, und IV/IV vermindert sich ebenfalls und erreicht an den Wandungen des söhligen Grubenbaues entlang der Linie IV/IV die Größe 2, bei weiterer Entfernung vom Grubenbau die Größe 1. Für hydro-statisch belastete Modelle ist die Spannungsverteilung entlang der Linie V/V und VI/VI einheitlich. Die Spannungen, die in Richtung der Grubenbauachsen wirken, behalten in allen Fällen angenähert den Wert 1 bei. Die Spannungen, die tangential zur Grubenbauwandung wirken, verändern sich von 2 (in großer Entfernung vom Schachtübergang) bis zur Größe 1 in der Nähe der Linien V/V und VI/VI.

Aus der Abbildung ist durch die Linie I/I sichtbar, daß die maximalen Spannungen im Hangenden und Liegenden der Übergangsstelle liegen. Die Spannungskonzentration ist an diesem Punkt = 3,6. Die Gesteine sind an dieser Stelle auf einachsigem Druck beansprucht, da die Spannungen σ_z und $\sigma_x = 0$ werden.

Der Einfluß der Übergangsform auf den Charakter der Spannungsverteilung wurde an Modellen untersucht, deren Schema aus den Bildern 2 und 3 ersichtlich ist.

In Bild 2 ist ein Schema dargestellt, welches zur Zeit am meisten verwendet wird. Der untere Teil des Überganges besitzt dieselbe Form wie im vorhergehenden Modell. Deshalb wird im gegebenen Falle nur der ebene, ausgearbeitete Teil des Überganges betrachtet. Da die Maximalspannungen am Umfang des Grubenbaues auftreten, ist für eine Beurteilung der Festigkeit die Bestimmung der Spannungen unmittelbar am Übergang selbst hinreichend. Aus den Abbildungen ist ersichtlich, daß ähnlich wie im Fall des normalen Überganges (Fall 2) das Hangende auf einachsigem Druck beansprucht wird, und zwar normal zur Achse des söhligen Grubenbaues. Die Spannung σ_y hat hier denselben Wert wie im Fall 1. Die Spannungen im Hangenden wachsen steil von 0—1 in der Entfernung gleich 0,5 Schachtdurchmesser an.

Ebenso steil fallen die Spannungen σ_y an den Wandungen des Schachtes und gleichzeitig im Dach des Schachtüberganges.

In Bild 3 ist ein Schachtübergang dargestellt.

Die Spannungen σ_y, die senkrecht zur Zeichenebene wirken, haben annähernd die Größenordnung 3.

Die Spannungen im Hangenden und Liegenden des Schachtüberganges entlang der Achse des söhligen Grubenbaues haben an allen Stellen annähernd die Größe 1.

Die Wandungen des Grubenbaues befinden sich also im ebenen Spannungszustand, und es gibt keine Stelle, die durch einachsigen Druck beansprucht wäre, wie im Falle der Abbildungen 1 und 2.

Es sei noch bemerkt, daß diese abgerundete Form des Schachtüberganges im Verhältnis zu den beiden vorhergehenden Formen die Maximalspannungen σ_y ungefähr um 20% herab-

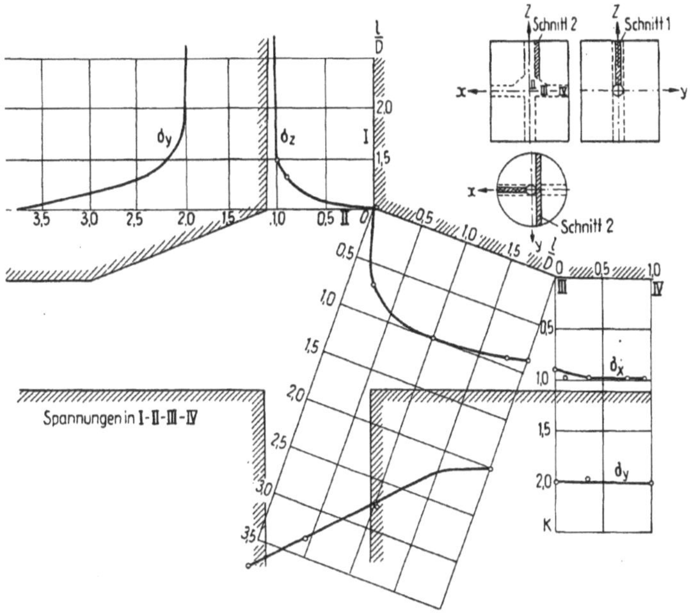

Bild 2. Spannungen im Modell beim Übergang vom seigeren zum söhligen Grubenbau

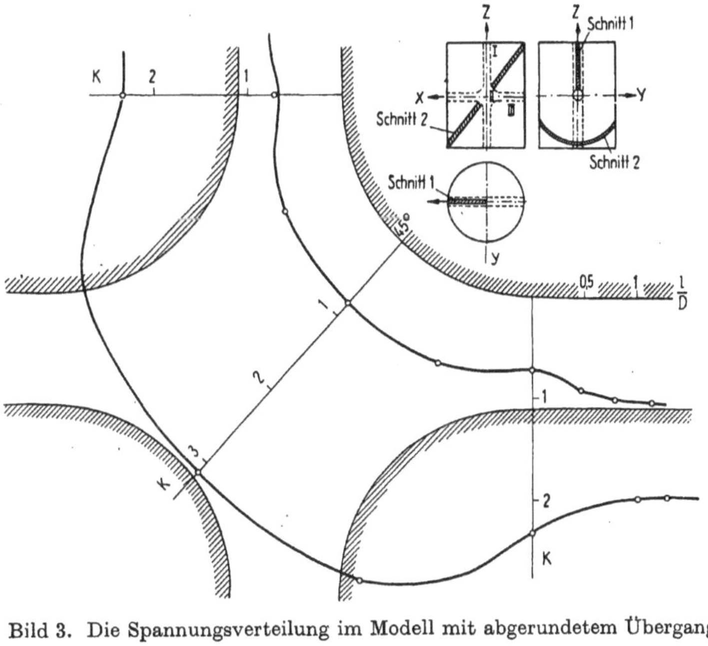

Bild 3. Die Spannungsverteilung im Modell mit abgerundetem Übergang

setzen. Bei Auffahren des Schachtüberganges unter Tage lassen sich keine rechten Winkel zwischen dem seigeren und söhligen Grubenbau herstellen. Die Kanten sind etwas abgerundet, und ein Schachtübergang hat deshalb eine Form zwischen der rechtwinkligen und der abgerundeten. Charakteristisch für diese Form des Überganges ist das Fehlen solcher Punkte, an denen ein einachsiger Druck herrscht sowie eine Spannungskonzentration σ_y, welche annähernd der Spannungskonzentration σ_y im Modell für Bild 3 entspricht. Die Spannungen im Dach und in der Sohle in Richtung der Achse des söhligen Grubenbaues zeigen ein ähnliches Bild wie die Spannungsverteilungen im Modellfall 3. Folglich werden sich unter natürlichen Bedingungen die Wandungen des Schachtüberganges im Zustand des zweiachsigen Druckes befinden und die maximalen Spannungswerte betragen 3 bzw. 1. (In bezug auf die Spannungen im unverritzten Gebirge.) Die Festigkeitsbedingungen des Materials nach der Theorie der maximalen Tangentialspannungen sind

$$\sigma_1 - \sigma_3 = \sigma_t, \tag{1}$$

wobei σ_1 und σ_3 die maximale und minimale Normalspannung und σ_t die Fließgrenze bedeuten. Der Schnitt, nach dem die Spannung bestimmt wurde, liegt für alle 3 Modelle in einer Ebene. Deshalb sind die Spannungen σ_x, σ_y und σ_z die Hauptnormalspannungen. In allen Punkten des Schachtüberganges ohne Ausbau ist $\sigma_1 = 0$ und die Maximalspannung $\sigma_3 = \sigma_y = 3\gamma \cdot H$.

Deshalb erhält die Festigkeitsbedingung die Form

$$3\gamma H = \sigma_k, \tag{2}$$

wobei $\sigma_{n\,4\,\mathrm{cm}}$ Festigkeit des Gesteins bei einachsigem Druck ist.

Gleichung 2 zeigt, daß die Festigkeit des Schachtüberganges gleich der Gesteinsfestigkeit bei einachsigem Druck ist. Ist beispielsweise in der Nähe des Schachtüberganges die Spannung $\sigma_k = 400\ \mathrm{kp/cm^2}$, dann ist die Standfestigkeit gegeben (für $\gamma = 2{,}5\ \mathrm{t/m^2}$) bis zu einer Teufe $H = \sigma_k/3\gamma = 533$ m. Unterhalb dieser Grenze bildet sich eine Zone inelastischer Verformungen, und es treten Drücke auf den Ausbau ein.

Die Ergebnisse von Untertagebeobachtungen weisen ebenfalls daraufhin, daß eine Zerstörung des Schachtausbaus meist im Dach oder in der Sohle des Schachtübergangs beginnt.

Eine Untersuchung des Einflusses von Grubenbauen im Bereich des Füllortes, die keine unmittelbare Verbindung zum Schacht haben, wurden an einem Modell durchgeführt, bei dem parallel zum Schachtübergang 2 Grubenbaue mit demselben Durchmesser dargestellt wurden.

Das Schema der Grubenbauverteilung und der Spannungsverteilung ist in Bild 4 dargestellt. Aus den Abbildungen ist ersichtlich, daß die Kurve für σ_z bei Entfernung vom Schachtübergang (Linie IV/IV) das gewöhnliche Bild für 3 Grubenbaue zeigt. (Abstand zwischen den Grubenbaumittelpunkten gleich 2 Durchmesser). Bei Annäherung an den Schacht fällt σ_z auf die Linie bzw. von 2,5 bis auf 1,2 am Schnittpunkt der Linien V/V und VI/VI. Aus der Kurve σ_z entlang der Linie V/V ist ersichtlich, daß die söhligen Grubenbaue keine Spannungen hervorrufen, welche über den Spannungswerten liegen, die für 3 parallele Grubenbaue cha-

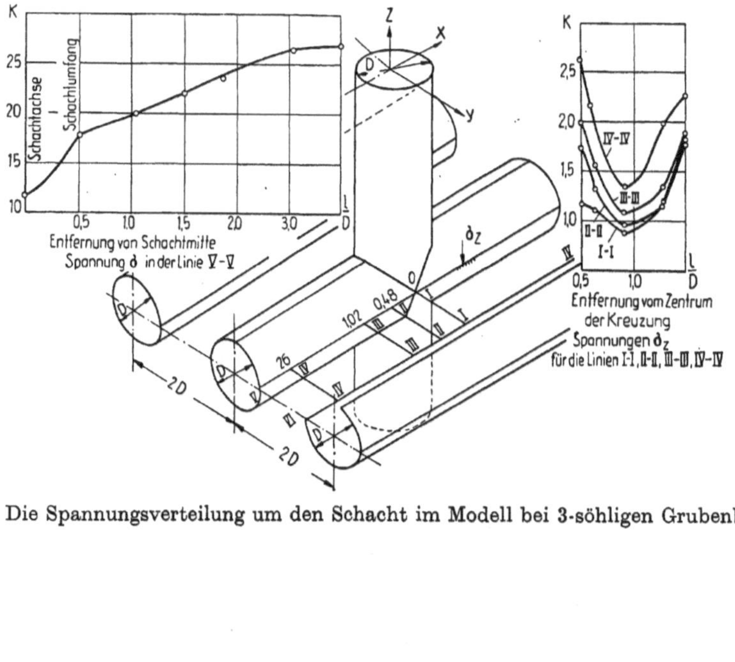

Bild 4. Die Spannungsverteilung um den Schacht im Modell bei 3-söhligen Grubenbauen

rakteristisch sind. Im Gegenteil ist im Gebiet des Schachtübergangs auf der Linie V/V der Wert für σ_z annähernd gleich dem Wert für einen Grubenbau. Dies bedeutet bei einer Untersuchung des Einflusses der in Füllortnähe gelegenen Grubenbaue auf den Schacht, daß nur ein Einfluß dieser Grubenbaue auf den Schachtübergang vorhanden ist. Wenn ein Füllort-Grubenbau nicht auf den Schachtübergang selbst wirkt, dann hat dieser Grubenbau auch keinen Einfluß auf die Spannungserhöhung an den Schachtwandungen.

Die Aufgabe über den Einfluß zweier paralleler Grubenbaue im elastischen Gebirge ist eine ebene Aufgabe und die Lösung ist nach der Kontinuumsmechanik möglich. Eine solche Lösung führt N. Savin [2] an. Die Zahlenergebnisse bei hydrostatischem Spannungszustand sind in nachfolgender Tabelle angeführt.

Verhältnis des Abstandes zwischen den Mittelpunkten zum Durchmesser ($2\,a/d$)	Spannungskonzentration im UB	Spannungskonzentration im UA	Verteilungsschema der Grubenbaue
1		2,894	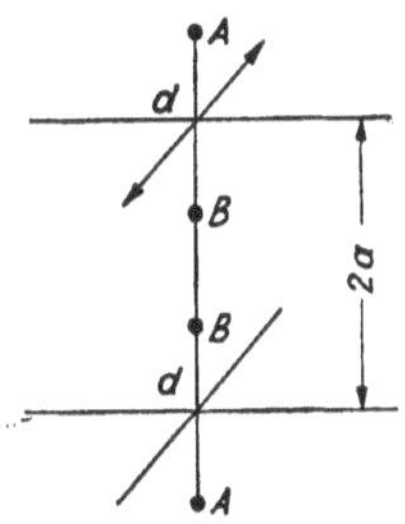
1,5	2,887	2,255	
2	2,411	2,153	
3	2,155	2,08	
5	2,049	2,033	
8	2,018	2,014	
	2	2	

Aus der Tabelle ist ersichtlich, daß schon nach einem Abstand gleich 5 Durchmesser die Spannung im Punkt B sich nur um 2,5 von der Spannung unterscheidet, die bei einem einzigen Grubenbau vorhanden wäre, d. h., wenn der Abstand zwischen den Grubenbaumittelpunkten größer oder gleich 5 Durchmesser ist, dann beeinflussen sich diese beiden Grubenbaue praktisch nicht. Die Resultate der Laboratoriumsuntersuchungen mit Hilfe der Spannungsoptik stimmen gut mit den unter Tage gemessenen Werten überein. Auf Schacht 6 Velikot-Mostovskaja treten 3 bis 4 Monate nach der Herstellung des Schachtüberganges im Ausbau Rißbildungen auf. Diese Rißbildungen waren mit einem Belastungsabfall am Ausbau in Richtung der Achse des söhligen Grubenbaues verbunden. Die Messungen geschahen mit Hilfe einer Meßstation, die über dem Schachtübergang lag [3].

Die Gesteine im Dach dieses Schachtübergangs hatten eine einachsige Druckfestigkeit von 340 kp/cm². Der Übergang selbst lag in einer Teufe von 534 m. Gemäß Formel 1 erhalten wir an der Übergangsstelle eine Maximalspannung von 400 kp/cm² (für $\gamma = 2{,}5$ t/m³).

Wenn man berücksichtigt, daß bei der Festigkeitsbestimmung die Fehlergrenze bei 15 bis 20% liegen kann, dann kann man annehmen, daß die Spannungen im Dach nahe der Bruchfestigkeit lagen. Es ist bekannt, daß in Gesteinen bei langdauernder Belastung in der Nähe der Bruchgrenze erhebliche inelastische Verformungen auftreten [4]. Deshalb haben die Gesteine an diesem Übergang zunächst eine Last aufgenommen, aber im Verlauf der Ausbildung inelastischer Verformungen erhöhte sich der Druck auf den Ausbau und führte zu seiner Zerstörung.

Auf dem Förderschacht Musketovskaja-zaperevalnaja lag die Festigkeit des Gesteins bei einer Teufe von 780 m bei annähernd 300 kp/cm². Bei Auffahren des Schachtübergangs treten im Dach Spannungen von ungefähr 580 kp/cm² auf. D. h die; Festigkeit des Gesteins war wesentlich geringer als die auftretenden Spannungen. Das führte dazu, daß an dieser Stelle unmittelbar nach dem Auffahren, die Standfestigkeit eingebüßt wurde und ein Bruch eintrat. Der Bruch bewirkte eine Entlastung des Ausbaus und führte zu einer Erhöhung des Drucks auf den Ausbau im Abschnitt normal zur Achse des söhligen Grubenbaues.

Die Ergebnisse der Untersuchungen mit Hilfe der Spannungsoptik und die Untertagemessungen gestatten folgendes Bild über die Wechselbeziehungen zwischen Gebirge und Ausbau in der Nähe des Schachtüberganges.

Das Auffahren des Schachtüberganges bringt eine Erhöhung der Spannungen im Gebirge. Die Maximalwerte dieser Spannungen liegen im Mittel bei $3\gamma H$. Berücksichtigt man die Bedingungen $3\gamma H < \sigma_k$, dann ist Standfestigkeit vorhanden. Für $3\gamma H \geq \sigma_k$ treten im Gebirge inelastische Verformungen auf, die zu einer Erhöhung des Drucks auf den Ausbau und zu seiner Zerstörung führen können. Die Zerstörung des Gesteins und des Ausbaus im Dach des Schachtübergangs führen zu einer Umverteilung der Belastung, und es kann zum Teil geschehen, daß der Schachtausbau über dem Schachtübergang weniger belastet ist als in den Abschnitten normal zur Achse des söhligen Grubenbaues.

Die durchgeführten Untersuchungen gestatteten die Feststellung, daß die Zerstörung als Folge auftretender Druckspannungen einsetzt. Hierbei ist die Spannungskonzentration im Dach und in der Sohle des Übergangs annähernd 3 (im Vergleich zur Spannung im unverritzten Gebirge). Eine Feststellung der Punkte mit maximaler Spannungskonzentration und die Größe dieser Spannung geben eine Möglichkeit zur Beurteilung der Festigkeit des Schachtübergangs in verschiedenen Teufen, wenn jeweils die Gesteinsfestigkeit für einachsigen Druck bekannt ist.

Literatur

[1] Крупенников, Г. А.: Давыдович И. Л. — О причинах нарушений крепи вертикальных стволов шахт Донбасса. „Уголь Украины", № 3, 1957.

[2] Савин, Г. Н.: Концентрация напряжений около отверстий. Гос. изд. техн.-теорет. литературы. М—Л, 1951 г.

[3] Крупенников, Г. А.: Экспериментальный метод определения нагрузок на крепь вертикальных стволов. „Шахтное строительство", 1959, № 1.

[4] Кузнецов, Г. Н.: Механические свойства горных пород. Углетехиздат, 1947 г.

Beitrag zur Gebirgsdruckverteilung um einen kreisförmigen Tunnelquerschnitt

von K. Széchy, Budapest

Bei der Bemessung der Tunnelauskleidungen spielt nicht nur die Größe, sondern die Verteilung und Richtung des Gebirgsdruckes auch eine bedeutende Rolle. Der Einfluß des Seitendruckes auf den Spannungszustand um einen kreisförmigen Querschnitt und auf die Bemessung desselben wurde unter anderen auch von H. Kastner [1] und von Terzaghi und Richart [2] theoretisch nachgewiesen. Dagegen ist die Anzahl der Forschungen, die eine genauere Bestimmung der Richtung und der Verteilung der Drücke entlang dem ganzen Umfang des Querschnittes erzielen, verhältnismäßig sehr gering. Diese Faktoren sind jedoch auf die Bemessung der Auskleidungsquerschnitte von beträchtlichem Einfluß.

Zum Beispiel die Schnittkräfte des Scheitel- oder Kämpferquerschnittes in einem kreisförmigen Tunnel gestalten sich nach Jaroschenko [3] wie folgt:

Der um den rohrförmigen Tunnel wirkenden Scheiteldruck q wird in zwei Komponenten zerlegt, von denen eine Komponente $\lambda \cdot q$ den auf den Kämpfer wirkenden Seitendruck und $q_0 = q\,(1 - \lambda)$ den von Kämpfer bis Scheitel stetig ansteigenden zusätzlichen veränderlichen Anteil bezeichnet (Bild 1). Die Drücke wirken in Radialrichtung und die Veränderung des zunehmenden Anteils darf in Funktion des Zentriwinkels $\varphi \left[\text{z. B. als } q_0 = q\,(1 - \lambda)\,\frac{4\,\varphi^2}{\pi^2}\right]$ ausgedrückt werden. In diesem Fall wird im Scheitel

das Biegemoment: $M_{\pi/2} = -\,0{,}144\; r^2 \cdot q\,(1 - \lambda)$ und

die Normalkraft: $N_{\pi/2} = r \cdot q \left[1 - \frac{8}{\pi^2}\,(1 - \lambda)\right].$

Dagegen gestalten sich nach der üblichen Annahme eines gleichmäßig verteilten lotrechten Druckes mit der Größe q und eines gleichmäßig verteilten waagerechten Druckes mit der Größe $\lambda \cdot q$ die Schnittkräfte im Scheitel und im Kämpfer bekanntlich:

$$M'_{\pi/2} = \pm\, 0{,}25 \cdot r^2 \cdot q\,(1 - \lambda) \quad \text{und}$$

$$N'_{\pi/2} = \pm\, r \cdot q\,(1 - \lambda)\,.$$

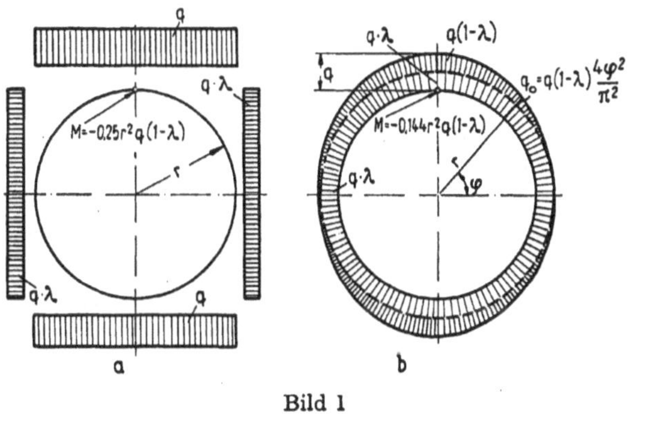

Bild 1

Wie es aus dem Vergleich der vorangegangenen Gleichungen hervorgeht, gestalten sich die Biegemomente im ersten Fall um etwa 40% kleiner, was die Wirtschaftlichkeit der Inbetrachtnahme der ununterbrochenen Verteilung und der radialen Richtung der wirkenden Gebirgsdrücke auch zahlenmäßig beleuchtet.

Obwohl die geologische Geschichte und Aufbau in der Ausformung des Gebirgsdruckes eine bedeutende Rolle spielen, müssen doch die Verformungen des ausgebauten Stollenquerschnittes darin auch zur Geltung kommen. Erfahrungsgemäß werden diese Verformungen am größten Teil des Kreisumfanges eine radiale Druckrichtung bestimmen.

Um die Richtigkeit dieser letzten Anschauung zu unterstützen, seien in folgenden die Ergebnisse der in einem im Gebirge eingebauten Gasbehälter ausgeführten Druckmessungen vorgeführt.

Im Interesse der immer größer werdenden Ausnützung der Erdgasvorkommen in der Gasversorgung der Hauptstadt Budapest wurden weitere Speicherungsmöglichkeiten größeren Umfanges erforderlich. Der Stahlverbrauch der allgemein angewendeten stählernen Gasbehälter ist auch in der neuartigen Kugelform schon bei einem Druck von 5—6 atü ganz beträchtlich (20—30 mm Wandstärke).

Um eine bedeutende Ersparnis im Stahlverbrauch zu erzielen, wurde von Dipl.-Ing. F. Szász vorgeschlagen, das in die Hauptstadt eingeführte Erdgas in dem umgebenden Gebirge einzubauenden rohrförmigen Tunnelbehältern unter Hochdruck (15 atü) zu speichern.

Der Vorschlag wurde grundsätzlich angenommen, und zwei zylinderförmige Probebehälter mit je 5,12 m Durchmesser und 20,30 m Länge wurden in den Jahren 1954—55 in einem naheliegenden festen Dolomitgebirge in rund 100 m Überdeckungstiefe ausgebaut.

Bevor man den Ausbau des Behälternetzes in größerem Umfange begann, wurde der Probebehälter genauen Probebelastungen unterworfen.

Zuerst wurde eine Belastung mit Wasser ausgeführt, wodurch die Betriebssicherheit und Dichtigkeit des Tunnelbehälters nachgeprüft werden sollte. Diesmal wurde 416 m³ Wasser in den Behälter eingebracht und mit einer Sicherheit von 1,5 auf einen Druck von 22 atü gepreßt. Der Behälter konnte diesen erhöhten Druck befriedigend halten, und nach Ablassen des Wasser swaren keine Beschädigungen oder strukturellen Störungen auf der inneren Stahlblechhaut des Behälters aufzufinden.

Nach der Austrocknung wurden Luftdruckproben vorgenommen, und zwar mit der Absicht, das statische Verhalten des im Gestein gebetteten Behälters mittels elektrischen Spannungsmessungen festzustellen.

Mit der Durchführung der Messungen wurde der Lehrstuhl für Tunnelbau und Erdbauten der TH Budapest beauftragt, die unter Leitung des Verfassers ausgeführt wurden.

Die Spannungsmessungen wurden mit elektrischen Dehnungsmeßstreifen „Tepic" Huggenberger BL 350 in drei Vollquerschnitten nach der in Bild 2 ersichtlichen Anordnung unter drei nacheinanderfolgenden Laststufen von 3,0, 8,5 und 14,3 atü Luftdruck ausgeführt. Die Ablesungen sollten außerhalb des Behälters erfolgen, was die Anwendung ziemlich langer elektrischer Kabel erforderte und dadurch die Genauigkeit der Messungen auch beeinflußte.

Neben der beträchtlichen Meßkabellänge übte auch der ziemlich hohe Dunstgehalt einen ungünstigen Einfluß auf die Meßgenauigkeit aus. Doch gelang es durch sehr sorgfältige Isolierung der Meßstellen, den durchschnittlichen Fehler an den maßgebenden Stellen zwischen $\pm$ 100 kg/cm² zu halten.

Die Meßquerschnitte waren so ausgewählt, daß bei deren Vergleich auch verschiedene Einflüsse beleuchtet werden können. So wurde Nr. I absichtlich in die Nähe der Abschlußwand gelegt, wodurch deren versteifende Wirkung festzustellen war. An der Stelle des Querschnittes Nr. II ist während des Ausbaues ein Firstbruch vorgekommen. Daher wurde die Betonumhüllung hier mit einer Stahlarmierung befestigt. Schließlich liegt Nr. III an einer Stelle, wo derartige störende Einwirkungen vermutlich nicht vorhanden sein

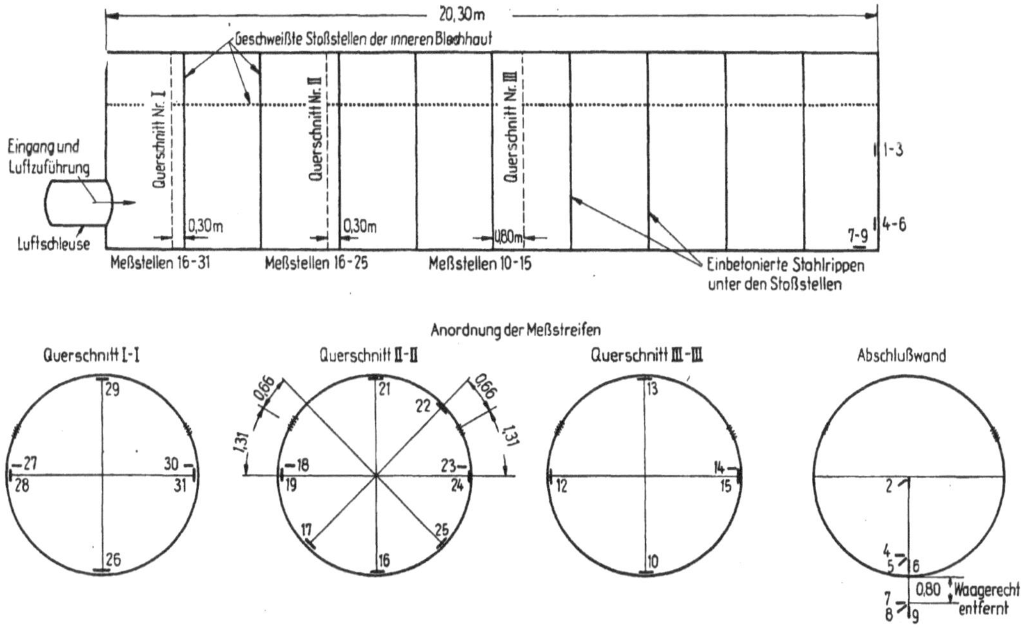

Bild 2

könnten. Hauptsächlich wurden überall Tangentialspannungen an der Oberfläche des inneren Kreisumfanges gemessen. Die Radialspannungen sind nach Mühlhofer in dem geringen der Wandstärke entsprechenden Abstand-Bereich direkt proportional zu den im Blechquerschnitt entstandenen und tatsächlich gemessenen tangential gerichteten Zugspannungen. Deshalb darf die angedeutete Verteilungsform der Spannungen auch für die Radialspannungen als kennzeichnend betrachtet werden. Wie die Abbildung zeigt, waren die Spannungen von Anfang an nicht gleichmäßig um den kreisförmigen Querschnitt verteilt, sondern haben sich in einer ellipsenähnlichen Form gestaltet. Wenn man überlegt, daß der Versuchstunnel schon vor diesen Spannungsmessungen wiederholt und sogar über diese Beanspruchung belastet wurde, so kommt man darauf, daß infolge der Entlastungen der tatsächliche Gebirgsdruck hervorgerufen und auf das Bauwerk wirksam wurde. Der von innen ausgeübte Probedruck dürfte den entgegenwirkenden Gebirgsdruck quasi heben und dadurch die Ausbildung einer entsprechenden aber entgegengerichteten Verteilungsform hervorrufen.

Das möchte aber nur eine Begründung sein, warum eine ellipsenähnliche Verteilung der Tangentialspannungen sich ausgebildet hat. Die andere Ursache mag wohl sein, daß die Injektierung zwischen Blechwand und Betonauskleidung nicht überall ganz dicht ausgeführt werden konnte. Die Fehlquellen und Hohlstellen der Ausfüllung dürften sich sowohl wegen nachträglichen Schrumpfens als auch wegen Ausführungsschwierigkeiten vor allem am Firstquerschnitt bemerkbar machen. Weil dadurch die Beton- und Gesteinbettung zuerst nicht in eine Mitwirkung bei der Lastübernahme einbezogen sein konnte, sollte die dünne Blechhaut die Beanspruchung bis zu einer gewissen Verschiebung allein als ein dünnwandiger Kessel tragen. Diese in der vertikalen Achse erfolgte Verschiebung brachte gleichzeitig eine Entlastung in der Kämpferrichtung und eine Zusatzbelastung auch nach der Sohle mit. Daß dieser Umstand in der gemessenen Spannungsverteilung eine bedeutende Rolle spielen dürfte, kann auch dadurch bewiesen werden, daß bei dem Anfangsdruck von 3 atü schon First- und Sohlspannungen von 500—800 kg/cm² gemessen wurden, als die Spannungen am Kämpfer noch ganz vernachlässigbare Werte aufgewiesen haben. Mit der Steigerung des Innendruckes sind auch schon Spannungen an den Kämpferquerschnitten erschienen, aber deren Zunahme blieb noch immer beträchtlich hinter der Zunahme der First- und Sohlspannungen zurück, was schon ein Hinweis auf die erwähnte ungleichmäßige Verteilung des abzuhebenden wirksamen Gebirgsdruckes sein dürfte.

In Bild 3 haben wir bei 14,3 atü Höchstdruck neben der gemessenen ellipsenförmigen Spannungsverteilung auch den Ausgleichkreis der gemessenen Spannungen und die nach Mühlhofer [4] gerechneten, auch kreisförmig verteilten Spannungen $\sigma_t = 646$ kg/cm² aufgezeichnet. Wie ersichtlich, sind die Spannungswerte der Ausgleichskreise den gerechneten Werten in allen drei Querschnitten überlegen, was eigentlich ein Beweis dafür ist, daß die vollkommene Verbundwirkung zwischen Blechhaut und umhüllende Betonauskleidung bzw. Gebirgsaushüllung nicht gesichert war. Ferner kann bestätigt werden, daß die Abweichung

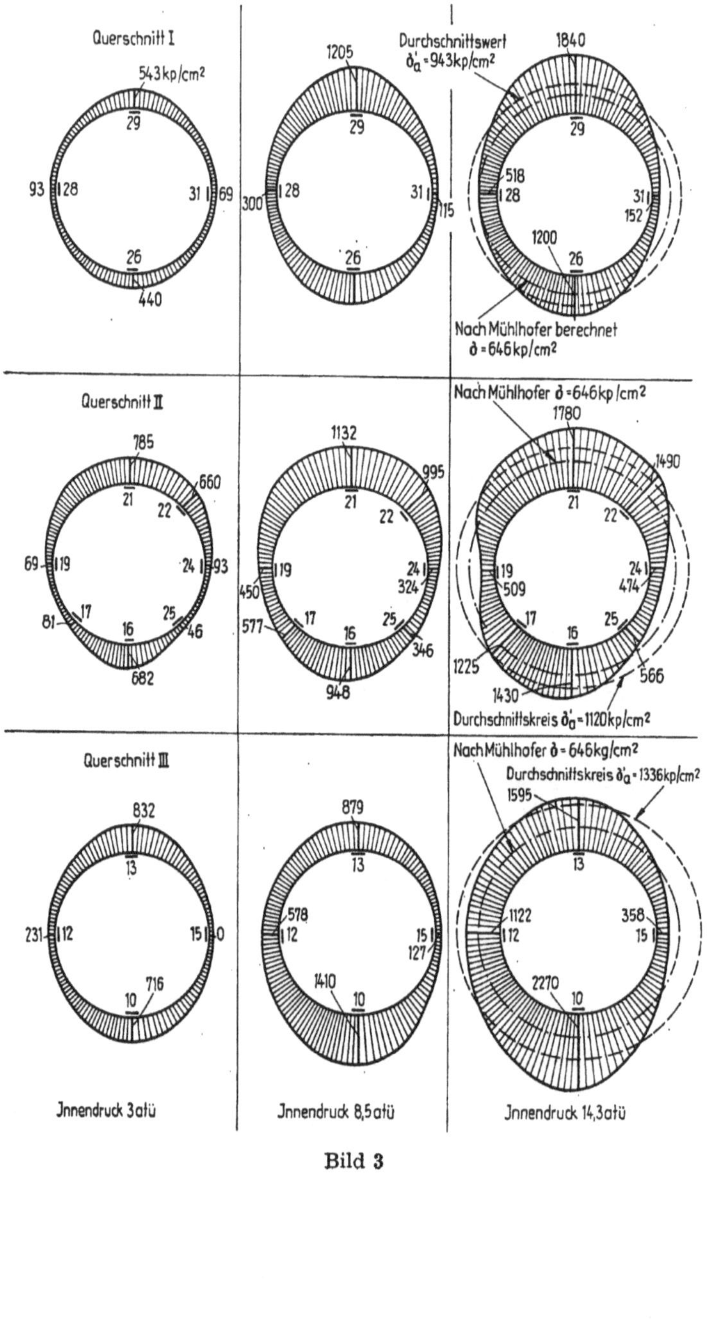

Bild 3

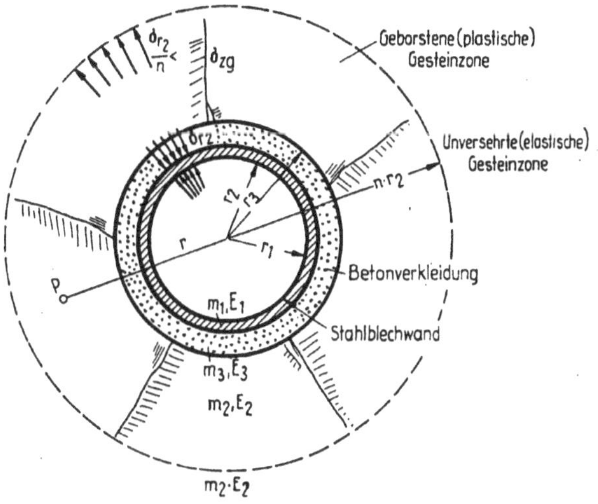

Bild 4

der beiden Werte nicht überall gleich ist. Im Querschnitt I, wo die versteifende Wirkung der naheliegenden Abschlußwand zur Geltung kommt, ist der Unterschied 943 — 646 = 297 kp/cm² (46%). Im Querschnitt II, wo die Verfestigung der Betonauskleidung mit Stahlbewehrung auch eine versteifende Wirkung ausüben dürfte, beträgt sie 1120 — 646 = 474 kp/cm² (73%), und im Querschnitt III, wo keine besondere versteifende Wirkung zu betrachten ist, machte sie 1336 — 646 = 690 kp/cm² (103%) aus.

Bei der tatsächlichen Bemessung und Entwurf ist man nicht von den Mühlhoferschen Annahmen — d. h. von der Voraussetzung eines vollkommen dichten Anliegens an der umhüllenden Betonauskleidung und dem Gebirge — ausgegangen, sondern Dr.-Ing. F. Kovácsházy hatte eine Theorie entwickelt [5], nach der die Zerstörung der unmittelbar umhüllenden Gesteinszone auch in Betracht gezogen wird (Bild 4). Diese geborstene, plastische Zone reicht bis zu der Entfernung, wo die Zugfestigkeit des Gesteins den hervorgerufenen Tangential (Zug-)Spannungen schon gewachsen ist.

Wenn man die Spannungen nach dieser Theorie und mit einem Elastizitätsmodul von $E = 200\,000$ kg/cm² rechnet, so erhält man eine Durchschnittspannung von $\sigma_a = 740$ kp/cm², und wenn man mit $E = 80\,000$ kg/cm² rechnet, so wird $\sigma_a = 1370$ kp/cm², was schon dem gemessenen höchsten Durchschnittswert entspricht. Dabei soll noch bemerkt werden, daß nach der vorher ausgeführten Materialprüfung das Gestein folgende Festigkeits- und Elastizitätseigenschaften aufwies [6]:

Prismendruckfestigkeit:	600—900 kp/cm²
Zugfestigkeit:	26— 30 kp/cm²
Elastizitätsmodul	
(in den weniger festen Abschnitten)	86 000—140 000 kp/cm²
(in den festeren Abschnitten)	140 000—480 000 kp/cm²
Poisson-Zahl	m = 4,6 — 10 .

Da dieser Versuchstunnel absichtlich in dem weniger festen Abschnitt des Berghanges eingebaut wurde, kann man bestätigen, daß die gemessenen Durchschnittswerte der Tangentialspannungen, mit den nach der Theorie von Kovácsházy berechneteten Werten in guter Übereinstimmung stehen.

Zusammenfassend darf also festgestellt werden, daß man bei der Berechnung der sich um ein Druckrohr entwickelnden Spannungen gegebenenfalls die Ausbildung einer geborstenen, plastischen Zone und die ungleichmäßige (ellipsenförmige) Verteilung der Spannungen in Kauf nehmen muß. Die Ungleichmäßigkeit der Spannungsverteilung nimmt mit der Unvollkommenheit des festen Anliegens, d. h. der nachträglich auszuführenden Injektierungsarbeiten zu, doch ist in sich ein Beweis — nach Ansicht des Verfasser — für die ungleichmäßige, jedoch radial gerichtete Verteilung der sich auszubildenden Gebirgsdrücke, die bei der Bemessung der gewöhnlichen Tunnel- und Stollenquerschnitte beträchtliche Ersparnisse bieten kann.

Literatur

[1] KASTNER, H.: Über den echten Gebirgsdruck beim Bau tiefliegender Tunnel. Öst. Bauzeitschrift 1949. No. 10—11.
[2] TERZAGHI, K., und RICHART, L.: Stresses in rock about cavities. Geotechnique 1952. pp. 57—55.
[3] JAROSCHENKO, V. A., und andere: Vodopropuskie trubi pod zheleznodorozhnimi nesupjami. Moskau 1952. Trans zheldor.
[4] MÜHLHOFER, L.: Über die Inanspruchnahme von Druckstollenauskleidungen. Bauing. 1923/8.
[5] KOVÁCSHÁZY, F.: Berechnung von in Gestein gebetteten Druckrohren und Behältern. (Acta Technica Hung. XVIII. (1957), No. 3—4.)
[6] KOVÁCSHÁZY, F.: Közetbe telepitett gáztartók (Im Gestein gebettete Gasbehälter). [Építés és Közlekedéstudományi Közlemenyek IV. (1960), No. 4.]

Fragen spannungsoptischer Untersuchungen in der Gebirgsmechanik

von R. Richter, Miskolc

In meinem auf dem 2. Ländertreffen des Internationalen Büros vorgelegten Referat über „Die Bedeutung von elastizitätstheoretischen Untersuchungen für die Gebirgsmechanik" habe ich die Gründe, die die Berechtigung elastizitätstheoretischer Untersuchungen unterstützen, ausführlich dargelegt. Es ist wohl natürlich, daß man zur Kontrolle elastizitätstheoretischer Untersuchungen, bzw. zur Lösung von mittels Berechnungsverfahren schwer anzunähernder Aufgaben die Forschungen mit spannungsoptischen Untersuchungen verbindet.

Als ersten Schritt betrachteten wir die Klärung grundlegender Fragen. So suchten wir das zu den Versuchen erforderliche optisch aktive Material aus und planten jenen Belastungsrahmen, der die Durchführung der geplanten Versuche ermöglicht.

Die spannungsoptischen Untersuchungen können in einfachster Form bei ebenem Spannungszustand durchgeführt werden, und zwar mit Hilfe der am Rande des Modells wirkenden äußeren Belastungen, demgegenüber in den von der Abbaukante, bzw. vom Ort genügend entfernt liegenden Schnitten ebener Formänderungszustand herrscht. Auf Grund des Vergleiches beider Spannungszustände haben wir die Methode der Umwertung bestimmt, auf Grund deren nun die im ebenen Spannungszustand bestimmbaren Spannungs- und Formänderungskomponenten zu denen dem ebenen Formänderungszustand entsprechenden Komponenten transformiert werden können. Dadurch war die Mehrheit unserer Versuche im ebenen Spannungszustand durchzuführen.

Unsere weiteren Ausgangsuntersuchungen zielten auf das primäre Spannungsfeld hin. Mittels theoretischer Untersuchungen konnte gezeigt werden, daß in Teufen bei allgemeinen Bergbauverhältnissen im Falle der in die Untersuchungen mit einbezogenen verhältnismäßig geringen Hohlräumen und Strecken das primäre Eigengewichtsspannungsfeld in guter Näherung durch ein monotones Feld ersetzt werden kann. Der primäre Spannungszustand unseres die Grundlage der Untersuchungen bildenden Modells des elastischen Halbraumes entspricht dem Spannungszustand des einachsigen Gravitationshalbraumes, der durch die Airysche Spannungsfunktion

$$\Phi_p = \frac{1}{2} \gamma x^2 z + \frac{\gamma}{6k} z^3$$

gekennzeichnet ist (Bild 1). Die aus der Spannungsfunktion berechenbaren Hauptspannungen sind also:

$$p_z = z\gamma ,$$

$$p_x = p_x = \frac{z\gamma}{k}$$

und

$$t_{zx} = 0 .$$

Im Laufe der Herstellung bzw. des Ausbaues der im Halbraum auszubildenden Strecken geht der Spannungszustand des Halbraumes in den sekundären Zustand Φ_s über mit der

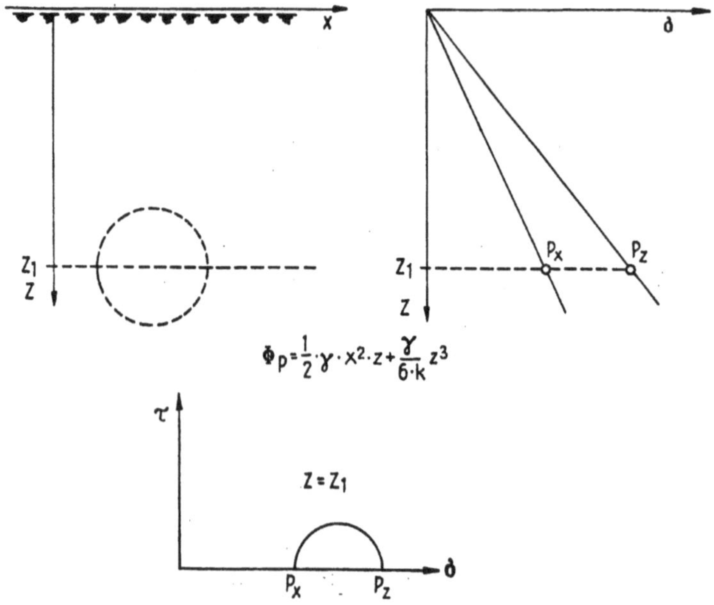
x
ϑ
Z1
Z
Px
Pz
Φp = 1/2 · γ · x² · z + γ/(6·k) z³
τ
Z = Z1

Bild 1

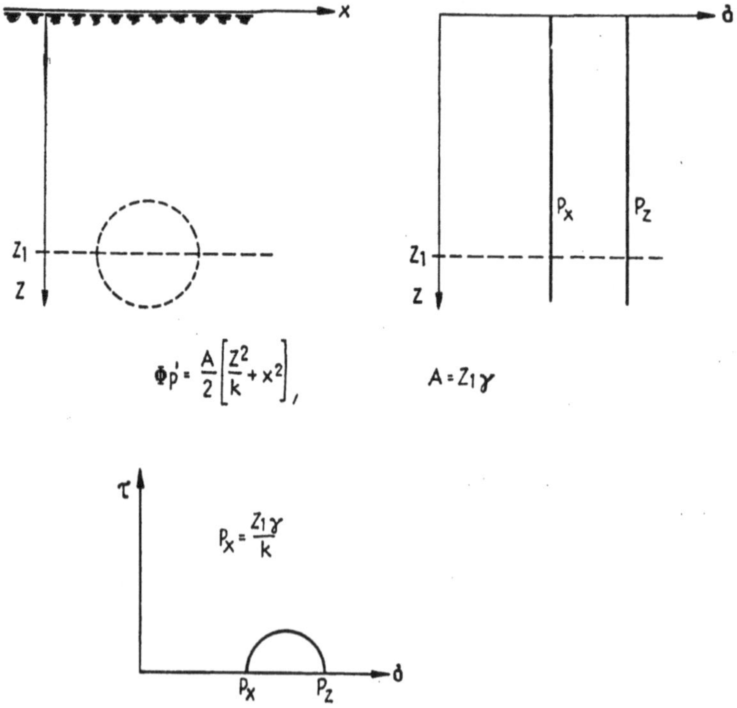
x
ϑ
Z1
Z
Px
Pz
Φp' = A/2 [Z²/k + x²],
A = Z1γ
τ
Px = Z1γ/k

Bild 2

bestimmten Änderung des primären Zustandes, d. h. die Sekundärspannungen können wie folgt ausgedrückt werden:

$$\sigma_z = p_z + \Delta p_z\,,$$
$$\sigma_x = p_x + \Delta p_x$$

und

$$\tau_{zx} = \Delta t_{zx}\,.$$

Es kann bewiesen werden, daß die Änderung eine besondere Spannungsfunktion befriedigt, bei der Massenkräfte nicht vorkommen und mit Hilfe deren der sekundäre Spannungszustand ausgedrückt werden kann:

$$\Phi_s = \Phi_p + \Phi_\Delta\,.$$

Die Abmessungen des Streckenquerschnittes können bei unseren Untersuchungen neben der Tiefe vernachlässigt werden, ferner verursacht die die Spannungsfreiheit sichernde Randbedingung im Spannungsfeld keine nennenswerte Änderung bzw. Asymmetrie und deshalb kann das Feld Φ_Δ auch an einem Modell hergestellt werden, dessen primärer Spannungszustand einachsig monoton ist und auch durch eine Spannungsfunktion von der Form

$$\Phi_p' = \frac{A}{2}\left(\frac{z^2}{k} + x^2\right)$$

beschrieben werden kann, worin $A = z_1\gamma$, also gleich dem im Schwerpunkt der zu errichtenden Strecke herrschenden primären Eigengewichtsspannungswert zu wählen ist (Bild 2).

Der Spannungszustand des einachsigen monotonen Feldes nach Bild 2 kann bereits mit äußeren Randkräften hergestellt werden, und so gelangen wir am Modell zu Spannungen genügend großer Intensität unabhängig vom tatsächlichen Raumgewicht des Modellmaterials. Die Prinzipskizze des so entstehenden Modells zeigt Bild 3.

Superponiert man dann die am Modell vom primären Zustand Φ_p' erhaltenen Ergebnisse auf das Eigengewichtsfeld, so erhält man Ergebnisse, als wären die Untersuchungen in einem durch Φ_p gekennzeichneten einachsigen Halbraum durchgeführt worden.

Für eine sehr wesentliche Frage hielten wir die Einstellung des Verhältnisses

$$\frac{p_z}{p_x} = k$$

der primären Hauptspannungen. Falls die Erdkruste während ihrer Entstehung im seitlichen Ausweichen in jedem Punkt gleichmäßig gehindert gewesen wäre, falls tektonische Kräfte nicht gewirkt hätten und die Oberfläche stellenweise und zeitweise keine Belastung (Eiskruste, denudierte Gebirge) getragen hätte, dann wäre

$$\frac{p_z}{p_x} = k = m - 1\,,$$

d. h., es könnte der primäre Zustand mit der Poissonschen Zahl gekennzeichnet werden. Als Folge der aufgezählten Umstände beeinflussen das Verhältnis von p_z und p_x auch noch andere Faktoren, und deshalb kann der Wert von $k - 1$ wie Quasi-Poissonsche Zahl betrachtet werden, weil er die entstehenden Formänderungen ebenso bestimmt, wie die Poissonsche Zahl des theoretischen Falles.

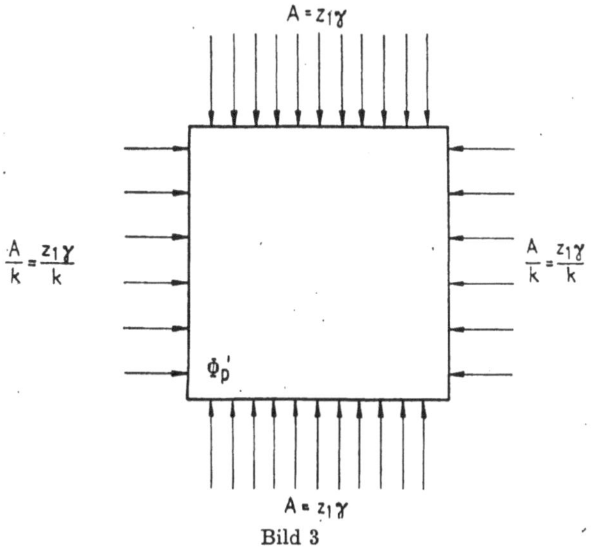

Bild 3

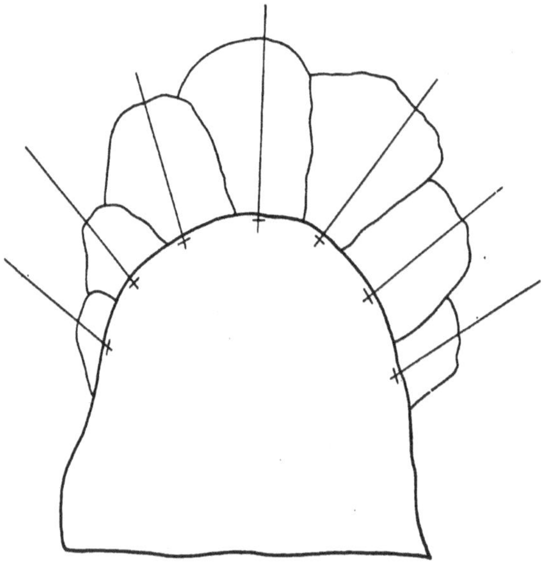

Bild 4

Andererseits werden nach dem Modellgesetz die in Bild 1 entsprechenden Umstände, also der Wert p_z/p_x durch die Poissonsche Zahl des Modellmaterials bestimmt. So beschränken sich die Untersuchungen nur auf die durch das Modellmaterial gegebenen wenigen Möglichkeiten. Im Falle der auf Grund der früheren Gedanken gestalteten und in der Prinzipskizze des Bildes 3 gezeigten Modellbelastung ermöglicht die entsprechende Wahl des Verhältnisses der vertikalen und horizontalen Belastungen die Einstellung einer beliebigen Quasi-Poissonschen Zahl, die größer ist als die wahre Poissonsche Zahl des Modellmaterials.

Die durchgeführten spannungsoptischen Untersuchungen fußen auf den bisher angeführten Überlegungen.

Im folgenden will ich noch kurz von den im Zusammenhang mit der Ankerung durchgeführten Untersuchungen berichten.

Es ist allgemein bekannt, daß die die Ankerung behandelnde Literatur zwei kennzeichnende Typen der Ankerwirkung unterscheidet.

In einer Gesteinsumgebung, in der den Hohlraum ein fester tragfähiger Gesteinsmantel umgibt, auf dessen dem Hohlraum zugewandter Seite mit der Lockerung von Blöcken gerechnet werden kann, übernimmt der Anker im Wesen die Rolle eines Nagels, mit welchem die sich lockernden Blöcke an den festen Gesteinsmantel befestigt werden (Bild 4).

In einer Gesteinsumgebung, bei der das Hangende stark schiefrige, in der Ebene der Schieferung sich leicht lösende Schichten bildet, kann der Anker zum Zusammenhalten des Schichtenkomplexes dienen. Die Ankerkraft erhöht die Normalkraft senkrecht zur Ebene der Schieferung, und so wächst auch die an den Schieferplatten entstehende Reibkraft an. Im Wesen macht der Anker den geschichteten Träger des Hangenden zu einem zusammengesetzten Träger und erhöht somit dessen Biegefestigkeit (Bild 5).

Diese beiden Typen kommen unseres Erachtens nach häufig vor, sind aber nicht allgemein. Wären sie allgemein, dann könnte man einen Anker nur dort verwenden, wo ein tragfähiges,

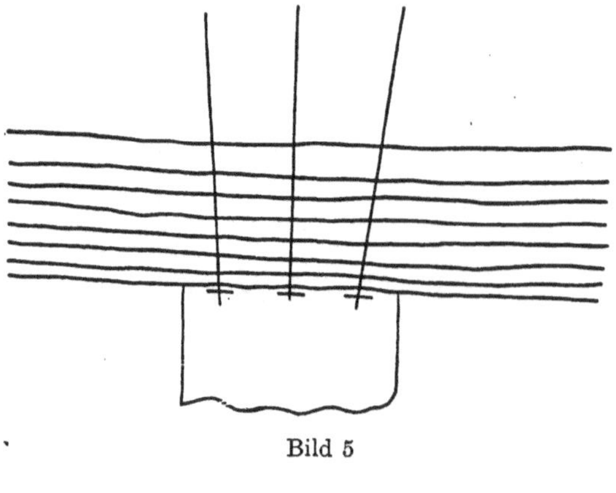

Bild 5

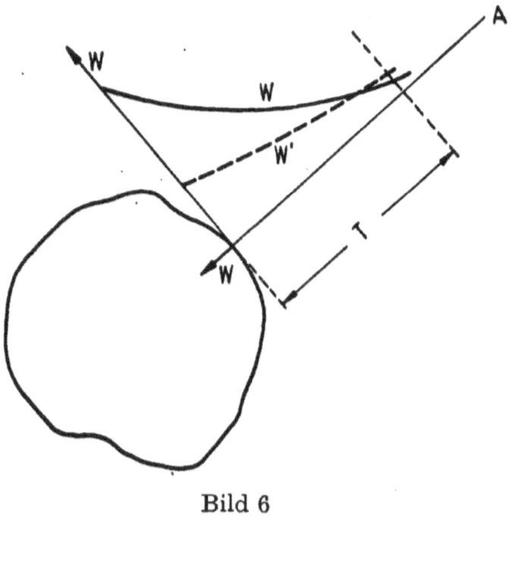

Bild 6

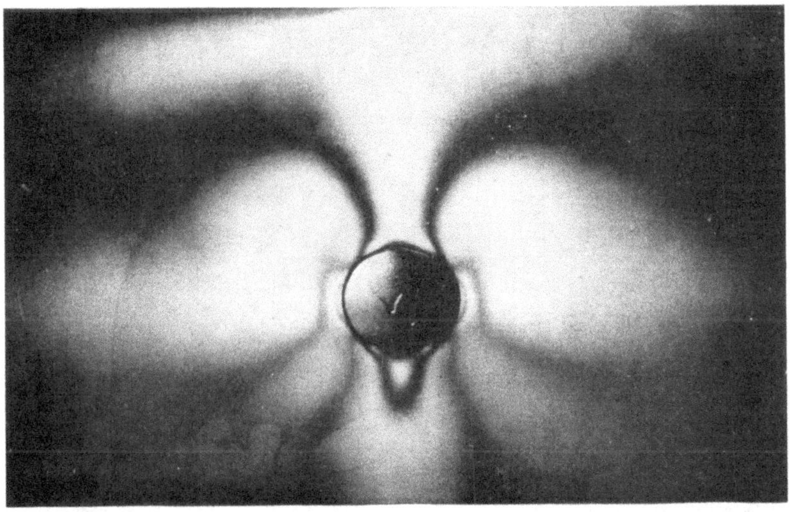

Bild 9

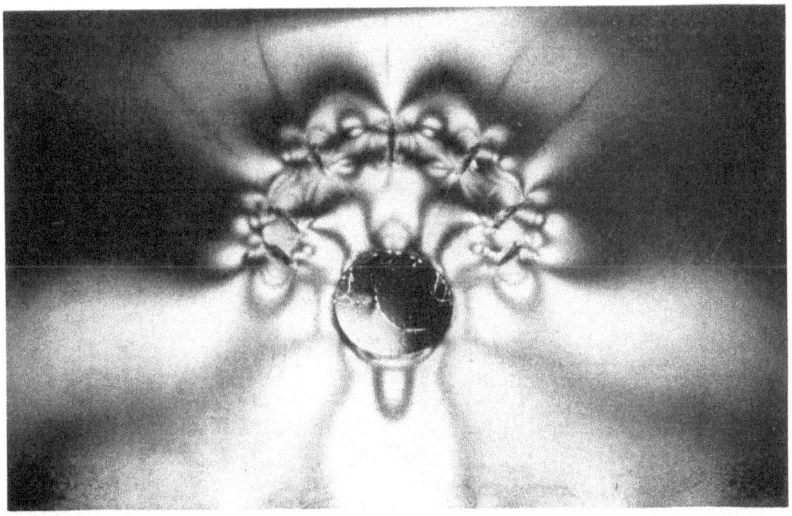

Bild 10

Bild 11

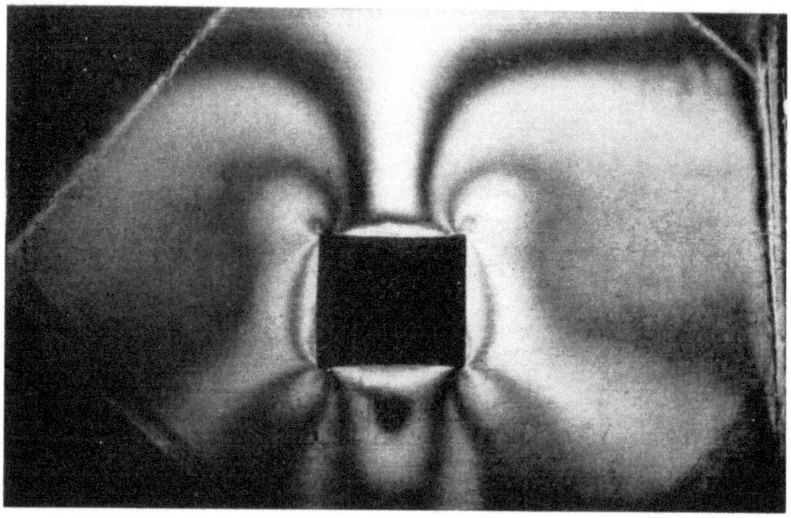

Bild 12

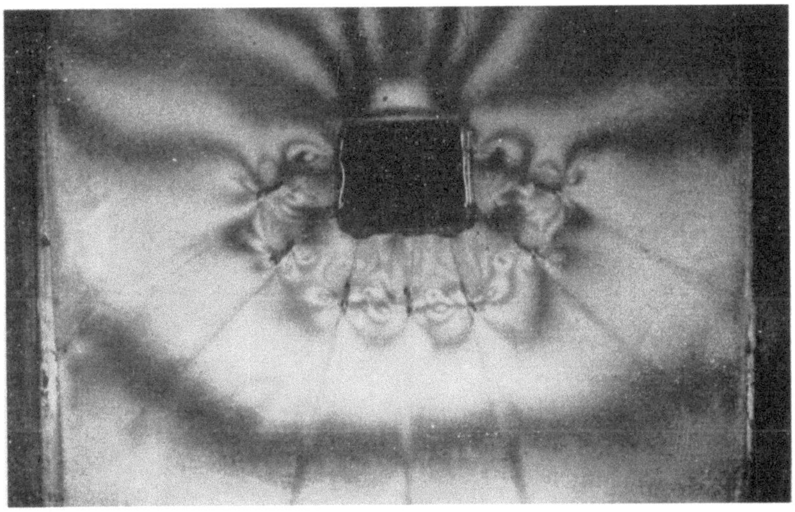

Bild 13

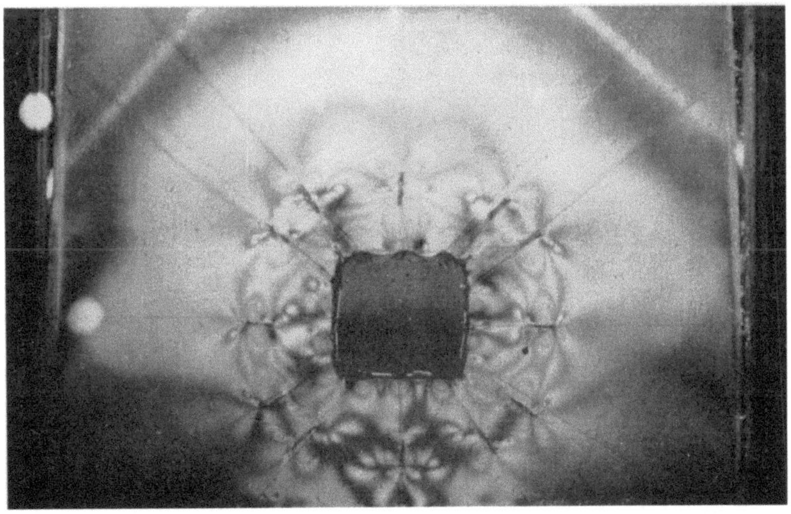

Bild 14

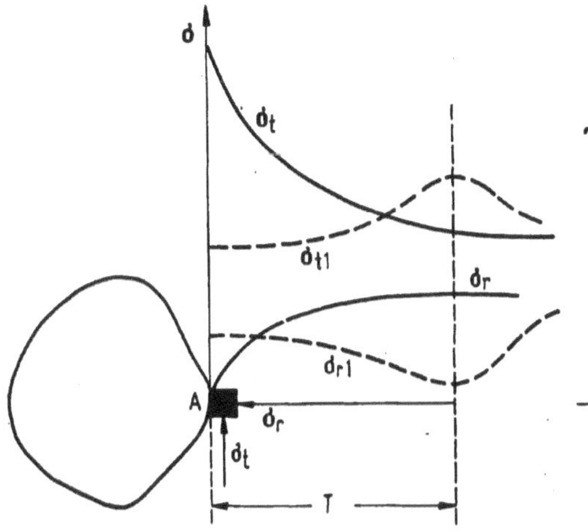

Bild 7

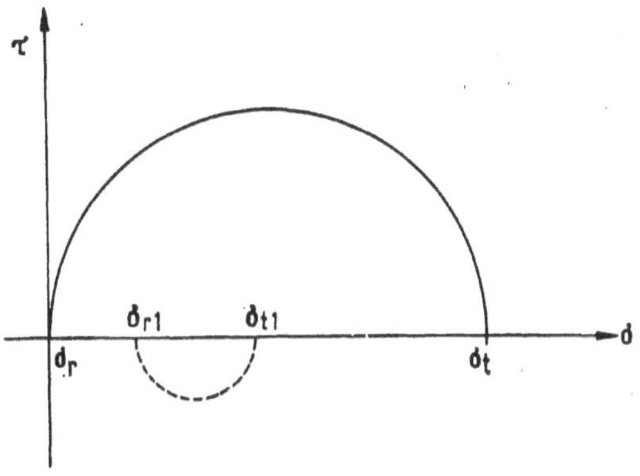

Bild 8

das Eigengewicht locker gewordener Blöcke zu tragen fähiges Gesteinsgewölbe vorhanden ist, oder aber, wo dünne, schiefrige Schichten das Hangende bilden. Demgegenüber stellt die Ankerung ein viel allgemeineres Ausbausystem dar, das auch dann verwendet werden kann, wenn ein Gesteinsgewölbe nicht vorhanden und das Hangende der Strecke nicht geschichtet ist. Einen erfolgreichen Ausbau stellten wir z. B. in Mergel oder Kohle von kleiner Festigkeit her, der nicht den Typen der Bilder 4 und 5 entspricht.

Grundlegendes Kennzeichen jedes Ausbausystems ist, daß es die Verrückung der im Laufe der Herstellung freigelegten Hohlraumfläche verhindert.

Die Verrückung einer Punktreihe entlang einer gewählten Geraden verringert sich mit der Entfernung vom Hohlraum (Bild 6, Kurve w). Der Gesteinsanker stellt eine Zwangsverbindung zwischen den an seinen Enden liegenden Gesteinsblöcken her, und deshalb werden die Verrückungen in einer der Ankerlänge entsprechenden Entfernung durch w' gekennzeichnet. Die Verrückung an der Fläche verringert sich und vergrößert sich in der Entfernung T. Der Gesteinsanker verringert somit die Konvergenz der Hohlraumflächen und ist deshalb eine Ausbaukonstruktion.

Die Abänderung der Verrückungen nach Bild 6 verursacht auch in den kennzeichnenden Spannungen eine Änderung. Der Charakter der Änderung ist in Bild 7 dargestellt: σ_r und σ_t kennzeichnen den Spannungszustand ohne Anker, σ_{r1} und σ_{t1} den zufolge des Ankers entstandenen Zustand. Die Differenz der Spannungen verringert sich in der Nähe der Hohlraumoberfläche und nimmt weiter innen an der der Ankerlänge entsprechenden Stelle zu.

Bild 8 stellt die im Spannungszustand des Punktes A der Hohlraumfläche erfolgende Änderung mit Mohrschen Kreisen dar. Der Zustand ohne Anker ist oberhalb, die Wirkung des Ankers unterhalb der σ-Achse dargestellt. Die Bruchgefahr des Zustandes A_1 nahm gegenüber A ab. Man kann sagen, daß der Gesteinsanker in der Spannung σ_t die an der Hohlraumoberfläche entstehende Spitze vermindert und nach dem Inneren des Gesteins verschiebt, wo anstatt des zweiachsigen Spannungszustandes schon ein dreiachsiger Zustand herrscht, welchen das Gestein mit geringerer Bruchgefahr erträgt.

Die in den Bildern 9—14 mitgeteilten spannungsoptischen Aufnahmen unterstützen die theoretischen Feststellungen: Die Spannungskonzentration wanderte von der Streckenoberfläche nach innen zu und nahm an Intensität ab.

Bemessung von zylindrischen Stollenausbetonierungen mit besonderem Bezug auf die Stützwirkung des umgebenden Bodens

von L. Rózsa und K. Kovács, Budapest

Die kreisrunde Form der Stollenausbetonierung wird oft gewählt. Stollen bzw. Tunnel unter dem Grundwasserspiegel sowie Tunnel von tief angeordneten Untergrundbahnen sind meist von kreisrundem Querschnitt. Die kreisrunde Form ist vorteilhaft für die Bauarbeiten; sie fördert die Anwendung der Schildbauweise und komplizierter Mechanisierungsverfahren.

Gegenwärtig gibt es verschiedene Vorstellungen über die Stollenbemessung, durch das richtige Verfahren wird jedoch nicht nur die Belastung auf Grund des umgebenden Bodens, sondern auch seine Stützwirkung in Betracht gezogen. Kurz gesagt, in korrekter Weise wird die Stollenausbetonierung als ein in einem elastischen Medium eingebetteter Ring bemessen.

Je nach den bestehenden Bemessungsverfahren, welche die zylindrische Stollenauskleidung als einen elastisch eingebetteten Ring berücksichtigen, wurde die Stützwirkung des umgebenden Bodens durch den Gründungsmodul gekennzeichnet. Dieser Winklersche Modul ist jedoch kein physikalisch konstanter Wert des Bodens, sondern er beruht auf vielen vom Boden unabhängigen Faktoren.

Die Forschung in den letzten Jahren strebte nach einer Kennzeichnung der Stützwirkung des Bodens durch tatsächliche physikalische Konstanten — Elastizitätsmodul und Poisson-Zahl — und einem Ersatz der Winklerschen Hypothese durch ein mit der mathematischen Elastizität übereinstimmendes Berechnungsverfahren.

Vereinfachtes mechanisches Modell

Die Forschungsarbeiten über das Verhalten der Stollenausbetonierung haben gezeigt, daß der umgebende Boden nicht nur die Belastung der Ausbetonierung ergibt, sondern sie auf einem Teil ihres Umfanges auch stützt. Der Umfang des kreisförmigen Stollens kann somit in zwei Teile geteilt werden: in die divergierende und in die aufliegende Zone (Bild 1).

Bei der divergierenden Zone ist die Bewegung der Ausbetonierung auf Grund des Erddruckes nach innen gerichtet, das bedeutet, sie neigt dazu, vom Boden zu divergieren. Bei der aufliegenden Zone verschiebt sich die Ausbetonierung jedoch zum Boden, und auf Grund dieser Auflagewirkung finden Untergrundreaktionen statt.

In der Annahme, daß die Grenzen der vorerwähnten Abschnitte bekannt sind, wird die „aufliegende Zone" in „n" Elementarabschnitte von ungerader Zahl mit einer endlichen Länge von $2\,r\,\beta$ (Bild 2) geteilt.

Innerhalb dieser Elementarabschnitte kann die Verteilung der reaktiven Kräfte als gleichmäßig betrachtet werden. Ihre Richtung wird als radial angenommen, das bedeutet, daß die Reibung zwischen Boden und Stollenausbetonierung vernachlässigt werden wird. Wenn die auf den Elementarteil wirkenden gleichmäßigen reaktiven Kräfte durch ihre Resultanten ersetzt werden, können sie auch durch Pendelstäbe ersetzt werden.

Es gibt somit für die Berechnung der in einem elastischen Medium eingebetteten zylindrischen Ausbetonierung ein einfaches Modell, das aus einem kreisrunden Ring und den Stützstäben besteht (Bild 3).

Die Bestimmung der Kraftverteilung in dem statisch unbestimmten Modell wird durch das Arbeitsverfahren durchgeführt. Die auf die Verbindung einwirkenden Biegemomente

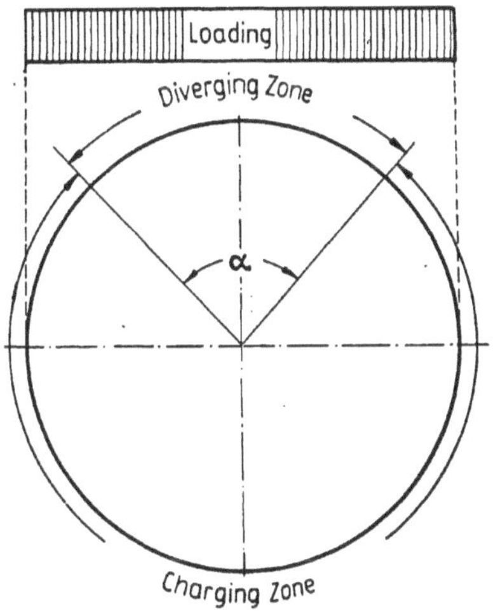

Bild 1

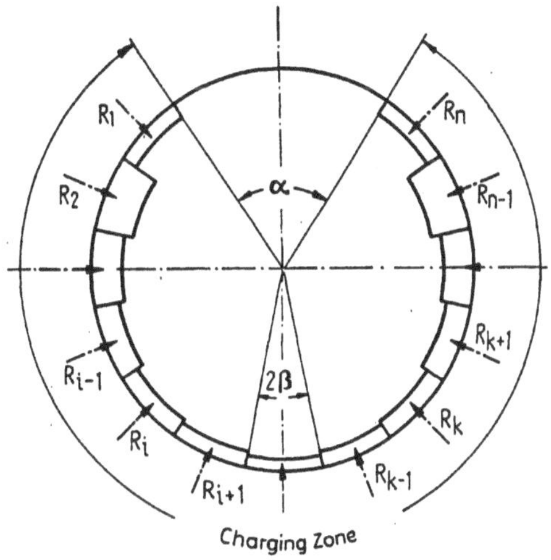

Bild 2

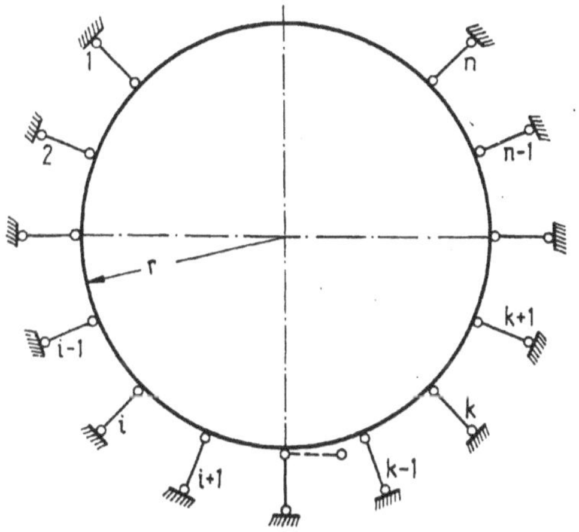

Bild 3

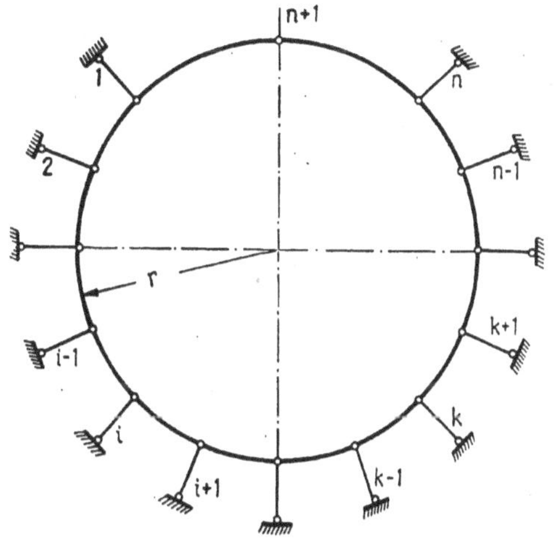

Bild 4

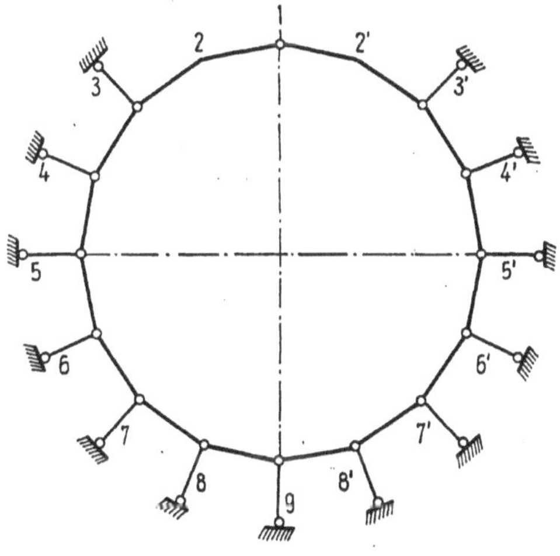

Bild 5

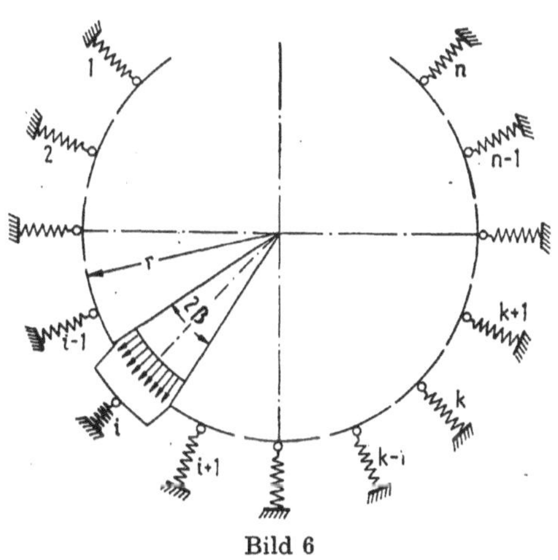

Bild 6

werden als die überflüssigen angesehen. Das Freie-Körper-Diagramm muß so angeordnet werden, daß eines der Scharniere oben und die anderen an den Verbindungen der Stäbe und des Ringes sind. Als Folge hiervon wird eine bestimmte Struktur von geraden und gekrümmten Stäben erhalten (Bild 4).

Nach den Ergebnissen der theoretischen Forschung scheint es keinen wesentlichen Fehler zu bedeuten, wenn der kreisförmige Ring durch ein mindestens sechzehneckiges Vieleck genähert wird, d. h., wenn die gekrümmten Stäbe durch gerade Stäbe ersetzt werden. Dieses Unterstützungsschema wird in der Literatur „das System des Metroprojektverfahrens" genannt (Bild 5).

Allgemeine Gleichungen

Die allgemeinen Gleichungen des Freien-Körper-Diagramms (Bild 4) sind:

$$\left.\begin{array}{l} a_{11} M_1 + a_{12} M_2 + \cdots + a_{1,n+1} M_{n+1} + a_{10} = 0 \\ a_{21} M_1 + a_{22} M_2 + \cdots + a_{2,n+1} M_{n+1} + a_{20} = 0 \\ \cdots\cdots\cdots\cdots\cdots\cdots\cdots\cdots\cdots \\ a_{n+1,1} M_1 + a_{n+1,2} M_2 + \cdots + a_{n+1,n+1} M_{n+1} + a_{n+1,0} = 0 \end{array}\right\} \quad (1)$$

wo — $M_1, M_2, \ldots M_{n+1}$ — überflüssige Momente,
a_{ik} und a_{i0} — Koeffizienten des Systems der Gleichungen sind.
Diese können durch die Verformungsarbeit bestimmt werden.

$$\left.\begin{array}{l} a_{ik} = \int \frac{M_i M_k}{E J} ds + \int \frac{N_i N_k}{E F} ds + \int \varrho \frac{T_i T_k}{G F} ds + \sum u_i R_k , \\ a_{i0} = \int \frac{M_i M_0}{E J} ds + \int \frac{N_i N_0}{E F} ds + \int \varrho \frac{T_i T_0}{G F} ds + \sum u_i R_0 . \end{array}\right\} \quad (2)$$

Die ersten drei Glieder der Formel 2 drücken die Arbeit der Stollenausbetonierung aus. Das vierte Glied: $\sum u_i R_k$ oder $\sum u_i R_0$ drückt die Arbeit der Stützstäbe aus, welche das umgebende Medium darstellen. Das vierte Glied kann durch die folgende Matrix geschrieben werden:

$$\left.\begin{array}{l} \sum u_i R_k = U_i^+ r_k , \\ \sum u_i R_0 = U_i^+ r_0 . \end{array}\right\} \quad (3)$$

Hier zeigen r_k und r_0 die aus den Stützkräften bestehende Kolonnenmatrix an:

$$r_k = \begin{bmatrix} R_{1k} \\ R_{2k} \\ \cdot \\ \cdot \\ \cdot \\ R_{nk} \end{bmatrix} \qquad r_0 = \begin{bmatrix} R_{10} \\ R_{20} \\ \cdot \\ \cdot \\ \cdot \\ R_{n0} \end{bmatrix},$$

zeigen die aus den Verschiebungen an den Stützen hervorgegangene folgende Reihenmatrix an:

$$U_i^+ = [U_{1i} , U_{2i} \ldots U_{ni}] .$$

Die in dem Ausdruck $u_i R_k$ und $u_i R_0$ auftretenden Stabkräfte können berechnet werden, wenn das Freie-Körper-Diagramm und die äußere Belastung bekannt sind. Um jedoch die u_i-Unterstützungsverschiebungen zu bestimmen, muß eine gewisse Beziehung festgelegt werden.

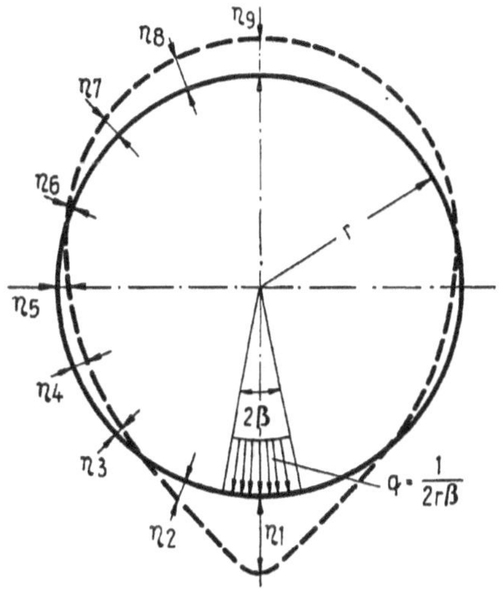

Bild 7

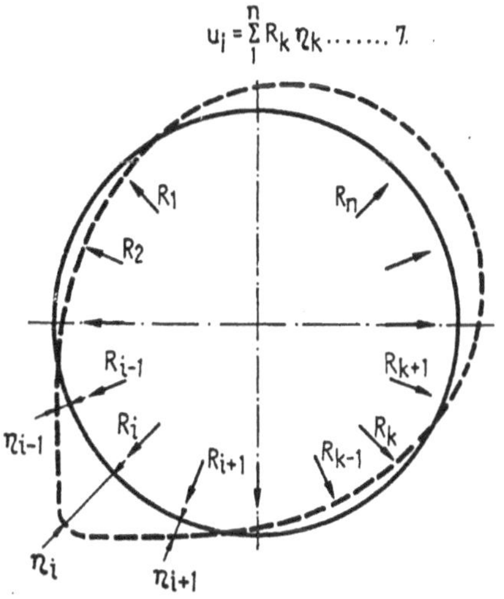

Bild 8

Bestimmung der Unterstützungsverschiebungen

Gewöhnlich werden die Unterstützungsverschiebungen durch die allgemein bekannte Winklersche Hypothese berechnet. Durch dieses Verfahren ist der Wert der Verschiebung:

$$u_i = \frac{R}{c\,F}. \tag{4}$$

In der Formel (4) bezeichnet c den Gründungsmodul, F die Fläche des geteilten Teils der Stollenoberfläche. Der Gründungsmodul ersetzt das elastische Medium durch Federn (s. Bild 6); das bedeutet, die einwirkenden Kräfte verursachen Verschiebungen nur in ihrer eigenen Richtung und auf dem Punkt ihrer Wirksamkeit.

Die Hypothese von Winkler drückt nicht das wirkliche Verhalten des Bodens aus, Kritiken an dieser Hypothese können in der Literatur gefunden werden.

Es erscheint realistischer und eine reale Arbeit wird besser genähert werden, wenn wir bei der Bestimmung der Verschiebungen anstelle von der Winklerschen Hypothese von der Verschiebung des kreisförmigen Ausschnittes des unendlichen Raumes, charakterisiert durch den Elastizitätsmodul E und die Poisson-Zahl μ ausgehen.

Dieser Gedanke stammt von S. A. Orlov [2].

Nehmen wir an, daß die relative Verschiebung η auf Grund der Einheit der verteilten Belastung, die auf den $2\,r\,\beta$ Elementarteil des kreisförmigen Ausschnittes des unendlichen Raumes in einem Punkt einwirkt, gegeben ist (Bild 7).

Die auf dem Elementarteil auf Grund eines Systems von Kräften auftretende durchschnittliche Verschiebung u_i, wie sie in Bild 8 dargestellt wird, kann auf der Grundlage des Maxwell-Betti-Lehrsatzes bestimmt werden.

Wenn in der Formel (3) für u_i die Werte des Ausdruckes (7) eingesetzt werden, wird die Arbeit des den Stollen umgebenden Mediums durch Beziehungen der Elastizitätstheorie erhalten.

Für die Funktion η der relativen Verschiebung ist jedoch die folgende Aufgabe — auf dem Gebiet der Elastizitätstheorie — zu lösen.

Verschiebung des kreisrunden Ausschnittes in dem unendlichen Raum auf Grund der Unterstützungskraft

Eine gleichmäßig verteilte Belastung (q) wirkt auf Grund der Verformung der Ausbetonierung auf den kreisförmigen Ausschnitt im homogenen, isotropen und elastischen Raum auf der Bogenlänge $2\,r\,\beta$. Die relative Verschiebung η auf Grund dieser Belastung betreffend der kreisförmigen Gestalt des Ausschnittes ist im Falle der ebenen Verformung (Bild 9) zu bestimmen. Die Lösung dieser Aufgabe wird durch S. A. Orlow im Jahre 1953 durch unendliche trigonometrische Reihen angegeben.

$$\eta = \frac{t+\mu}{E\pi}\left[\frac{1}{2}\frac{1}{\beta}\sum_{n=2}^{\infty}\frac{2[n-\mu(n+1)]+1}{n(n^2-1)}\sin n\cos n\,\Theta\right]\ldots\ldots \text{(S. A. Orlov)}$$

Die Verfasser hatten beim Ausdrücken der Verschiebungen durch Elementarfunktionen Erfolg. Die kurze Ableitung hiervon wird wie folgt angegeben:
Die Airysche Spannungsfunktion φ hat, um den Verträglichkeitsbedingungen zu entsprechen, die folgende Form:

$$\varphi(\varrho\,\Theta) = \frac{q}{\pi}\varrho^2\Bigg\{R^2\beta\ln R - R\left[\Theta\sin\Theta + \frac{1-2\mu}{2(1-\mu)}\left(\ln R - \frac{R^2}{2}\right)\cos\Theta\right]\sin\beta +$$
$$+\left(\frac{1-2R\cos x+R^2}{2}\right)\left(\operatorname{arc\,tan}\frac{R\sin x}{1-R\cos x}\right)-$$
$$-\left(\frac{1-2R\cos y+R^2}{2}\right)\left(\operatorname{arc\,tan}\frac{R\sin y}{1-R\cos y}\right)-\frac{R(R^2+2)}{2}(\sin x-\sin y)\Bigg\},$$
$$R=\frac{r}{\varrho};\quad x=\Theta-\beta;\quad y=\Theta+\beta.$$

Die Spannungen können aus der Spannungsfunktion durch die bekannten Elastizitätsbeziehungen bestimmt werden

$$\sigma_\varrho = \frac{1}{\varrho}\frac{\partial\varphi}{\partial\varrho}+\frac{1}{\varrho}\frac{\partial^2\varphi}{\partial\theta^2},\qquad \partial_\theta = \frac{\partial^2\varphi}{\partial\varrho^2},\qquad \tau = -\frac{\partial}{\partial\varrho}\left(\frac{1}{\varrho}\frac{\partial\varphi}{\partial\theta}\right)$$

und so wird

$$\sigma_\varrho = \frac{q}{\pi}\Bigg\{R\Bigg[-R\beta+\left(\frac{1-2\mu}{2(1-\mu)}(1-R^2)-2\right)\sin\beta\cos\theta-\frac{1-R^2}{2}\times$$
$$\times\left(\frac{\sin y}{1-2R\cos y+R^2}-\frac{\sin x}{1-2R\cos x+R^2}\right)+\frac{3-R^2}{2}(\sin y-\sin x)\Bigg]-$$
$$-\left(\operatorname{arc\,tan}\frac{R\sin y}{1-R\cos y}-\operatorname{arc\,tan}\frac{R\sin x}{1-R\cos x}\right)\Bigg\}$$

$$\sigma_\theta = \frac{q}{\pi}\Bigg\{R\Bigg[R\beta+\left(\frac{1-2\mu}{2(1-\mu)}(1+R^2)\right)\sin\beta\cos\theta+\frac{1-R^2}{2}\times$$
$$\times\left(\frac{\sin y}{1-2R\cos y+R^2}-\frac{\sin x}{1-2R\cos x+R^2}\right)+\frac{1+R^2}{2}(\sin y-\sin x)\Bigg]-$$
$$-\left(\operatorname{arc\,tan}\frac{R\sin x}{1-R\cos y}-\operatorname{arc\,tan}\frac{R\sin x}{1-R\cos x}\right)\Bigg\},$$

$$\tau = \frac{q}{\pi}(1-R^2)\Bigg\{\frac{1-2\mu}{2(1-\mu)}R\sin\beta\cos\Theta-\frac{1-R^2}{2}[(1-2R\cos x+R^2)^{-1}-$$
$$-(1-2R\cos y+R^2)^{-1}]+\frac{R}{2}(\cos x-\cos y)\Bigg\}.$$

Die ersteren Ausdrücke entsprechen den folgenden Randbedingungen:

1. auf den Punkten $\varrho = r$ entspricht die radiale Spannung σ_ϱ der Belastung, auf den Punkten $\varrho = \infty$ ist sie gleich Null,
2. die Scherspannung τ auf den Punkten $\varrho = r$ und $\varrho = \infty$ ist gleich Null;
3. die Spannung σ_θ auf den Punkten $\tau = \infty$ ist gleich Null.

Durch die Formel

$$\sigma_\varrho(r\,\theta) = \begin{cases} -q; & \Theta < \beta \\ 0; & \Theta > \beta \end{cases}; \quad \sigma_\varrho(\infty\,\Theta) = 0$$

$$\tau(r\,\theta) = 0; \qquad \tau(\infty\,\Theta) = 0$$

$$\sigma_\theta(\infty\,\Theta) = 0 .$$

Die Beziehung zwischen Spannungen und der Einheit der Verformungen wird durch physikalische Gleichungen über die Elastizität, zwischen Verschiebungen und der Einheit der Verformungen durch das CAUCHYsche System der Differentialgleichungen angegeben, d. h.,

$$\varepsilon_\varrho = \frac{1+\mu}{E}[\sigma_\varrho - \mu(\sigma_\varrho + \sigma_\theta)]; \quad \varepsilon_\theta = \frac{1+\mu}{E}[\sigma_\theta - \mu(\sigma_\varrho + \sigma_\theta)]; \quad \varepsilon\,\varrho_\theta = \frac{1+\mu}{E}[2\,\tau];$$

$$\varepsilon_\varrho = \frac{\partial u}{\partial \varrho}; \quad \varepsilon_\theta = \frac{1}{\varrho}\left(\frac{\partial V}{\partial \theta} + u\right); \quad \varepsilon\,\varrho_\theta = \frac{\partial V}{\partial \varrho} - \frac{1}{\varrho}\left(V - \frac{\partial V}{\partial \theta}\right).$$

Aus der gewöhnlichen Lösung der vorher beschriebenen Gleichungssysteme und nach der Bestimmung der Integrationskonstanten können die folgenden Ausdrücke für Verschiebungen U und V erhalten werden:

$$U = \frac{(1+\mu)\,q}{E\pi}\varrho\Big\{-\frac{R}{2(1-\mu)}\left[(3-4\,\mu)\ln\varrho - (1-2\,\mu)\frac{R^2}{2} + K\right]\sin\beta\cos\Theta + R^2\beta -$$
$$-(1-\mu)\,R\,[\sin y\ln(1-2\,R\cos y + R^2) - \sin x\ln(1-2\,R\cos x + R^2)] +$$
$$+\frac{R}{4}[4\,(1-2\,\mu) + R^2]\,[\sin y - \sin x] - (1-2\,\mu)\left[(1-R\cos y)\,\mathrm{arc\,tan}\frac{R\sin y}{1-R\cos y} -\right.$$
$$\left.-(1-R\cos x)\,\mathrm{arc\,tan}\frac{R\sin x}{1-R\cos x}\right]\Big\},$$

$$V = \frac{(1+\mu)\,q}{E\,\pi}\varrho\Big\{\frac{R}{2\,(1-\mu)}\left[(3-4\,\mu)\ln\varrho - (1-2\,\mu)\frac{R^2}{2} + K\right]\sin\beta\sin\Theta +$$
$$+\frac{R}{2(1-\mu)}[1+(1-2\,\mu)\,R^2]\sin\beta\sin\Theta + (1-2\,\mu)\,R\left[\sin x\,\mathrm{arc\,tan}\frac{R\sin x}{1-R\cos x} -\right.$$
$$\left.-\sin y\,\mathrm{arc\,tan}\frac{R\sin y}{1-R\cos y}\right] - \frac{R}{4}[8\,(1-\mu) - R^2]\,[\sin x - \sin y] -$$
$$-(1-\mu)\,[(1-R\cos x)\ln(1-2\,R\cos x + R^2) -$$
$$-(1-R\cos y)\ln(1-2\,R\cos y + R^2)]\Big\}.$$

Wenn die Verschiebungen entlang einem Kreis mit einem Radius $\varrho =$ konstant untersucht werden, bewegt sich jeder Punkt des Kreises als ein starrer Körper z und hat ebenfalls relative Verschiebungen U_0, V_0, da sich der Mittelpunkt des Kreises verschiebt in Richtung der Belastungsresultante mit einem Wert:

$$z = -\frac{(1+\mu)\,q}{E\,\pi}\cdot\frac{r}{2(1-\mu)}\left[(3-4\,\mu)\ln\varrho - (1-2\mu)\frac{R^2}{2} + K\right]\sin\beta .$$

Im Vergleich mit dem Kreis im unbelasteten Zustand mit einem Radius $\varrho = r$ konstant finden die folgenden relativen Verschiebungen statt:

$$U_0 = \frac{(1+\mu)\,q}{E\,\pi}\varrho\Big\{R^2\beta - (1-\mu)\,R\,[\sin y\ln(1-2\,R\cos y + R^2) -$$
$$-\sin x\ln(1-2\,R\cos x + R^2)] + \frac{R}{4}[4\,(1-2\,\mu) + R^2]\,[\sin y - \sin x] -$$
$$-(1-2\,\mu)\left[(1-R\cos y)\,\mathrm{arc\,tan}\frac{R\sin y}{1-R\cos y} - (1-R\cos x)\,\mathrm{arc\,tan}\frac{R\sin x}{1-R\cos x}\right]\Big\};$$

$$V_0 = \frac{(1+\mu)\,q}{E\,\pi}\,\varrho\left\{\frac{R}{2\,(1-\mu)}\,[1+(1-2\,\mu)\,R^2]\sin\beta\sin\Theta + \right.$$

$$+ (1-2\,\mu)\,R\left[\sin x \operatorname{arc\,tan}\frac{R\sin x}{1-R\cos x} - \sin y \operatorname{arc\,tan}\frac{R\sin y}{1-R\cos y}\right] -$$

$$-\frac{R}{4}[8\,(1-\mu)-R^2]\,[\sin x-\sin y]-(1-\mu)\,[(1-R\cos x)\ln(1-$$

$$\left. -2\,R\cos x+R^2)-(1-R\cos y)\ln(1-2\,R\cos y+R^2)]\right\}.$$

Die Verschiebung des Ausschnittes mit einem Radius $\varrho = r$ gleich einem starren Körper hat keine Beziehung mit dem statischen Verhalten der Konstruktion darin. Die in Frage kommende Verschiebung gleich einem starren Körper kann vernachlässigt werden, und die Untersuchung der relativen Verschiebungen ist weiterhin befriedigend.

Für uns sind die radialen Verschiebungen, die entlang des kreisförmigen Ausschnittes auf Grund einer Intensität von $q = \frac{1}{2\,r\,\beta}$ einwirken, was auf die Länge des Kreisbogens $2\,r\,\beta$ bedeutet, von Interesse.

Dieses kann leicht aus dem Ausdruck U_0 erhalten werden, d. h.

$$\eta = \frac{1+\mu}{2\,E\,\pi\,\beta}\left\{\beta - 2\,(1-\mu)\left[\sin y \ln\left(2\sin\frac{y}{2}\right) - \sin x \ln\left(2\sin\frac{x}{2}\right)\right] + \right.$$

$$\left. + (1-2\,\mu)\left[(y-\pi)\sin^2\frac{y}{2} - \varepsilon\sin^2\frac{x}{2}\right] + \frac{5-8\mu}{4}[\sin y - \sin x]\right\} \ldots\ldots$$

... (Dr. RÓSZA/KOVÁCS) ;

$$\varepsilon = \begin{cases} x-\pi\,; & x>0 \\ x+\pi\,; & x<0 \end{cases}.$$

In der folgenden Tabelle werden durch die Verfasser abgeleitete genaue Werte des Ausdruckes der geschlossenen Form mit den genäherten Werten verglichen:

E-fache Werte der Verschiebungsfunktion η von bei $\mu = 0{,}3$ und $\beta = 11°\,30'$

Θ / η_i		0° / η_1	22° 30′ / η_2	45° / η_3	67° 30′ / η_4	90° / η_5
Genäherte Werte unter Berücksichtigung von „n"-Gliedern der Reihe	$n = 8$	+1,31	+0,39	—0,08	—0,22	—0,11
	$n = 16$	+1,43	+0,34	—0,09	—0,21	—0,13
	$n = 32$	+1,37	+0,36	—0,09	—0,20	—0,12
	$n = 64$	+1,38	+0,35	—0,09	—0,20	—0,12
Genaue Werte von η		+1,3873	+0,3517	—0,0892	—0,2052	—0,1117

		112° 30′ / η_6	135° / η_7	157° 30′ / η_8	180° / η_9
	$n = 8$	+0,04	+0,30	+0,42	+0,52
	$n = 16$	+0,06	+0,28	+0,44	+0,50
	$n = 32$	+0,06	+0,28	+0,44	+0,50
	$n = 64$	+0,06	+0,28	+0,44	+0,50
Genaue Werte von η		+0,0636	+0,2766	+0,4389	+0,5000

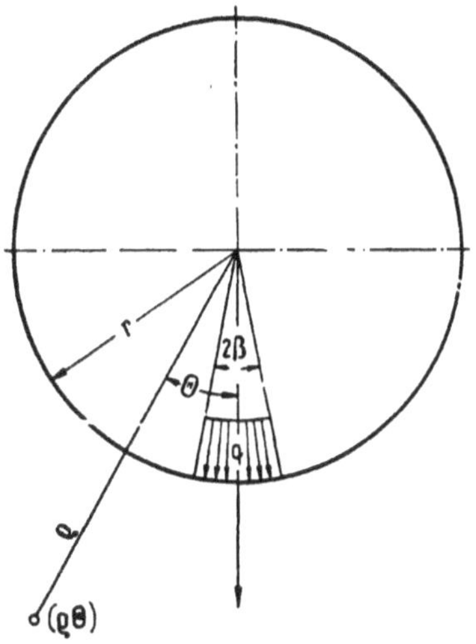

Bild 9

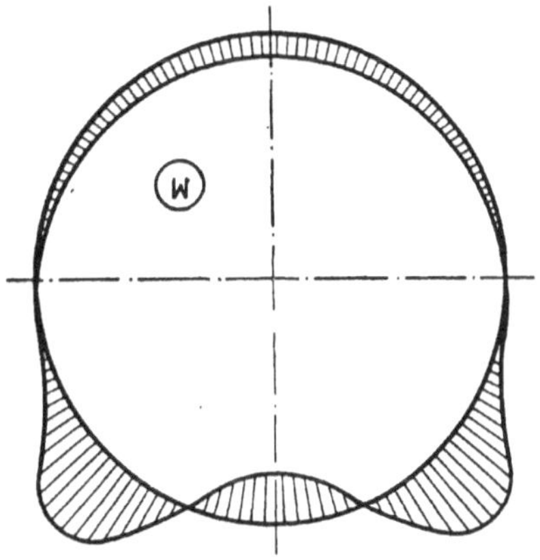

Bild 10

Lösung des Systems der allgemeinen Gleichungen

Nach der Lösung der Aufgabe durch das Elastizitätsverfahren kehren wir zur Bestimmung der Koeffizienten des Systems der allgemeinen Gleichungen zurück. Für die Berechnung von U_i Verschiebungen wird das vorher beschriebene η Spezialdiagramm benutzt

$$\begin{aligned}
U_{1i} &= \eta_{11} R_{1i} + \eta_{21} R_{2i} + \cdots + \eta_{n1} R_{ni} , \\
U_{2i} &= \eta_{12} R_{1i} + \eta_{22} R_{2i} + \cdots + \eta_{n2} R_{ni} , \\
&\cdots\cdots\cdots\cdots\cdots\cdots\cdots\cdots \\
U_{ki} &= \eta_{ik} R_{1i} + \eta_{2k} R_{2i} + \cdots + \eta_{nk} R_{ni} , \\
&\cdots\cdots\cdots\cdots\cdots\cdots\cdots\cdots \\
U_{ni} &= \eta_{1n} R_{1i} + \eta_{2n} R_{2i} + \cdots + \eta_{nn} R_{ni} .
\end{aligned}$$

Das in der vorhergehenden Formel auftretende Symbol η_{ik} bezeichnet die Verschiebung am Stab i von der auf den Punkt k wirkenden Belastung.

Die in Matrixform geschriebenen Beziehungen in bezug auf U_{ki} werden, wie folgt sein:

$$U_i = H\, r_i$$

und

$$U_0 = H\, r_0 ,$$

wo U_i, U_0, r_i, r_0 die Kolonnenmatrix und
H die folgende quadratische Matrix:

$$H = \begin{bmatrix} \eta_{11} & \eta_{12} \cdots & \eta_{n1} \\ \eta_{12} & \eta_{22} \cdots & \eta_{n2} \\ \cdots & \cdots & \cdots \\ \eta_{1n} & \eta_{2n} \cdots & \eta_{nn} \end{bmatrix}$$

Dieichnen. Die H-Matrix kann leicht symmetrisch nachgewiesen werden, und in dieser Diagonale sind nur gleiche Elemente.

Nach dem MAXWELLschen Lehrsatz der Reziprozität für Kreisverschiebungen wird die folgende Beziehung Gültigkeit haben:

$$\eta_{ik} = \eta_{ki} .$$

Nach der von der Anfangsrichtung des Polarkoordinatensystems unabhängigen Verschiebungsfunktion ergibt sich, daß:

$$\eta_{ii} = \eta_{kk} .$$

Auf Grund des vorstehenden Gesagten bedeutet die Bestimmung der Einheits- und Belastungsfaktoren und somit die Lösung der allgemeinen Gleichung keine prinzipielle Schwierigkeit. Durch Verarbeitung der Belastungsteilskala kann eine wahlweise Genauigkeit hinsichtlich der Berechnung der in der Stollenkonstruktion wirkenden Spannungen erhalten werden. Zur Erhöhung der Genauigkeit scheint ein elektronisches Rechnersystem geeignet zu sein, da die Programmierung dieser Aufgabe nicht besonders schwierig ist.

Zusammenfassung

Die Stollenausbetonierung kann wirksam als eine in einem elastischen Medium eingebettete Konstruktion bemessen werden. Bis jetzt wurde die Gültigkeit der Winklerschen Hypothese für solche Berechnungen angenommen. Die durch die Anwendung der Elastizitätstheorie erhaltene Beziehung kann jedoch als ein genaueres Verfahren benutzt werden. Ein solcher Ausdruck wurde durch S. A. Orlov im Jahre 1953 abgeleitet. Seine Anwendung scheint jedoch auf Grund der langsamen Konvergenz dieses Ausdrucks in unendlichen Reihen schwierig zu sein.

Die Verfasser geben den vorher erwähnten Ausdruck in geschlossener Form unter Verwendung von Elementarfunktionen an. Dieses Verfahren schaltet die Anwendung des nach den Literaturquellen anfechtbaren Gründungsmoduls aus.

Literatur

[1] Davidov, S. S.: Berechnung und Konstruktion von unterirdischen Bauten, Moskau 1950.

[2] Orlov, S. A: Berechnungen von auf kreisrundem Ausschnitt in Ebene liegender Bauwerke, Moskau 1954.

[3] Széchy, K.: Tunnelbau, Budapest 1961.

WISSENSCHAFTLICHE AUSSPRACHE

Kritische Einschätzung gebirgsmechanischer Modellversuche und die Grenzen ihrer praktischen Anwendbarkeit

Diskussion zum Rahmenthema

Diskussionsleiter Herr Martos

Sehr geehrte Herren!

Wir haben gestern und auch heute eine Reihe verschiedener Referate gehört, die sich mit den theoretischen und praktischen Problemen und mit Modellversuchen befaßten. Ich habe gestern mein Referat mit den Worten beendet, daß natürlich alle Modellversuche weiterentwickelt werden können und müssen. So werden diese Erfahrungen ein wesentliches Hilfsmittel zur besseren Lösung bergmännischer Probleme sein. So können wir im Dienste des Bergbaues etwas Gutes leisten.

Ich bin davon überzeugt, daß die Diskussion, die wir jetzt beginnen wollen, wichtige Probleme und Gesichtspunkte aufzeigen wird, und dadurch werden wir unserem Ziel näher kommen. Wir treten jetzt in die Diskussion ein.

Herr Neubert

Ich gestatte mir, auf eine allgemein gültige Tatsache hinzuweisen. Modellversuche werden durchgeführt, um Vorstellungen über Auswirkungen bergmännischer Hohlräume im Gebirge zu erhalten, die meßtechnisch, mindestens mit markscheiderischen Methoden, nicht ohne weiteres zu erreichen sind. Wir wissen aber, daß eine Messung mehr wert ist als tausend Annahmen und theoretische Erwägungen. Wenn markscheiderisch mit Meßgeräten Veränderungen registriert und einwandfrei ausgewertet werden, so erhält man Ergebnisse, mit deren Hilfe sich Rückschlüsse ziehen lassen.

Außerdem weise ich noch darauf hin, daß Messungen nicht nur unter Tage, sondern gleichzeitig auch über Tage ausgeführt werden müssen, um eine Koordinierung der Erscheinungen über Tage und im Gebirge im Zusammenhang auswerten zu können. Auf diese Weise gelingt es, Rückschlüsse auf Vorgänge in der Umgebung bergmännischer Hohlräume zu ziehen.

Modellversuche werden von den einzelnen Vertretern oft recht unterschiedlich bewertet. Sehr interessant und grundlegend waren die Ausführungen von Herrn Dr. Denkhaus am gestrigen Tage, die als Grundlage für die Bewertung von Modellversuchen Gültigkeit besitzen. Vielfach haben Modellversuche bestenfalls Demonstrationswert, so daß sie für eine Erforschung der Vorgänge im Gebirgskörper vollkommen ausscheiden. Nur wenn die physikalischen Voraussetzungen für Modellversuche beachtet sind, womit meist ein außerordentlich hoher Aufwand verbunden ist, lassen sich verwendbare Rückschlüsse für Vorgänge im Gebirge ziehen.

Ich hatte Gelegenheit, bei Herrn Dr. Jacobi bzw. Dr. Everling im Forschungsinstitut vom Steinkohlenbergbauverein die Versuchsergebnisse besichtigen zu können, wobei festgestellt werden konnte, daß bei Änderung nur eines Parameters sich ganz andere Ergebnisse zeigen. Ein Modellversuch, oft mit großer Mühe hergestellt, zeigt von der Wirklichkeit vollkommen abweichende Auswirkungen, wenn z. B. eine Schicht mit Schmierung versehen wird. Es ist deshalb gefährlich, wenn der Bedeutung der Modelle zu hoher Wert beigemessen wird. Mit

Modellen lassen sich Teillösungen erzielen, wenn die nötigen Voraussetzungen zutreffen, Teillösungen, die zweifellos für den Bergbau wertvoll sein können.

In der DDR wurde bisher nur unbedeutender Aufwand an Modellversuchen getrieben. Wir stehen auf dem Standpunkt, daß man die Vorgänge im Gebirge besser meßtechnisch mit Hilfe geophysikalischer Methoden erfassen kann. Unter der Leitung der Professoren MEISSER und BUCHHEIM sind geophysikalische Methoden erarbeitet worden, die im Unterschied zu markscheiderischen Messungen Vorgänge und Änderungen innerhalb des Gebirges meßtechnisch nachweisen können.

Wertvolle Ansätze auf dem Gebiet sind vorhanden. Einige davon sind auf der Tagung 1960 in Paris bekanntgegeben worden; es liegen Veröffentlichungen über Untersuchungen auf dem Gebiet der Druckakustik und der Seismik vor, womit Veränderungen infolge Auswirkungen bergmännischer Hohlraumbildung im Gebirge ermittelt werden.

Sicher ist auf diesem Gebiet noch sehr viel zu erforschen, da noch nicht alle Möglichkeiten erschöpft sind. Bei den verschiedenen Diskussionsbeiträgen zeigte sich immer wieder als Haupttenor, daß die Bewertungen, die der einzelne an ein Modell heftet, recht unterschiedlich sein können. Wenn ein Modell nicht die Verhältnisse in situ erzielt, z. T. auch durch Mittel unter Überlistung der Natur, so erhält man Ergebnisse, die von der Wirklichkeit oft weit entfernt sind.

Meine Ausführungen schließe ich mit dem Hinweis, daß Modellversuche unter gewissen Voraussetzungen wertvolle Teillösungen bieten können, obwohl diese sehr kostbar sind. Andererseits können sie leicht zu Trugschlüssen führen.

Herr EVERLING

Ich habe ein paar Fragen zu den Arbeiten der beiden Herren aus Leningrad, die ja nicht selbst hier sind. Ich nehme an, daß die Herren PROTODJAKONOV oder PANOV die Fragen beantworten oder sie ihnen weitergeben können.

In der Übersetzung des Textes von Herrn AVERŠIN steht auf Seite 5, daß Versuche mit der Zentrifuge vor allen Dingen dann notwendig sind, wenn es sich um Fragen der Festigkeit des Gesteins in der Nähe von Grubenbauten handelt, zum Beispiel der Festigkeit des Daches, der Hangenden oder von Böschungen. Ich habe einen Widerspruch zwischen diesem Satz und den übrigen Ausführungen des Ländertreffens empfunden.

Es scheint mir doch so zu sein, daß Zentrifugalversuche vor allen Dingen dann notwendig sind, wenn eine sehr starke Verkleinerung, ein sehr hoher Modellmaßstab vorliegt, wie es in den Beispielen von Herrn Dr. DENKHAUS der Fall war. Das Verhalten kleiner Gebirgsausschnitte um eine Strecke herum, wie es hier im Text offensichtlich gemeint ist[1]), läßt sich meiner Meinung nach mit äquivalenten Modellen ohne Zentrifuge auch untersuchen, weil bei geringer Verkleinerung die Herstellung eines geeigneten Modellwerkstoffes noch leicht möglich ist. Zur Bestätigung der Verwendbarkeit äquivalenter Modellwerkstoffe für Versuche am Streckenausbau darf ich Ihnen ein paar Bilder aus unserer Arbeit zeigen. Ich schicke voraus, daß über die Prüfapparatur, die wir verwenden, und über die Modellwerkstoffe im vorigen Jahr in Paris von uns berichtet worden ist.

Auf Bild 1 erkennen wir, daß in unserer Versuchseinrichtung das Verhalten der Umgebung eines Streckenhohlraums recht gut nachgebildet worden ist. Das Auffalten der Sohle im zweiten Bild der rechten Seite scheint qualitativ recht schön mit den Erscheinungen, die man unter Tage im Steinkohlenbergbau findet, übereinzustimmen.

Bei Bild 2 handelt es sich um ein Modell, bei dem Anker eingebracht worden sind, und zwar ins Hangende und auch ins Liegende. Die Anker sind eingeklebt worden, entsprechend

[1]) Nach einer mündlichen Mitteilung von Herrn PANOV im Anschluß an die Diskussion lagen ein Schreibfehler im russischen Text und ein Übersetzungsfehler vor!

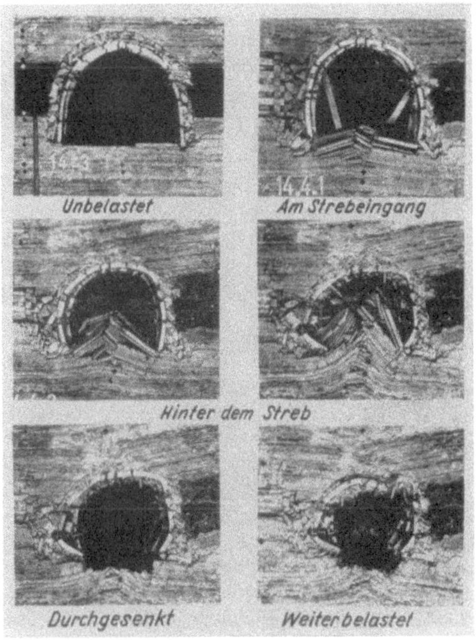

Bild 1. Faltung der Sohle

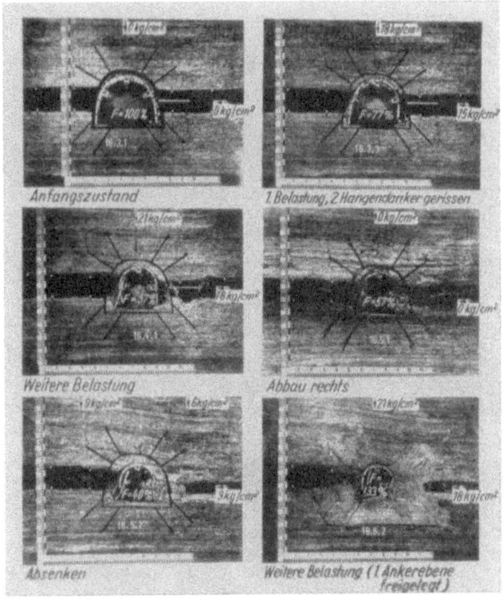

Bild 2
Ankerausbau verhindert die Auffaltung der Sohle

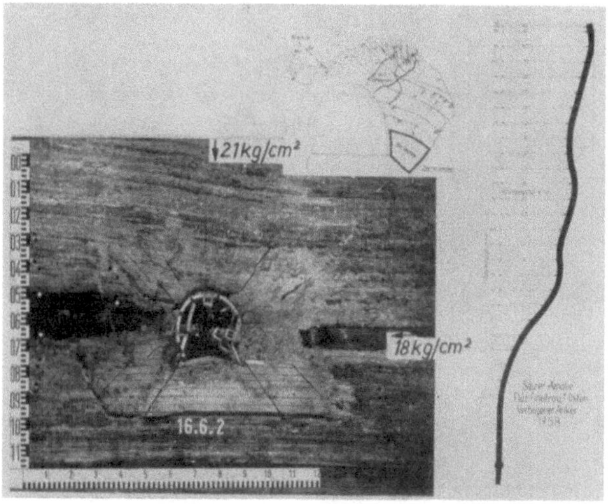

Bild 3. Anker im Modell und unter Tage

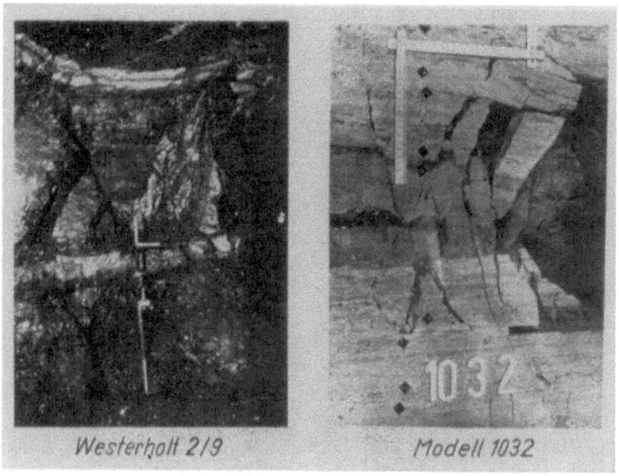

Bild 4. Drucklagen

einem Verfahren, das im westdeutschen Bergbau unter Tage Anwendung findet. Das Modell hat unter der gleichen Belastung gestanden wie das Modell im vorangegangenen Bild, an dem sich die Sohle so stark heraufgefaltet hatte. Man sieht, daß der Einsatz von Ankern die Faltung der Sohle sehr stark verringert hat und daß die Nachbildung solcher Dinge mit äquivalenten Materialien sehr gut gelungen ist. Auch die Anker selbst waren aus äquivalentem Material nachgemacht, nämlich aus einer Aluminiumlegierung.

Bild 3 zeigt einen Ausschnitt aus dem Bild 2, rechts einen Anker, der unter Tage nach der Verformung einer Strecke bloßgelegt worden ist. Im Hauptbild, im Foto, haben wir die obersten 5 cm Modellschicht abgetragen, so daß wir auf die erste Lage der Anker stießen. Wir sehen, daß die Verformung der Anker im Modell mit dem unter Tage geborgenen Anker gut übereinstimmt.

Ein weiteres Beispiel für die Möglichkeit, Untertage-Brucherscheinungen mit äquivalenten Materialien nachzubilden, zeigt Bild 4. Links eine Untertage-Aufnahme von Drucklagen, rechts das entsprechende Bild aus einem Modell.

In der letzten Zeit machen wir Grundlagenversuche. Im Vortrag von Herrn Kuznecov ist darauf hingewiesen worden, daß man grundsätzlich unterscheiden kann und muß zwischen Modellversuchen, die

a) ganz spezielle Verhältnisse an einer bestimmten Stelle nachahmen sollen und

b) es erlauben, ganz spezielle Einflußgrößen, d. h. den Einfluß einzelner Gegebenheiten im Gebirge auf sein Verhalten zu untersuchen.

Bild 5 zeigt die Untersuchung des Einflusses verschiedener Abstände zwischen zwei Gleitschichten. Gleitschichten sind zum Beispiel Sedimentationsflächen oder Trennflächen, die auf Grund geologischer Gegebenheiten oder vorangegangener Bewegungen einen sehr geringen Reibungskoeffizienten aufweisen. Die unteren beiden Diagramme zeigen, daß mit wachsendem Abstand der Gleitschichten die Verminderung des Streckenquerschnitts unter gleicher Belastung gestiegen ist. Es ist zu ersehen, daß quantitative Ergebnisse mit äquivalenten Modellen erhalten werden können.

Sehr wichtig scheint mir, daß der Begriff der Maßstabtreue der äquivalenten Modelle sich nicht auf die Werkstoffe beschränken soll, sondern daß auch die Belastung möglichst naturgetreu nachgeahmt werden soll. Es genügt meines Erachtens nicht immer, sich auf die lotrechte Belastung zu beschränken. Auch in Zentrifugalversuchen entsteht eine Kraftrichtung immer in einer, nämlich in der radialen Richtung. Bei unserer Versuchseinrichtung ist es

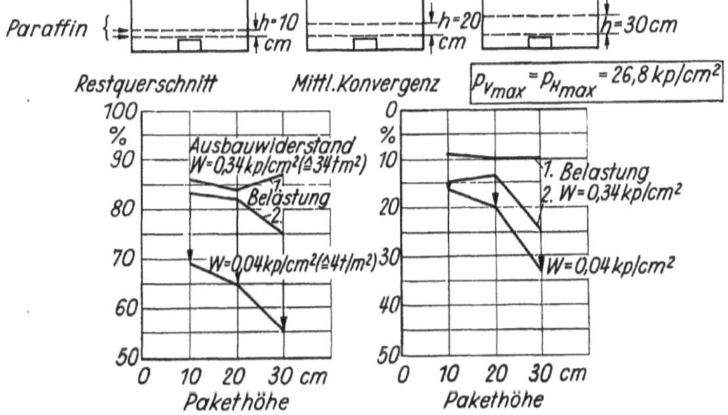

Bild 5. Gesteinspaket zwischen zwei Gleitschichten

möglich, außer vertikalen auch horizontale Drücke in beiden Richtungen, also einen dreiachsigen Druckzustand im Modell zu erzeugen. Daß diese Tatsache nicht ohne Bedeutung ist, sehen Sie aus den beiden Diagrammen (Bild 6).

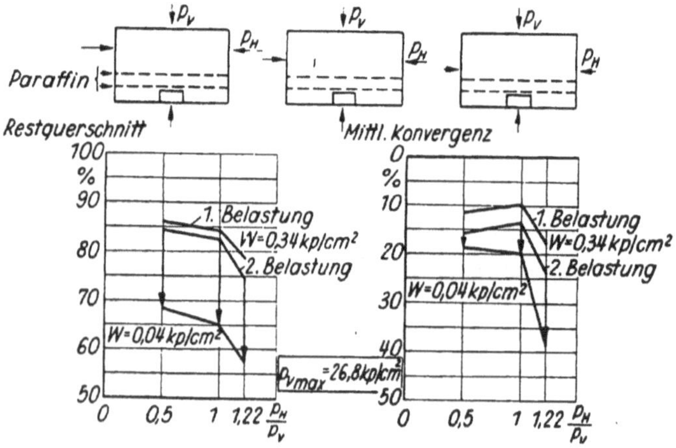

Bild 6. Einfluß des Horizontal-Vertikalverhältnisses

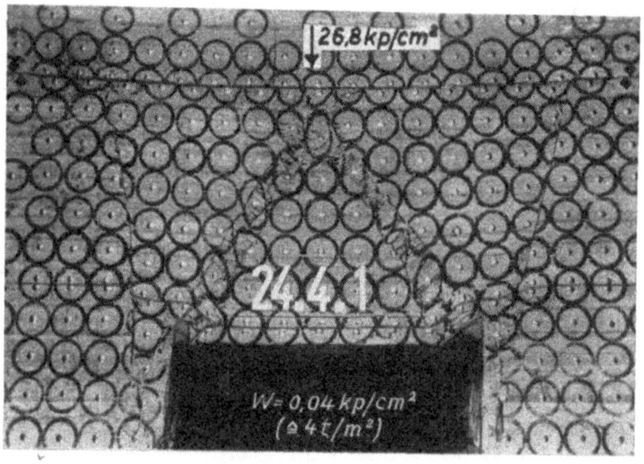

Bild 7
Brucherscheinungen in der Nähe von Strecken im Modell

Nach oben hin ist wieder die Verminderung des Streckenquerschnitts aufgetragen, nach rechts das Verhältnis des Horizontaldrucks zum Vertikaldruck. Man sieht, daß der waagerechte Druck ganz maßgebend an der Verformung von Streckenquerschnitten beteiligt ist.

Die Druckerscheinungen in unmittelbarer Umgebung von Strecken haben wir in unserem Modell im Maßstab 1:10 ebenfalls sehr schön nachahmen können.

Das Netz von Kreisen, das Sie sehen (Bild 7), haben wir auf das Modell gemalt, weil es besonders deutlich erkennen läßt, wo Gleitbewegungen eintreten. Oben unter dem Bildrand ist eine Gleitschicht, in der sich die Kreise waagerecht zertrennt und verschoben haben. Sie sehen ferner an anderen Stellen, wie sich Kreise in Ellipsen verwandelt haben, die sehr schön die Hauptverformungsrichtung und -größe erkennen lassen. Dieses Modell gibt zugleich die Verhältnisse bei einem anlaufenden Streb wieder; das Problem des Strebbruchs beim Anlaufen eines Strebs wird zur Zeit im Ruhrgebiet besonders eingehend bearbeitet.

Bild 8 dient der Demonstration. Man kann Brucherscheinungen in der Nähe von Strecken mit unserem äquivalenten Material gut nachahmen. Hier handelt es sich um den Einfluß des Horizontaldruckes auf die Bruchformen.

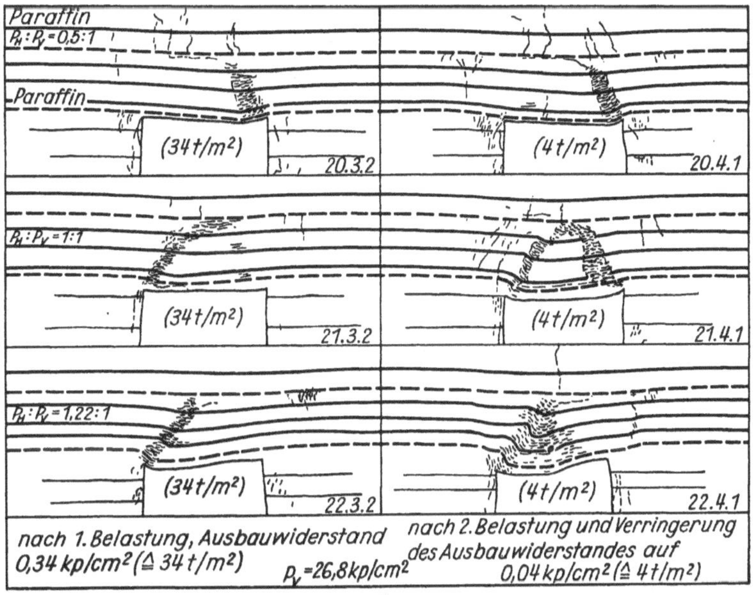

Bild 8. Einfluß des Horizontal-Vertikal-Druckverhältnisses

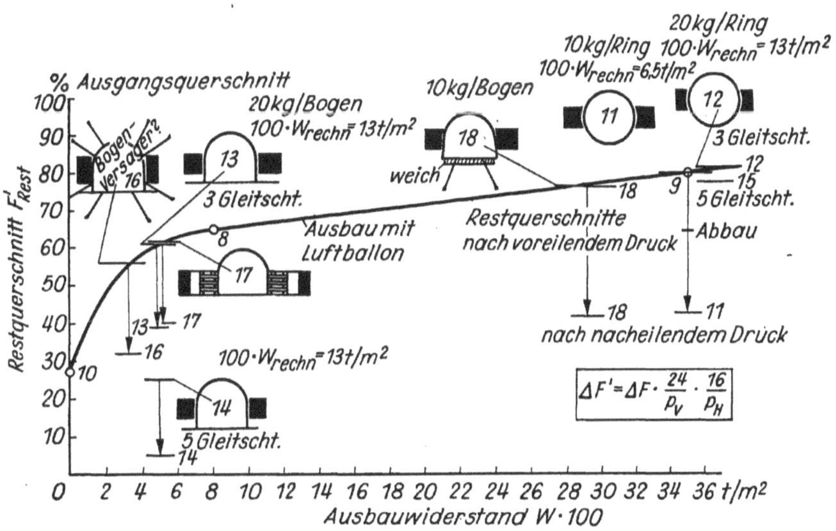

Bild 9. Ausbauwiderstand und Restquerschnitt; Modelle 8—18

In Bild 9 haben wir nach oben den Restquerschnitt der Strecken, die wir untersucht haben, unter einer bestimmten Vergleichsbelastung aufgetragen, nach rechts den Ausbauwiderstand.

Wir haben zunächst drei Modelle mit einem kreisförmigen Streckenquerschnitt versehen und einen Luftballon in das Loch hineingesetzt, diesen Luftballon mit einem bestimmten Luftdruck aufgeblasen und dann das Modell in drei Richtungen belastet. Je nach der Höhe des Luftdruckes verringerte sich der Streckenquerschnitt um ein davon abhängiges Maß. Der

Luftdruck 0 ganz links führte auf einen Restquerschnitt von etwa 30%. Ein Luftdruck, der einem Ausbauwiderstand von acht Tonnen je Quadratmeter entspricht, führte auf einen Restquerschnitt von 65 Prozent. Ein Luftdruck, der dem fünffachen Ausbauwiderstand, also etwa 35 Tonnen je Quadratmeter in der Natur entspricht, führte auf einen Restquerschnitt von 80 Prozent. Durch diese drei Punkte zogen wir eine Linie, und nun haben wir die Restquerschnitte, die bei allen übrigen unserer Versuche aufgetreten sind, auf diese Linie beziehen und dadurch vergleichbar machen können.

Ein Bogenausbau hat seiner Natur nach keinen definierbaren Ausbauwiderstand, denn er trägt nur gegen das Hangende mit einem bestimmten Druck. Gegen das Liegende hat er überhaupt keinen Widerstand und gegen den Kohlenstoß einen irgendwo dazwischen liegenden Wert.

Wir haben bei unseren Modellversuchen aber die Restquerschnitte gemessen, und wenn ich z. B. bei dem Modell mit Gelenkbogen einen Restquerschnitt von 63 Prozent gemessen habe, so kann ich anhand dieser Kurve sagen, daß diese Ausbauform einem Druck in unserem Luftballon von 6 Tonnen je Quadratmeter entspricht. Entsprechend haben die kreisförmig ausgebauten Modelle 11 und 12 im Diagramm Querschnittsverminderungen in der Größenordnung von einem Restquerschnitt von nur 80 Prozent ergeben, der mit einem Luftballon von 34 bis 36 Tonnen je Quadratmeter erhalten wurde.

Wir können also sagen, daß der effektive Widerstand eines Ausbaues mit Kreisringform etwa sieben mal so hoch ist wie der wirksame effektive Ausbauwiderstand eines Bogenausbaues normaler Art, obwohl das Material des Bogens selbst genauso tragfähig ist wie das Material, das wir in den kreisförmigen Ausbau eingesetzt hatten. Dieses Beispiel sollte Ihnen zeigen, daß quantitative Aussagen mit unseren Modellversuchen schon möglich gewesen sind.

Jetzt habe ich noch eine spezielle Frage an Herrn Kuznecov.

Ich habe mich sehr interessiert für die Bemerkung, daß er für seine Modelle kleine Druckmeßgeräte in Abmessungen von nur $30 \times 15 \times 5$ mm verwendet, und es würde mich interessieren, nach welchem Prinzip diese Geräte arbeiten.

Herr Panov

Herr Everling stellte einige Widersprüche bei der Anwendung der Zentrifugen fest. Aus den weiteren Aussagen von Dr. Everling habe ich allerdings entnehmen können, daß es faktisch keine Widersprüche zwischen dem, was Professor Averšin und dem, was Dr. Everling sagte, geben kann. Im Vortrag von Averšin sind genau die Grenzen der Zentrifugen bei der Untersuchung festgelegt. Er spricht vor allen Dingen davon, daß die Zentrifugalmethode es nur erlaubte, den ruhigen Zustand zu untersuchen. Dies beschränkt natürlich die Möglichkeiten der Anwendung dieser Methode. Ich denke, bei der Anwendung der Zentrifugalmethode können wir beispielsweise kein Streckenauffahren bzw. die Gewinnung der Lagerstätten darstellen.

Ich kann mich natürlich nicht mit der indirekten Annahme von Dr. Everling einverstanden erklären, daß man faktisch alle Aufgaben mit der äquivalenten Methode lösen kann, und daß für die Zentrifugalmethode fast kein Platz mehr bleibt.

Die Versuche mit äquivalenten Materialien, die hier angeführt wurden, beschränken sich meist nur auf einen kleinen Ausschnitt. Das ist natürlich ein Vorteil der äquivalenten Methode, denn die Zentrifugalmethode kann keine genauen Charakteristiken für ein kleines, beschränktes Gebiet geben.

Das besagt jedoch nicht, daß zwischen beiden Methoden irgendwelche Widersprüche bestehen. Das heißt, diese beiden Methoden ergänzen sich einander. Man muß aber andererseits berücksichtigen, daß man bei der Modellierung nach der Zentrifugalmethode im großen Maßstab ein gutes Bild der Kräfteverteilung erhält. Die Ähnlichkeit der Kräfte bei äquivalenten Materialien kann nur ungenauer durchgeführt werden als bei der Zentrifugalmethode bei einem großen Modell.

Was Ihre Aussage betrifft über die Anwendung der äquivalenten Materialien, so können wir eine allseitige Belastung hervorrufen. Ich möchte die Sache in folgender Richtung etwas genauer fassen:

Im Bergbau haben wir vor allen Dingen die Schwerkraft als Hauptkraft. Bei kleinen Modellen untersuchen wir nur die Wirkung der Kräfte, aber nicht die Kräfte selbst; wir modellieren nur die Wirkung, aber nicht die Kräfte selbst. Wenn wir andererseits ein großes Modell nehmen, so gibt es in diesem Modell außer der Schwerkraft keine anderen Kräfte mehr. Nehmen wir natürlich einen kleinen Ausschnitt heraus, dann wird er im veränderten Kräftefeld herausgeschnitten. Das heißt, wenn wir ein kleines Gebiet herausnehmen, können wir nur begrenzte Bedingungen annehmen, die gleich dem Kräftefeld sind.

Zur Frage an Herrn Kuznecov muß ich sagen, daß der Vortrag von Kuznecov kurz ist, daß aber die Einzelheiten in seiner Begründung dazu zu finden sind. Ich möchte deshalb auf diese Frage hier nicht antworten. Ich denke, daß man alle Einzelheiten aus dieser Arbeit entnehmen kann. Ich will damit nicht sagen, daß ich auf diese Fragen nicht antworten könnte; aber ich möchte nicht, daß wir hier Zeit verlieren, indem wir in diesen Fragen bis ins einzelne gehen, die letztlich in den ausgearbeiteten Vorträgen beantwortet sind.

Außerdem möchte ich bemerken, daß man im Vortrag von Herrn Denkhaus vieles wiederfindet, was man auch in der Arbeit von Kuznecov lesen kann.

Herr Kohoutek

Ich möchte versuchen, die Fragen von Herrn Everling zu beantworten:

Der Vorteil der Zentrifugalmethode liegt darin, daß diese Methode die Herstellung von Modellen aus dem Gestein des Prototypes ermöglicht. Erhöht man z. B. das Eigengewicht des Modells 500mal, kann im Maßstab 1:500 modelliert werden. Nach meiner Meinung ist auch die Frage der Seitenkräfte, die auf das Modell wirken, lösbar. Zum Beispiel kann man das Modell in der Zentrifuge seitlich mit Flüssigkeiten verschiedenen spezifischen Gewichtes polstern.

Herr Watznauer

Bei offenem Felsbau, wie Talsperren usw., hat man die Möglichkeit, die Zahl der Gesteinsproben beliebig zu vergrößern. Es zeigt sich im allgemeinen, daß die aus den Proben erhaltenen Festigkeitswerte stark schwanken. Es erhebt sich nun die Frage, mit welchem der gewonnenen Festigkeitswerte man in das Modell gehen soll. Die Streuung im Modell selbst zu berücksichtigen ist aus maßstäblichen Gründen ausgeschlossen. Herr Oberti, auf dessen Vortrag ich mich beziehe, macht den Vorschlag, daß man dieser Problematik durch einen Großversuch entgeht. Mir scheint dieser Weg der gangbarste. Wenn sich ein Modell auf die Werte nur einer Probe stützt und dieser Wert für einen größeren Bereich nicht repräsentativ ist, werden selbstverständlich sowohl das Modell als auch die daraus gezogenen Schlüsse falsch.

Der geäußerte Gedankengang umfaßt weiter die Notwendigkeit, bei allen Versuchen anzugeben, welcher Gültigkeitsbereich dem Modell zukommt. Es muß dabei beachtet werden, und das ging aus den Vorträgen und Diskussionen klar hervor, daß zwei Typen von Modellen existieren. Der erste Modelltypus ist der einer Festigkeitsäquivalenz, d. h., es wird auf den Modellstoff keine Rücksicht genommen. Man nimmt bestimmte Festigkeitsparameter und arbeitet mit diesen, als ob sie die Natur repräsentieren würden. Dieses Modell hat den Charakter einer Fiktion, ist also ein ,,als ob-Modell'', dem nur ein bestimmter Gültigkeitsbereich zukommt. Im Extremfalle gehen diese Modelle in die von Denkhaus erwähnten Analogrechner über.

Der zweite Modelltypus kann kurz als stoffäquivalent bezeichnet werden. Dazu gehören die von Herrn Dr. MÜLLER so oft geforderten Großversuche. Diese Art von Modellen haben noch den zusätzlichen Vorteil, daß sie sich in ihrer Größe dem Bauobjekt nähern, denn wir sind nicht ganz sicher, ob nicht auch die absoluten Maße bei gebirgsmechanischen Fragen eine Rolle spielen.

Herr DENKHAUS

Herr Vorsitzender. Angeregt durch Herrn Professor WATZNAUER möchte ich einige Bemerkungen machen. Zunächst zur Frage: „Welche Festigkeitswerte müssen in ein Modell eingehen?" — Das ist eine außerordentlich wichtige Frage. Antwort daraus gibt die Ähnlichkeitsmechanik: All jene Festigkeitswerte müssen im Modell „abgebildet" werden, die von Einfluß sind auf die Erscheinung, die mit Hilfe des Modellversuchs untersucht werden soll. Oft weiß man natürlich nicht, welche Festigkeitswerte wichtig sind und welche vernachlässigt werden können, oder es ist praktisch nicht möglich, einen Festigkeitswert abzubilden, ohne andere (vielleicht wichtigere) Ähnlichkeitsbedingungen zu verletzen. Darum ist es stets wichtig — und das deckt sich mit einer anderen Bemerkung Professor WATZNAUERS — bei der Besprechung eines Modellversuchs eine Liste vorzulegen, in der *alle* Eigenschaften die im Modell abgebildet sind, angegeben werden.

Man muß auch den Körpertyp angeben, den das Modell darstellen soll, also etwa „Dies ist das Modell eines kontinuierlichen homogenen isotropen linear-elastischen nichtviskosen Gebirgskörpers" oder „Jenes ist das Modell eines diskontinuierlichen homogenen anisotropen elasto-plastischen viskosen Gebirgskörpers". Mehr spezifisch müssen auch das Spannungs-Verformungs-Zeit-Verhalten in Form von Schaubildern und die Grade der (Dis)kontinuität, (In)homogenität und (An)isotropie angegeben werden.

Wenn man das tut, kommt man automatisch dazu, auch Festigkeitswerte richtig zu spezifizieren, nämlich anzugeben, ob es eine Materialfestigkeit oder eine Verbandsfestigkeit ist.

Der Begriff „Festigkeit" wird sehr oft verschwommen gebraucht. Für mich ist der Begriff „Festigkeitswert" ein Sammelname für alle „kritischen" Werte, die angeben, wann ein Körper von einem Zustand in einen anderen übergeht, z. B. vom elastischen in den plastischen Zustand (Fließen) oder vom kontinuierlichen in den diskontinuierlichen (Bruch), oder wenn ein diskontinuierlicher Körper zusätzlich zu den bestehenden „Klüften" (natural cleavage) neue „Klüfte" (inducend cleavage) formt, d. h. „bricht". Solche kritischen Werte können Spannungs-, Verformungs- oder spezifische Energiewerte sein, ja sogar Zeitwerte (z. B. „bei konstanter Belastung durch eine gegebene Spannung tritt nach 500 Stunden Bruch ein").

Ich spreche darum nicht gerne von der Bruchfestigkeit (schon gar nicht von der Festigkeit schlechthin), sondern z. B. von der Bruchspannung bei kontinuierlichen Körpern oder von der Verbandsbruchspannung bei diskontinuierlichen Körpern. Ich stimme mit Herrn Professor WATZNAUER überein, daß die Verbandsbruchspannung in der Gebirgsmechanik oft wichtiger ist als die Materialbruchspannung (nicht immer, allerdings).

Wie kann man Verbandsfestigkeitswerte messen? — Im Grunde genauso wie Materialfestigkeitswerte, nur an größeren „Proben". Hierzu ein Beispiel: Wenn die „Zugfestigkeit" (Zugbruchspannung) eines Stahls angegeben wird mit 50 kp/mm^2, so heißt das, daß dieser Wert gemessen wurde an einem Probestab (meist 200 mm lang und 10 mm im Durchmesser), dessen Abmessungen wesentlich größer sind als die im Stahl vorkommenden „Inhomogenitäten" (festgefügte Klüfte, daher kontinuierlich) in der Größenordnung von bis zu 1 mm in der Längsrichtung und bis zu 0,01 mm in der Querrichtung (z. B. Schlackeneinschluß). Die Zugbruchspannung des Stahls ist ein statistischer Wert, der sehr wesentlich beeinflußt ist durch eben die Inhomogenitäten. Für Proben mit sehr kleinen Abmessungen steigt die Zugbruchfestigkeit desselben Stahls ganz erheblich, da „die Wahrscheinlichkeit, daß man Inhomogenitäten findet", geringer ist. Dieselbe Überlegung gilt auch für diskontinuierliche Körper, sogar noch in stärkerem Maße, da es sich hier um „reibungsgefügte" und nicht um „festgefügte" Klüfte handelt.

Anläßlich des kürzlichen Kolloquiums der Internationalen Arbeitsgemeinschaft für Geomechanik in Salzburg wurde erwähnt, daß der Probekörper zur Ermittlung der Verbandsbruchspannung 100 bis 200 Klüfte im kritischen Querschnitt haben müsse. Die Übereinstimmung der Größenordnungen mit denen des soeben erwähnten Beispiels für kontinuierliche Körper ist bemerkenswert.

Herr KOHOUTEK

Man sagt gewöhnlich Gesteinskonstante, aber in Wirklichkeit handelt es sich um Gesteinsveränderliche, d. h. Gesteinsvariable.

Wenn man genug Proben hat, kann man das Gesetz der Variabilität rechnerisch feststellen und je nach der Wichtigkeit des Werkes eine Wahrscheinlichkeit der Zerstörung des Baues ermitteln. Die Bedingung der physikalischen Ähnlichkeit erfordert die Gleichheit aller statistischen Momente. Das heißt, ist zum Beispiel in der Natur die Streuung der Festigkeit eines Gesteins 20 Prozent, muß auch das Modell mit dieser Streuung der Festigkeit des Modellmaterials hergestellt werden. Das ist zwar rein theoretisch, aber vielleicht doch von Bedeutung.

Herr LITWINISZYN

Aus dem Referat des Herrn DENKHAUS geht hervor, daß die weitere Entwicklung der Gebirgsmechanik in der Anwendung verschiedenartiger Modelle von Medien auf das Gebirge der Erdkruste beruhen wird. Beispiele solcher Modelle wurden hier erwähnt, wie z. B. elastisch-viskose, oder andere Kombinationen elementarer Modelle. Das einfachste Modell ist das Modell des HOOKEschen Körpers, von einer linearen Beziehung des Spannungstensors σ zum Verformungstensor ε in der Gestalt

$$\sigma(P) = \mu\, \varepsilon(P),$$

wo P einen Punkt bezeichnet, in dem eine Spannung σ herrscht und eine Verformung ε stattfindet. Zweckmäßig scheint es, eine verallgemeinerte Beziehung zwischen diesen Tensoren in Gestalt der BOLTZMANNschen Gleichung zur Anwendung zu bringen, welche die Geschichte des verformten Mediums berücksichtigt.

$$\sigma(P, t) = \sigma(P, 0) + \int_0^t \mu(P, t)\, \varepsilon(P, t - \tau)\, d\tau .$$

In dieser Beziehung ist die Geschichte des verformten Mediums im Zeitabschnitt $(0, t)$ berücksichtigt, wobei die Materialkonstante μ sich im Laufe der Zeit ändert.

Eine zweite Bemerkung, die mit der Aussprache des Herrn DENKHAUS in Verbindung steht, betrifft die Forschungen aus dem Bereiche der Mechanik nicht kontinuierlicher Medien. In der Erdkruste bestehen Räume, in denen die Struktur des Gebirges infolge bergmännischen Abbaus einer Makrotrümmerstätte, also einem nicht kontinuierlichen Medium ähnelt.

In der Mechanik nicht kontinuierlicher Medien werden in Polen sowohl theoretische als auch Labor-Forschungen betrieben. Das mathematische Modell, das zur Beschreibung der Verschiebungen in einem derartigen Medium gebraucht wird, stützt sich auf ein angenommenes System von Forderungen, wobei eine die Forderung der Linearität ist. Die Annahmen führen zu linearen parabolischen Differentialgleichungen, welche die Verschiebungsprozesse in einem rolligen Medium, als ein solches können wir die Makrotrümmerstätte betrachten, beschreiben. Die erhaltenen Gleichungen haben in formeller Hinsicht eine ähnliche Form wie die Gleichungen, die stochastische Prozesse beschreiben.

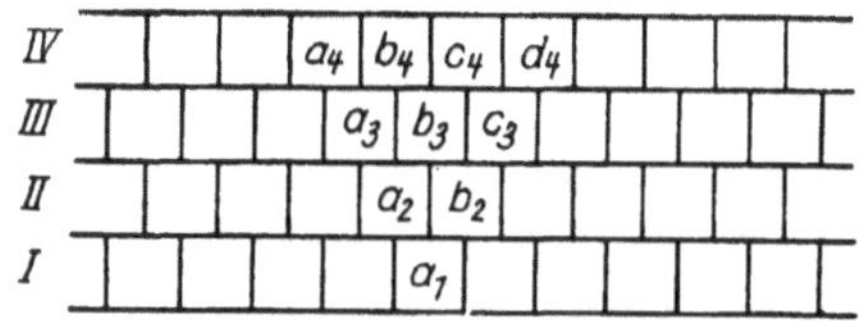

Bild 1

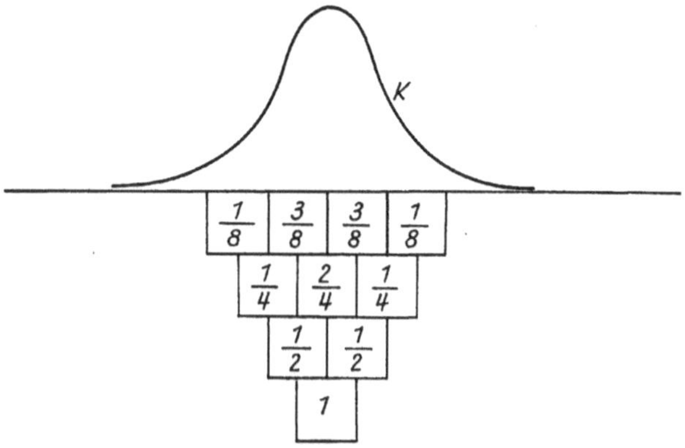

Bild 2

Diese Gleichungen können zur Beschreibung der Verschiebungen rolliger Medien Anwendung finden, deren Struktur durch räumliche Ungleichartigkeit und Anisotropie charakterisiert wird.

Ein einfaches Modell eines rolligen Mediums, in dem Verschiebungen im Einklang mit den oben erwähnten Gleichungen stattfinden, ist folgendes. Stellen wir uns ein Abteilungssystem wie in Bild 1 vor:

In jeder Abteilung befindet sich eine schwere Kugel. Nimmt man beispielsweise aus der Schicht I in der Abteilung a_1 eine Kugel heraus, so wird aus der Abteilung a_2 oder b_2 der Schicht II eine Kugel den Platz a_1 einnehmen. Die Wahrscheinlichkeit dafür, daß eine Kugel aus der Abteilung a_2 oder b_2 diese Stelle einnimmt, beträgt $^1/_2$. Sinkt beispielsweise eine Kugel aus der Abteilung b_2 zum Horizont a_1 ab, so wird jene ein Absinken einer Kugel aus der Abteilung b_3 oder c_3 in der Schicht III bewirken. Auf diese Weise verursacht das Entfernen einer Kugel aus der Schicht I, Abteilung a_1 das Absinken einer Kugel aus der Schicht III Abteilung a_3, b_3 oder c_3. Die Wahrscheinlichkeit des Absinkens einer Kugel beträgt in dieser Schicht $^1/_4$, $^2/_4$ und $^1/_4$. In dieser Weise fortfahrend, erhält man für die Wahrscheinlichkeit des Absinkens einer Kugel aus den Abteilungen a_4, b_4, c_4 und d_4 der Schicht IV die Werte $^1/_8$, $^3/_8$, $^3/_8$ und $^1/_8$.

In Bild 2 sind die Wahrscheinlichkeiten des Absinkens von Kugeln aus den einzelnen Abteilungen verschiedener Niveaus durch das Entfernen einer Kugel aus der Schicht I dargestellt.

Bei einer großen Anzahl von Abteilungen und Schichten ergibt sich für die Wahrscheinlichkeit die Gausssche Verteilung als Grenze. Sie wird durch die Kurve K (Bild 2) dargestellt.

Stellen wir uns eine Anzahl von Schichten I, II, III usw. vor, so wird im Endeffekt die Beseitigung einer Kugel aus der Abteilung a_1 das Nachsinken einer Kugel aus den höheren Schichten mit einer Wahrscheinlichkeit hervorrufen, die mit der Gaussschen Verteilung übereinstimmt. Werden mehrere Kugeln entfernt, so wird aus den höhergelegenen Abteilungen eine entsprechende Anzahl von Kugeln absinken. Infolge dieses Vorganges wird die Grenze der entleerten oberen Abteilungen die Form einer gestuften Kurve annehmen, die sich der Gaussschen Kurve nähert. Ein solches Ergebnis erhält man als eine der besonderen Lösungen obenerwähnter Differentialgleichungen, die Verschiebungsvorgänge in einem rolligen Medium beschreiben.

Dieses Ergebnis wird durch Laborversuche zum Studium von Verschiebungen in rolligen Medien bestätigt, wenn die Verschiebungen nicht allzu groß sind.

Die Vergrößerung der Verschiebungswerte vergrößert gleichzeitig die Abweichungen der theoretischen Ergebnisse von den im Versuch gemessenen Werten. Es treten dann Effekte auf, die man als Abweichungen des Verlaufes der Verschiebungsprozesse im rolligen Medium von der angenommenen Forderung der Linearität erklären kann. Diese Tatsache bringt uns den Gedanken von der Zweckmäßigkeit einer Verallgemeinerung des linearen mathematischen Modells in ein nichtlineares Modell nahe.

Im Zusammenhang mit dem Referat der Professoren Y. HIRAMATSU und Y. OKA möchte ich die Frage stellen, ob die Nichtberücksichtigung der Massenkräfte im System der Gleichgewichtsgleichungen der Kräfte nicht zu einer Verteilung des Spannungszustandes führen wird, der allzusehr von dem wirklichen Zustand abweicht. Wie steht es nun im Zusammenhang damit, mit der Anwendbarkeit dieser Formeln für praktische Zwecke?

Herr DENKHAUS

Herr Prof. LITWINISZYN hat recht. Man hätte die Massenkräfte auch berücksichtigen können. Man hat es vielleicht darum nicht getan, weil es sich bei dem vorliegenden Problem um einen einzelnen Hohlraum handelt. In diesem Falle, nicht jedoch bei mehreren übereinanderliegenden Hohlräumen, ist der Einfluß der Massenkräfte vernachlässigbar gering.

Der Verfasser hat die Massenkräfte berücksichtigt durch Einbeziehung in die Randkräfte, d. h. bei der Aufstellung seiner Grenzbedingungen. Das ist streng gesprochen nicht korrekt, aber — wie gesagt — der Fehler ist gering.

Herr Vorsitzender, ich möchte noch eine Bemerkung machen im Zusammenhang mit den Ausführungen von Herrn Prof. WATZNAUER. Es geht mir eigentlich hier nur um die Klarheit. Herr Prof. WATZNAUER unterschied zwei Gruppen von Modellen, nämlich Festigkeitsmodelle und Stoffmodelle. Verzeihen Sie, wenn ich ein Klarheitsfanatiker bin. Festigkeit ist natürlich auch, so wie ich es wenigstens sehe, eine Stoffeigenschaft.

Ich würde daher die erstgenannten Modelle — sagen wir — Spannungsmodelle nennen, da wir mit ihrer Hilfe die Verteilung der Spannungen, Verformungen und Verschiebungen, wenn nötig auch als Funktionen der Zeit, in der Umgebung von Hohlräumen in einem irgendwie belasteten Körper bestimmen wollen. Es ist das Wort „Festigkeit", an dem ich mich gestoßen habe. Die anderen Modelle heißen dann Stoffmodelle oder besser Stoffumwandlungsmodelle (im Sonderfall: Bruchmodelle), da wir mit ihrer Hilfe bestimmen wollen, unter welchen Bedingungen sich der Stoff ändert, z. B. bricht oder in den plastischen Zustand übergeht.

Herr WATZNAUER

Ich wollte die beiden Modelltypen nur umreißen, ohne mich auf einen bestimmten Terminus festzulegen. Das Wort „Festigkeit" durch „Spannung" zu ersetzen, ist zweifellos berechtigt, doch möchte ich auf den Zusatz „äquivalent" nicht verzichten, denn dieses Beiwort sagt ja in beiden Fällen aus, daß es sich um ein „Modell", auch beim Großversuch, handelt.

Herr PROTODJAKONOV

Die uns zu Gehör gebrachten Vorträge können meiner Meinung nach in zwei Gruppen unterteilt werden. Die eine Gruppe, zu der ich die Vorträge von Herrn DENKHAUS und die Vorträge der Herren AVERŠIN und KUZNECOV rechne, hat einen großen Wert in ihrem verallgemeinernden Charakter. In diesen Vorträgen wird eine Einschätzung gegeben, und vor allen Dingen werden die Nachteile und Vorteile verschiedener Methoden herausgestellt. Aber ich denke, daß nicht nur solche Vorträge wertvoll sind, sondern auch Vorträge der zweiten Gruppe, die die Fragen etwas spezieller betrachten.

Innerhalb der Vorträge der zweiten Gruppe möchte ich von meinem Standpunkt aus in erster Linie den Vortrag von Herrn KOHOUTEK erwähnen. Ich persönlich habe aus diesem Vortrag die größte Anzahl neuer Tatsachen und vor allen Dingen auch neuer Gedankengänge erfahren.

Aus einer ganzen Reihe von Vorträgen folgte, daß in fast allen Ländern die Methoden der äquivalenten Materialien und der Fotoelastizität am meisten verbreitet sind. Die Zentrifugalmethode ist anscheinend weniger verbreitet. Ich denke, daß einer der Gründe der geringeren Verbreitung der Zentrifugalmethode darin besteht, daß wir bei der Anwendung der Zentrifugalmethode nur meist das Endresultat beobachten können, d. h., wir können den laufenden

Vorgang der Zerstörung des Modells nicht verfolgen. Es wäre deshalb nützlich, wenn sich diejenigen, die sich mit der Zentrifugalmethode befassen, einmal genauer mit folgenden Gedanken befassen:

Man kann das Modell in einer bestimmten Lage durch ein Stzoboskop beleuchten. Dann sieht das sich bewegende Modell unbeweglich aus. Um die Untersuchung in tangentialer Richtung durchführen zu können, kann man das Modell mittels zweier Spiegel beobachten, d. h., man kann es ungefährlich beobachten.

Bei beliebigen Formen der Modellierung, bei denen wir nicht nur qualitative, sondern auch quantitative Ergebnisse erhalten wollen, müssen wir unbedingt die mechanischen Eigenschaften der Gesteine kennen, die wir modellieren wollen. In den Vorträgen wurde darauf hingewiesen, daß es wünschenswert ist, diese Untersuchungen in der Natur und nicht an Proben im Labor durchzuführen. Prinzipiell ist diese Bemerkung richtig. Praktisch sieht es jedoch so aus, daß wir noch keine annehmbaren Methoden zur Bestimmung der Festigkeit im Anstehenden haben. Unabhängig davon, ob wir das wollen oder nicht, können wir deshalb die Festigkeit im Laboratorium in dieser Hinsicht noch nicht bestimmen.

Bei der Untersuchung der Probekörper im Laboratorium entstehen noch zwei weitere Fragen: die eine betrifft die Ausmaße der Probekörper, d. h. den Maßstabfaktor, also die Veränderlichkeit der Eigenschaften. Im Bergbauinstitut der Akademie der Wissenschaften der UdSSR hat man sich viel mit dem Maßstabfaktor und der Veränderung der Festigkeit befaßt. Wir beschränken uns dabei nicht nur auf unsere eigenen Ergebnisse, sondern verallgemeinerten das gesamte Material, was wir aus der ganzen Welt erhalten konnten.

Mit diesen Fragen befaßte sich bei uns insbesondere Professor Kojfmann. Ich möchte Sie deshalb mit einigen erzielten Ergebnissen bekannt machen.

Wenn wir auf der Abszisse die Ausmaße der Probekörper und auf der Ordinate die Festigkeit bei einachsigem Druck auftragen und in dieses Diagramm die Ergebnisse aller Untersuchungen bringen, so zeigen ungefähr 40 Prozent der Ergebnisse folgende Form: Je größer die Ausmaße der Probekörper, um so geringer ist die Festigkeit (*1*). Andererseits liefern nicht weniger als 40 Prozent der Untersuchungen gerade eine umgekehrte Kurve (*2*). Schließlich zeigen ungefähr 20 Prozent der Untersuchungen eine Kurve, wie sie in (*3*) dargestellt ist. Diese Ergebnisse wurden von Probekörpern mit Abmessungen von einigen Millimetern bis zu einigen Dezimetern erhalten. Die Untersuchenden aller drei Gruppen streiten nun miteinander, und jeder behauptet, er hätte recht. Auf der Grundlage der Untersuchungen von Professor Kojfmann sind wir zu der Schlußfolgerung gekommen, daß alle Recht hatten, daß sie jedoch alle unter verschiedenen Bedingungen gearbeitet haben, daß es keine Widersprüche zwischen diesen Ergebnissen gibt. Alles läßt sich nur dadurch erklären, daß wir nicht nur einen Maßstabfaktor, sondern mindestens zwei Maßstabfaktoren haben. Der erste, der Hauptmaßstabfaktor, kann als räumlicher Maßstabfaktor bezeichnet werden. Dieser Maß-

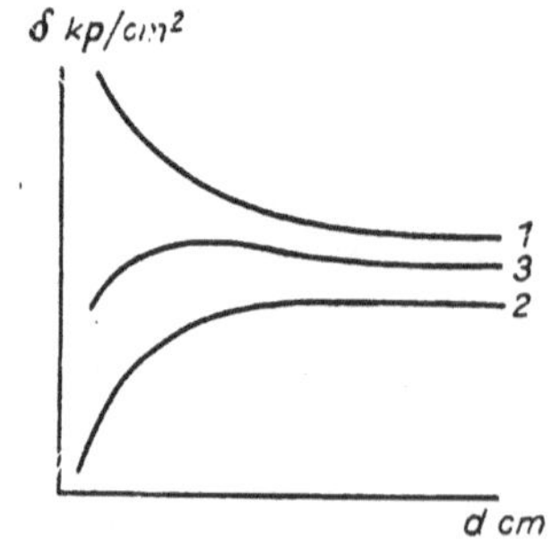

Bild 1

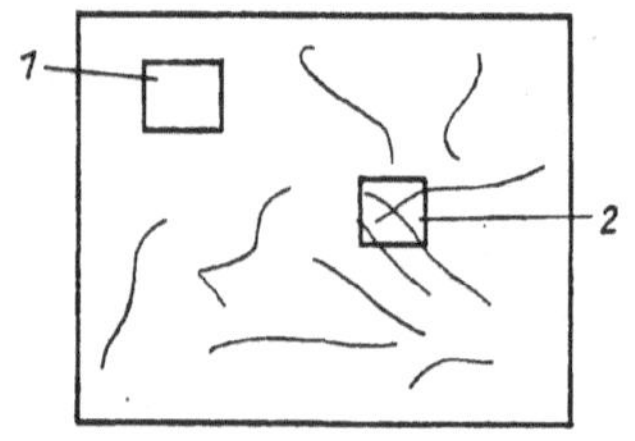

Bild 2

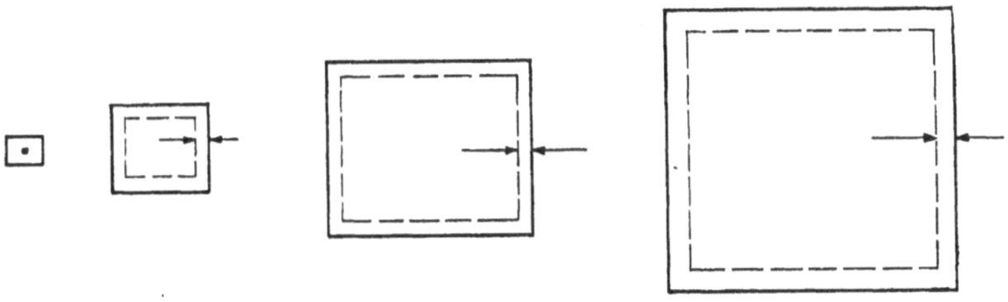

Bild 3

stabfaktor wirkt sich in den Gesteinen aus, im Glas, überall. Er hat eine statistische Natur und hängt davon ab, daß alle zu untersuchenden Materialien nicht dicht sind. Alle Körper haben Spalten, Risse usw.

Je größer die Abmessungen des Probekörpers, um so größer ist die Wahrscheinlichkeit, daß irgendwelche fehlerhaften Erscheinungen darin auftreten. Wenn wir einen Probekörper mit großen Abmessungen untersuchen, so gibt es darin eine ganze Reihe von Rissen. Diese Risse verringern die Festigkeit.

Wenn wir aus diesem großen Körper einen kleinen herausschneiden, so können zwischen zwei Grenzfällen eine ganze Reihe anderer Fälle auftreten, z. B. so, daß der mit *1* gekennzeichnete Körper bedeutend fester ist als ein anderer. Ein kleiner Körper (*2*), der in den Bereich von Spalten fällt, wird im Prozeß der Herstellung des Körpers zerstört und fällt faktisch bei der weiteren Untersuchung heraus.

Das ist unserer Meinung nach die Auswirkung des Maßstabfaktors, wie sie in der Kurve (*1*) dargestellt ist. Ein derartiger Maßstabfaktor hat nicht nur für die Untersuchung im Laboratorium Berechtigung, sondern auch für Untersuchungen am anstehenden Gestein in der Grube.

Außer dem ersten Maßstabfaktor gibt es noch den zweiten, den man als Oberflächenmaßstabfaktor bezeichnen kann. Er hängt davon ab, wie wir die Probe hergestellt haben.

Wenn wir einige Probekörper nehmen, die zwar ähnlich in der Form sind, aber verschieden in den Abmessungen und wir sie nach ein und demselben technologischen Verfahren herstellen, so sehen wir, daß die Stärke der Schicht, die wir beim Zersägen und Abschleifen der Probekörper erhalten, überall gleich ist, jedoch ist die relative Beschädigung der Probekörper bei allen Proben verschieden. Das heißt, der kleine Probekörper wird besonders stark beschädigt sein. Den Einfluß der Beschädigung der Oberfläche der Körper zeigt die Kurve (*2*). Die Beschädigung kann natürlich nicht nur mechanischer, sondern auch chemischer Natur sein. Es ist z. B. so, daß diejenigen, die Steinsalz untersuchen, meist die Kurve (*2*) erhalten. Das kann man dadurch erklären, daß Steinsalz die Eigenschaft hat, daß die Oberflächenschicht, welche Wasser aufnimmt, geschwächt wird, wobei der kleine Probekörper sehr und der große weniger geschwächt wird.

Eine derartige Erscheinung erhalten wir auch bei der Bearbeitung von Probekörpern aus grobkörnigem Sandstein. Das heißt, wir haben eine unregelmäßige Oberfläche, und diese Unregelmäßigkeit ist natürlich relativ verschieden gegenüber den einzelnen Probekörpern.

Wenn wir den Einfluß des Oberflächenmaßstabfaktors ausschließen wollen, müssen wir die Oberfläche der einzelnen Körper sehr vorsichtig bearbeiten.

Der Oberflächenmaßstabfaktor hat nicht nur bei Laboruntersuchungen Bedeutung, sondern auch bei Untersuchungen im Anstehenden. Wenn wir beispielsweise im Schacht einen Pfeiler haben, so entsteht er auf Grund von Sprengarbeiten, und die Oberflächenschicht des Pfeilers ist natürlich mehr beschädigt als der innere Teil desselben. Das heißt, bei gleicher Technologie der Gewinnung ist beispielsweise ein größerer Pfeiler weniger beschädigt als ein kleinerer. Das sind diese beiden Grundkurven (*1*) und (*2*).

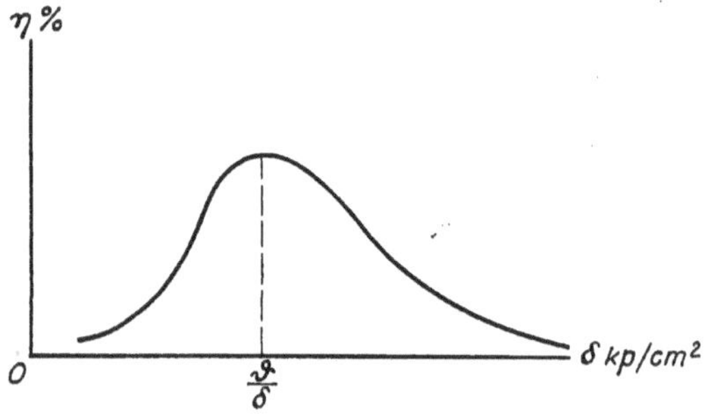

Bild 4

Die dritte Kurve erhalten wir auf Grund des gemeinsamen Einflusses beider Maßstabfaktoren. Ich bin der Meinung, daß beide Einflüsse bei der Modellherstellung unbedingt berücksichtigt werden müssen, genauso wie bei der Untersuchung im Anstehenden oder im Laboratorium.

Die letzte Bemerkung bezieht sich auf die Untersuchung der mechanischen Eigenschaften der Gesteine. Gewöhnlich erhalten wir keine genauen Ergebnisse bei wiederholten Untersuchungen von Probekörpern. Wir haben Beispiele, wo man Probekörper aus Kalkstein in einer Anzahl von ungefähr 2000 Stück untersucht hat.

Auf der Abszisse sei die ermittelte Festigkeit und auf der Ordinate die Probenanzahl aufgetragen. Aus dem Mittelwert vieler Untersuchungen von Gesteinsproben erhalten wir eine Verteilung der Form, die der Gaussschen Kurve sehr nahekommt, die aber etwas in der Richtung der Abszissenachse verschoben ist. Die spezifische Energie, d. h. die Energie für einen Kubikmeter, hat eine etwas steilere Form der Kurve.

Ich muß bemerken, daß viele Forscher nur die Mittelwerte der Gesteinsfestigkeit verwenden. Wenn die Gesteine aus dem Massiv eine gewisse Verteilungskurve haben und die äquivalenten Materialien eine andere, so können wir keine richtigen Ergebnisse erhalten.

Ich bin deshalb der Meinung, daß wir uns bei den Untersuchungen nicht nur mit den Mittelwerten begnügen dürfen, sondern daß wir uns auch mit dem Charakter der Verteilung befassen müssen und dadurch bessere Resultate erzielen werden. Diese Frage müssen wir bei der weiteren Arbeit berücksichtigen. Wir dürfen nicht nur die mittlere Festigkeit bestimmen und die Wahrscheinlichkeit der Bedingungen einer geringeren oder höheren Festigkeit feststellen, sondern eben auch die Verteilung. Wir müssen unbedingt die Veränderlichkeit der Eigenschaften der Gesteine berücksichtigen und dürfen sie nicht als konstant hinnehmen.

Diskussionsleiter Herr Denkhaus

Wir kommen zur zweiten Hälfte unserer Diskussion und wollen versuchen, die Diskussion heute abzuschließen. Vielleicht darf ich noch einmal die Herren Diskussionsredner — die wir gleich bitten wollen, sich zu melden — daran erinnern, daß das Thema unserer Zusammenkunft lautet, zu versuchen, die Anwendbarkeit von Modellversuchen für die gebirgsmechanischen Probleme kritisch abzuschätzen. Wir ersuchen daher die Herren Diskussionsredner, diesem Ziele zuzustreben, so daß wir am Schluß unserer Tagung in ein paar kurzen Worten zusammenfassen können, was wir hier besprochen haben und welche Schlußfolgerungen wir daraus ziehen können.

Nach diesen einleitenden Worten, meine Herren, möchte ich die Nachmittagssitzung eröffnen und darf nun um Wortmeldungen zur Diskussion bitten.

Herr Herne

Untersuchungen an Modellen bergmännischer Hohlräume in Großbritannien

1. Gegenwärtig wird in Großbritannien eine Reihe verschiedener Verfahren angewandt, um die Einflüsse bergmännischer Hohlräume, insbesondere die durch sie verursachten Spannungen und Verformungen in den benachbarten Schichten zu untersuchen.

2. National Coal Board

Im Bergbauforschungsinstitut des National Coal Board ist eine kleine Arbeitsgruppe dabei, die Arbeit über das Verhalten spröder Modelle mit ziemlich großem Maßstab von Strecken mit oder ohne Ausbau aufzunehmen. Das erste Ziel ist es, Bruchsysteme im Modell zu erhalten, die den Bruchsystemen unter Tage ähnlich sind.

3. Universität Nottingham

An der Universität Nottingham arbeiten die Abteilungen für Bergbau und Angewandte Mathematik gemeinsam und versuchen, die auf besondere bergmännische Hohlräume zurückzuführende theoretische Spannungs- und Dehnungsverteilung zwischen Hohlraum und Oberfläche auszuwerten. Sie haben zunächst Experimente mit Modellen aus Rohgummi angestellt, die den Gelatinemodellen ähneln. Jedoch ist Rohgummi kein völlig zufriedenstellendes Material.

4. Universität London

An der Royal School of Mines in London wird die Arbeit an spröden Modellen aufgenommen, um bergmännische Hohlräume, insbesondere Strecken, künstlich darzustellen. Diese Arbeit wird sich im wesentlichen mit dem Einfluß des Modellmaßstabes an Hand geringer Änderungen desselben befassen, so daß der grundsätzliche Einfluß der Zwischenstufen studiert werden kann.

5. Universität Leeds

In der Bergbauabteilung der Universität Leeds sind die Untersuchungen an Gelatine-Modellen, die sämtliche Schichten von einem Hohlraum bis zur Oberfläche darstellen, am vollkommensten entwickelt worden. Die damit erzielten Ergebnisse stellen Messungen für einen bestimmten Bereich von Bedingungen dar und wurden mit den Ergebnissen von Untertagemessungen verglichen. Im Laufe dieser Arbeit stellten sich die Grenzen experimenteller Verfahren heraus. Die nachfolgende Beschreibung ist daher auf diese Untersuchungen und ihre Ergebnisse beschränkt.

5.1 Modell Kriteria

Der Zweck der Gelatine-Modelle besteht darin, im Laboratorium am Modell Spannungen und Verformungen, die denen in den Schichten unter Tage gleichen, unmittelbar durch die Wirkungen des Eigengewichtes der Gelatine selbst nachzubilden. Die wesentlichsten Forderungen an die Maßstabgrößen eines solchen Modells sind, daß das Verhältnis Elastizitätsmodul zum Produkt von spezifischem Gewicht und linearer Entfernung beim Modellwerkstoff mit dem in der Wirklichkeit vorgefundenen Verhältnis übereinstimmen muß. Eine zweite Forderung ist, daß die Poissonsche Zahl für Modellmaterial und natürliche Schichten gleich sein muß. Es ist nicht schwierig, die erste Bedingung mit Gelatinelösung in Wasser zu erzielen. Jedoch kann der zweiten Forderung nicht zufriedenstellend entsprochen werden, da sich die Gelatine im Gegensatz zu einem festen Material wie Gestein, mehr wie eine nichtkomprimierbare Flüssigkeit mit einer Poissonschen Zahl von annähernd $^1/_2$ verhält.

5.2 Herstellung eines Gelatine-Modells

Es hat sich als schwierig erwiesen, eine zufriedenstellende Methode für das Gießen von Abschnitten aus Gelatine zu entwickeln. Die Aufgabe wurde jedoch jetzt gelöst, indem schwarze Peilpunktmarken aus kleinen Bleiglanzkristallen in den Mittelabschnitt einer Gelatine-Modell-Scheibe eingegossen worden sind. Diese kleinen schwarzen Punkte werden visuell beobachtet, wenn das Modell beansprucht wird, so daß innerhalb des gesamten beanspruchten Modells horizontale und vertikale Verschiebungen gemessen werden können.

5.3 Beanspruchung des Modells

Der zentrale Abschnitt der Basis des Modells kann um geringe, genau bemessene Entfernungen gehoben oder gesenkt werden, so daß ein Pfeiler nachgebildet wird, wenn der Zentralabschnitt gehoben und ein Hohlraum nachgebildet wird, wenn dieser Abschnitt gesenkt wird. Die Breite des beweglichen Zentralabschnittes kann im Bereich von 4 bis 18 cm verändert werden, während die beiden äußeren festen Abschnitte je 18 cm betragen. Es wurden Modelle von Flözen hergestellt, die mit 15°, 30° und 45° einfallen.

5.4 Ergebnisse der Untersuchungen an Gelatine-Modellen

Wenn das Modell durch Heben oder Senken der zentralen Brücke beansprucht wird, nehmen die Bewegungen in den Zwischenebenen dieselbe allgemeine Form an, wie die auf der Oberfläche hervorgerufenen.

5.4.1 Modelle mit flach gelagertem Flöz

Beim Modell mit flach gelagertem Flöz sind die horizontalen Bewegungen in den niedrigen Horizonten wesentlich größer als die Bewegungen in den höheren Horizonten. Bild 1 zeigt die horizontalen und vertikalen Verschiebungen in verschiedenen Ebenen, wenn der bewegliche Zentralabschnitt ungefähr 11 cm breit und um einen Millimeter gesenkt ist, sowie die Höhe des gesamten Gelatineabschnittes ungefähr 7,5 cm beträgt. Bei „Überflächen" pflanzt sich die größte Senkung fast unvermindert vom Hohlraum bis zur Oberfläche fort, während die halbe Vollsenkung vertikal über dem Punkt der halben Konvergenz an der Abbausohle liegt. Die Kurve des Pfeilers, nachgebildet durch Heben des zentralen Basisabschnitten, weicht in ihrer Form leicht von den Abbaukurven ab, die durch Senken des beweglichen Abschnittes der Basis erzielt werden.

Das weist darauf hin, daß die auf beiden Seiten hervorgerufenen Bewegungen an beiden Seiten eines festen Kohlenstoßes symmetrisch verlaufen, und der Abbau hat im Modell eine geringere effektive Breite als ein Pfeiler gleicher Größe und ist daher weniger kritisch. Im allgemeinen weisen die tieferen Horizonte eine größere Krümmung und daher eine größere Beanspruchung auf. Bei „Teilflächen" ist die größte Bodensenkung in dem Maße verringert, wie das Verhältnis Breite zu Teufe abnimmt. Die Bewegungslinien zeigen eine allgemeine Bewegung des Materials in Richtung zum Alten Mann, obgleich in den niederen Horizonten Verschiebungen entgegengesetzt der normalen Richtung erfolgen können und außerdem eine Bewegung in Richtung auf die feste Kohle stattfinden kann. Dies zeigt, daß die Bewegungen überwiegend auf Scherung beruhen, der eine schwächere Biegungskomponente überlagert ist.

5.4.2 Modelle mit steiler einfallenden Flözen

Wenn keilförmige Gelatine-Modelle verwendet werden, um den Einfluß steiler einfallender Flöze zu untersuchen, erweist sich, daß das Einfallen einen bemerkenswerten Einfluß auf die im Deckgebirge hervorgerufenen Bewegungen hat. Bild 2 zeigt die vertikalen und horizontalen Bewegungen in verschiedenen Horizonten, ähnlich wie in Bild 1, jedoch für einen um 30° zur Horizontalen geneigten Hohlraum. Die in Bild 2 gemessenen Ebenen befinden sich um 1, 2, 3, 4, 5 und 5,5 Zentimeter von der Oberfläche entfernt, wobei die bewegliche zentrale Brücke, 5 cm breit, um einen Millimeter gehoben wurde, um einen Pfeiler nachzubilden. Sowohl Bild 1 als auch Bild 2 stellen lediglich eine Illustration einer wesentlich größeren Serie von Messungen dar. Die Teufe des geneigten Abbaues ist von Bedeutung, denn je größer die Teufe, desto symmetrischer sind die Absenkungen der Oberfläche und die Verschiebungen. Der Punkt der maximalen Vertikalbewegung bewegt sich zum höherliegenden Ende eines Hohlraumes, sowie die Neigung des Hohlraumes vergrößert wird, jedoch hängt die Größe dieser Bewegung von der Höhe der Horizonte über dem Abbau ab. Die maximale Vertikalbewegung auf eine beliebige Ebene ist bei einem geneigten Hohlraum größer als bei einem horizontalen

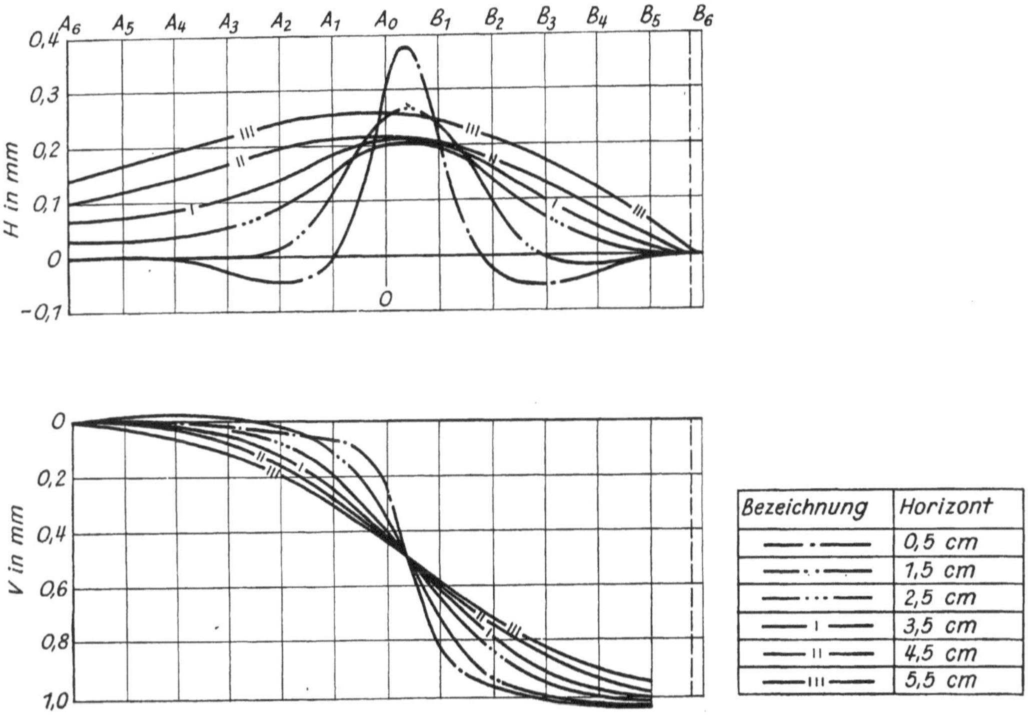

Bild 1. (Rechts Bezeichnung für Bild 1 und 2)

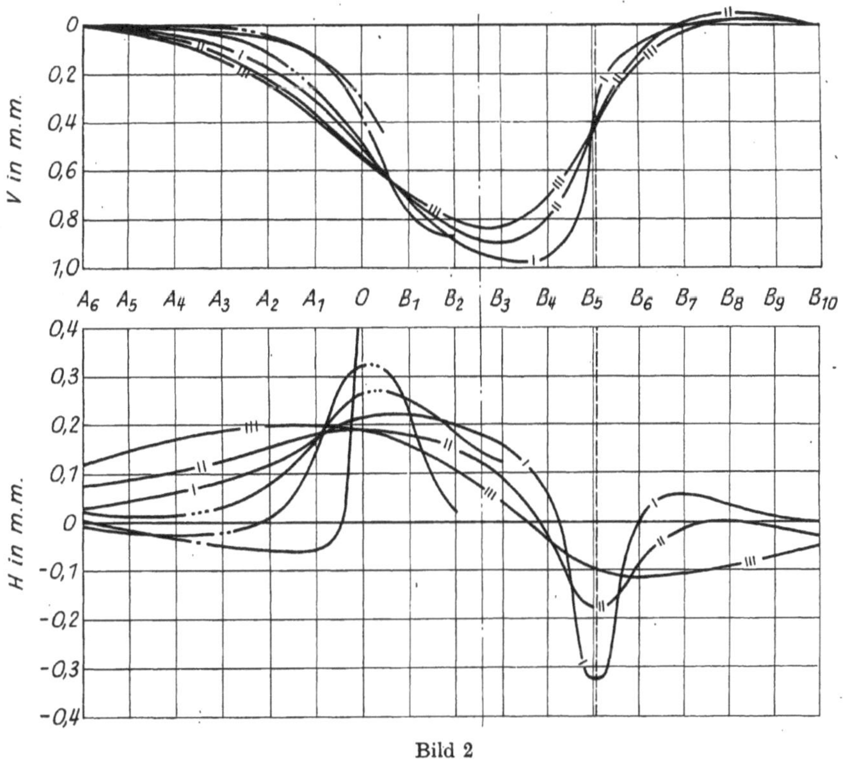

Bild 2

Hohlraum und — wie es bei den Modellen mit flachgelagertem Flöz der Fall war — sind die Hohlräume in steiler einfallenden Flözen weniger kritisch als Pfeiler. Der größte Teil der im Modell auf den Alten Mann gerichteten Bewegung findet vom tieferliegenden Ende des Hohlraumes aus statt, wobei sich dieser Einfluß in dem Maße erhöht, wie die Breite des Abbaues und das Einfallen vergrößert werden. Jedoch hat die zunehmende Neigung einen geringen Einfluß auf die außerhalb des tieferliegenden Endes des geneigten Hohlraumes erzeugten Bewegungen.

5.5 Vergleich der Ergebnisse der Modelluntersuchungen mit Untertagemessungen

Die im Modell vertikal über den Rand des Hohlraumes gemessene Senkung deckt sich annehmbar mit den Untertagemessungen. Der Grenzwinkel im Modell ändert sich mit der Gelatinekonzentration um ein geringes, ist jedoch gewöhnlich eher im Modell größer als bei Untertagemessungen.

5.6 Schlußfolgerungen aus den Untersuchungen an Gelatinemodellen

Ein allgemeines Ergebnis der Arbeit an Gelatinemodellen ist, daß die über den herkömmlichen Strebbauen verursachten Bewegungen mehr von den geometrischen Eigenschaften des Hohlraumes und von der Mächtigkeit der überlagernden Schichten als von den Festigkeitsverhältnissen in den hangenden Schichten beherrscht wird.

5.7 Mathematische Analyse der Ergebnisse der Gelatinemodellprüfungen

Die Modellmessungen, die im Rahmen einer Dissertation durchgeführt worden sind (D. Devey, „Eine Untersuchung der Bewegungen, hervorgerufen im Körper einer unterhöhlten Schicht", Ph. D.-Arbeit, Universität Leeds, Bergbauabteilung, 1959), werden jetzt auf einem elektronischen Digitalrechner analysiert, um die Verschiebungen zu differenzieren und sie als Spannungen und Verformungen in einem elastischen Medium auszudrücken. Diese unter Anleitung von Herrn Prof H. J. King der Bergbauabteilung der Universität Leeds ausgeführte Arbeit ist noch nicht abgeschlossen; Einzelheiten stehen daher noch noch nicht zur Verfügung.

6. Grenzen des Gelatinemodells

Die mit den Untersuchungen an dem Gelatinemodell beschäftigten Mitarbeiter haben, gestützt auf ihre Erfahrungen und nach eingehender Diskussion mit Wissenschaftlern eng verwandter Gebiete, zum Ausdruck gebracht, daß die meiste Arbeit, die zweckmäßigerweise mit dem Modell verrichtet werden kann, nunmehr vollendet ist. Die Möglichkeiten des Modells sind auf Grund der Einfachheit seiner Größenverhältnisse sowie durch seine Unfähigkeit, die Poissonsche Zahl des Untertagematerials darzustellen, notwendigerweise begrenzt.

Wenn weitere Wissenschaftler das Modell verwenden, wird ihnen empfohlen, seine Länge sowie seine Ausdehnung unter dem Hohlraum größer zu gestalten, da der Randeinfluß selbst bei den zugrunde gelegten Größenverhältnissen von einiger Bedeutung zu sein scheint. Jedoch haben unlängst ausgeführte spannungsoptische Untersuchungen an diesem Gelatinemodell mit einer verhältnismäßig dicken Gelatineschicht unter dem Modellhohlraum fast zu denselben Ergebnissen geführt, die auch mit einer festen Schicht unter dem Modellhohlraum erzielt worden sind.

Es ist nicht möglich, die Einzelheiten eines wirklichen Hohlraumes präzise im Modell darzustellen, und das Gelatinemodell selbst ist über einen längeren Zeitraum hinweg nicht leicht zu handhaben, da seine Oberfläche dazu neigt, auszutrocknen und sich daher seine elastischen Eigenschaften ändern. Die größte Nützlichkeit des Modells zeigt sich darin, daß es ein allgemeines Bild des Einflusses eines Hohlraumes in verschiedenen Horizonten auf die über und um ihn gelegenen Schichten vermittelt.

Herr Knothe

Ich habe eine Frage, die vielleicht auf einem Mißverständnis beruht.

Bei der Anwendung der Gelatinemodelle für die Modellierung des Abbaues einfallender Flöze, so wie wir es hier gesehen haben, möchte ich eins einwenden: Bei einfallenden Flözen ist doch das Medium anisotrop, beim Gelatinemodell jedoch ist das Medium isotrop. Als wir Experimente mit einfallenden Flözen unter Berücksichtigung der Anisotropie an Sandmodellen durchgeführt haben, haben wir andere Resultate erhalten.

Herr Herne

Ich denke, das beweist die Beschränkung beider Modelle. Wenn das Sandmodell zu besseren Ergebnissen führt als das Gelatinemodell — wenn Sie die Resultate des Sandmodells mit der Praxis vergleichen —, dann sind wir damit einverstanden, daß es sich auch um ein besseres Modell handelt. Beide Modelle zeigen die Schwierigkeit, die Verhältnisse naturgetreu nachzubilden. Wenn Sie feststellen, daß das Modell und die damit erzielten Resultate mit den in der Natur vorhandenen nicht übereinstimmen, dann müssen Sie auf die Anwendung eines solchen Modells verzichten.

Herr Knothe

Hier liegt ein Mißverständnis vor. Es handelt sich nicht um die Frage, welches Modell besser ist, das Sandmodell oder das Gelatinemodell, sondern mir geht es um die Modellierung des Mediums bei einfallenden Schichten.

Herr Herne

Meine persönliche Meinung ist die, daß alle Modelle praktisch sinnlos sind. Wir verwenden Modelle doch nur deshalb, weil es uns nicht möglich ist, die Vorgänge in den Schichten effektiv zu messen. Alle Modelle in der wissenschaftlichen Arbeit haben dann eine nützliche Seite, wenn sie einfach sind. Wenn man ein Modell komplizierter macht und versucht, es zu sehr auszufeilen, dann kann es doch dazu führen, daß man einen großen Aufwand leistet, der in der letzten Konsequenz zu geringen Resultaten führt. Das Gelatinemodell ist ein sehr einfaches Modell, und es weist selbstverständlich sehr viele Nachteile auf. Wenn man aber ein besser durchgestaltetes Modell bauen will, dann ist es auch komplizierter und führt zu Resultaten, die uns durchaus täuschen können.

Herr Denkhaus

Ich danke Herrn Herne für die Ausführungen. Vielleicht darf ich sie zusammenfassen, denn sie bringen einen etwas neuen Gesichtspunkt. Er hat es drastisch ausgedrückt: „Modelle brauchen wir eigentlich nur deshalb, weil wir nichts besseres haben." — Das ist wahr. Wenn ich eine Ameise oder eine Mikrobe wäre und könnte durch das Gestein hindurchkriechen, könnte mir alles ansehen und vielleicht auch ein Instrument mitnehmen, dann brauchte ich kein Modell. Aber da wir das nicht können, sind die Modellversuche eine Methode, um zu erfahren, was in situ vorgeht.

Das war der erste Teil der Erwiderung von Herrn Herne. Ich persönlich stimme damit überein.

Dann ist er etwas weitergegangen und hat gesagt: „Wenn man schon Modelle macht, dann muß man sie so einfach wie möglich machen". Das ist auch richtig. Aber ich kann nicht einsehen, warum man nicht weitergehen soll und etwa Anisotropie mit hineinbringen soll. Ich meine, es besteht ein Unterschied zwischen „kompliziert" und „falsch".

Das ist meine Meinung und, ich glaube, auch die der meisten von Ihnen.

Das faßt die Bemerkungen von Herrn Herne zusammen. Ich bitte dabei zu entschuldigen, daß ich etwas von meiner eigenen Meinung beigemischt habe.

Eines ist natürlich wichtig: Wir dürfen nicht vergessen, daß wir das Gebirge untersuchen wollen und daß Modelle an sich kein Selbstzweck sind. Das haben wir aus dieser Diskussion gelernt.

Herr Knothe

Das Modell muß der Wirklichkeit entsprechen. Wenn ich Schlüsse für die einfallenden Schichten ziehen will, muß ich die Faktoren berücksichtigen, von welchen die Ergebnisse abhängig sind.

Herr Panov

Eine große Bedeutung hat die Frage: Was geben uns denn eigentlich die Modellvorstellungen? Aber eine wichtige Frage ist auch die nach den Wegen für eine weitere Vervollständigung der Modellversuche.

Zur ersten Frage kann man sagen, daß die meisten Erfahrungen bei der Modellierung in der flachen Lagerung für spröde Gesteine vorliegen. Auf diesem Gebiet haben wir durch die Modellvorstellungen praktisch eine Bestätigung dessen erhalten, was wir auch schon durch andere Methoden festgestellt haben. Aber der Vorteil von Modellversuchen besteht darin, daß man einen Prozeß mehrfach wiederholen kann. Außerdem gibt uns die Modellierung die Möglichkeit, einige Prozesse zu untersuchen und auch bestimmte Dinge vorauszusagen. Zweifellos ist es das Beste, direkt am Anstehenden zu messen. Aber wenn Sie unter Tage in einer Teufe von hundert Metern arbeiten und Sie wollen wissen, wie sich die Gesteine beispielsweise in einer Teufe von 500 m verhalten, können Sie mit Hilfe der Modellvorstellungen gesetzmäßige Prognosen anstellen. Das heißt also, daß die Modellvorstellungen nicht nur das bestätigen, was bekannt ist, sondern sie stellen auch ein Mittel zur Aussage dar.

Außerdem gestattet uns die Modellierung, solche Gesetzmäßigkeiten festzustellen, die wir unter Tage nicht feststellen können, beispielsweise die Form der Absenkung der einzelnen Schichten. Das können wir in der Natur schlecht verfolgen; die Modellversuche gestatten jedoch eine solche Untersuchung.

Es ist sehr schwierig oder meist nicht durchführbar, unter Tage die Prozesse zu untersuchen, die bei sehr schnellen Verhiebsgeschwindigkeiten zu beobachten sind. Wenn wir also jetzt Verhiebsgeschwindigkeiten beispielsweise von zwei, drei, vier oder fünf Meter pro Tag haben, dann bringt uns doch die weitere Entwicklung des Bergbaues noch eine wesentliche Erhöhung der Abbaugeschwindigkeiten. Das heißt, es ist verständlich, daß wir solche Bedingungen zur Zeit unter Tage gar nicht messen können. Aber mit Modellvorstellungen können wir schon gewisse Erkenntnisse bekommen.

Nun zur Frage der Vervollständigung der Methode. Die ständige Entwicklung des Bergbaues bedingt die Vervollständigung der Modellversuche. Wenn wir auch unter normalen Verhältnissen ohne Modellvorstellungen ein gutes Bild über das Verhalten der Nebengesteine gewinnen, z. B. über sein Verhalten in großen Teufen oder über das Verhalten des Ausbaues in großen Teufen, über Gebirgsschäge oder Massenzusammenbrüche, über die Probleme der Hangendregulierung bei Schichten sehr geringer Festigkeit oder großer Elastizität, so sind diese Fragen doch sehr schwer unter Tage zu lösen oder analytisch zu behandeln. Desalb ist in diesen Fällen die Modellierung ein sehr nützliches Hilfsmittel.

Um aber diese Aufgaben zu beginnen, muß man die Methoden vervollständigen. Die erste Frage bei der Vervollständigung heißt, überzugehen von der flachen Lagerung auf die Probleme, die in der steilen oder halbsteilen Lagerung vorhanden sind. Für die steilen Lagerungen sind bereits Versuchsstände gebaut und Ähnlichkeitskriterien erarbeitet worden.

Ein äußerst schwieriges Problem in der Modellierung ist der Übergang von sprödem zu mehr plastischem Gestein. Soweit mir bekannt ist, wurde versucht, dieses Problem zu lösen, und zwar indem man als äquivalentes Material irgendwelche viskose Materialien, z. B. Glaskugeln mit einer viskosen Masse, verwendet hat. Mit Hilfe dieser Methode konnte ein äquivalentes Material mit einem günstigen inneren Reibungswinkel gefunden werden.

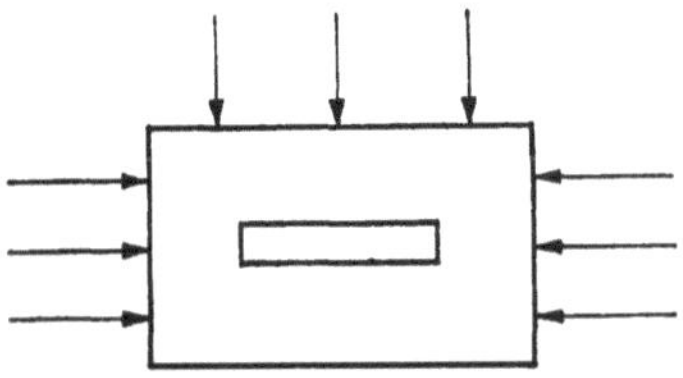

Bild 1

Die zweite Richtung ging dahin, anstelle der bisherigen Gips-Zement-Modelle solche zu benutzen, die noch eine Mineralölkomponente hatten. Wir stehen zur Zeit an der Schwelle der Schaffung plastischer äquivalenter Materialien, was uns gestatten wird, Gebirgsdruckfragen für große Teufen zu modellieren.

Für die weitere Vervollständigung der Modellvorstellungen ist die Herstellung räumlicher Modelle von großer Wichtigkeit. Das Problem besteht darin, daß wir einmal die allgemeinen Gesetzmäßigkeiten des Verhaltens der Gesteine wissen wollen, und genauso Sonderfälle des Verhaltens von Gesteinen in einem begrenzten Raum, daß heißt also, das Verhalten der Gesteine beispielsweise unter oder über dem abgebauten Raum. Haben wir einen kleinen Maßstab, sind wir in der Lage, die Grenzbedingungen bis an die Oberfläche exakt zu definieren.

Wenn wir aus einem großen Modell ein kleines Modell für bestimmte lokale Fälle herstellen, müssen wir ebenfalls genau die Grenzbedingungen festlegen.

Wie löst man beispielsweise das Problem der Grenzbedingungen für Modelle im großen Maßstab? Es wird so gelöst, daß wir gleichmäßige Belastungen ansetzen, und zwar sowohl in vertikaler als auch in horizontaler Richtung. Die Größen dieser Belastungen werden auf Grund von theoretischen Überlegungen festgelegt, oder es wird eben praktisch der Unterschied zwischen der teufenmäßigen Belastung und der Lage des Modells genommen. Das heißt also praktisch dann, daß diese Belastung der Überlagerungsgröße entspricht.

Das bedeutet natürlich, daß wir die Frage nicht exakt lösen. Die Aufgabe besteht nun darin, daß wir schon am großen Modell feststellen müssen mit Hilfe von Tensometern, welche Grenzbedingungen für das künftig zu schaffende kleine Modell existieren werden.

Die Modelle der Herren Dr. Jacobi und Dr. Everling stellen beispielsweise eine sehr glückliche Lösung dar.

Wir wollen jetzt versuchen, uns die Grenzbedingungen, die in einem solchen Modell herrschen, vor Augen zu führen. Nehmen wir zunächst einmal die horizontale Belastung. Die horizontalen Belastungen sind auf beiden Seiten offensichtlich die gleichen. Das ist aber nur in den Fällen richtig, in denen ich auf beiden Seiten gleich große Pfeiler an einer Strecke habe. Wenn aber auf der einen Seite noch ein Pfeiler steht und auf der anderen Seite schon ein abgebautes Feld ist, dann werden die horizontalen Komponenten nicht mehr gleich sein.

Soweit mir bekannt ist, gibt es zur Zeit keine analytische Lösung des Problems. Deshalb erscheint mir eine Anwendung von zwei Modellen zur Bestimmung der Grenzbedingungen der zweckmäßigste Weg zu sein.

Bei der vertikalen Belastung erscheint es zunächst so, als gäbe es keinen Streit darüber, daß die Belastung der Überlagerung gleich dem Unterschied zwischen dem teufenmäßigen Druck und der Lage des Modells wäre. Das ist aber nur auf den ersten Blick so. Nehmen wir irgendeinen Grubenbau an, der auf beiden Seiten versetzt sei. Da die Absenkung der einzelnen Schichten mit unterschiedlichen Geschwindigkeiten einer zeitlichen Verschiebung vor sich geht, werden an irgendeinem Punkt Aufblätterungen der Schichten erfolgen.

Nehmen wir an, die untere Schicht würde sich innerhalb von fünf Tagen auf eine ganz bestimmte Größe absenken, dann wird sich die oberste Schicht vielleicht innerhalb von drei oder vier Monaten absetzen. Deshalb wird die Wechselbeziehung zwischen den einzelnen Schichten keine konstante sein, da sich auch die Absenkungsgeschwindigkeiten verändern. Deshalb kann man auch die Größe des Überlagerungsdruckes nicht für die ganze Zeit als eine konstante ansehen, und deshalb wird am Anfang, also nach der Herstellung des Grubenbaues eine bestimmte Zeit lang nur ein bestimmter Teil des Überlagerungsdruckes wirksam.

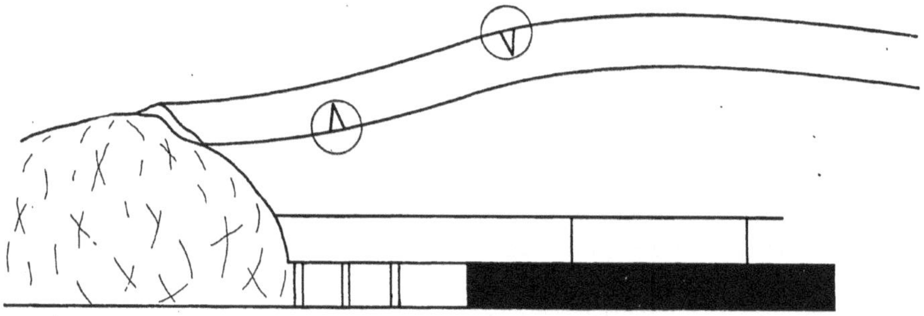

Bild 2

Noch schwieriger wird die Frage, wenn man Abbaue betrachtet. Die Schwierigkeit beginnt schon damit, daß wir für Abbaue bisher nur Flächenmodelle gehabt haben. Wenn man aber jetzt als Festigkeitswerte die mittleren, normalen Werte beispielsweise für Karbongesteine nimmt, so werden wir für Modelle wahrscheinlich nur konstante Werte für eine Teufe von weniger als 300 bis 400 Metern bekommen.

Wir haben selbst bei Modellen mit geringerer Teufe schon eine gewisse Querverformung des Modells. Selbst wenn man diese Querdehnung des Modells vernachlässigt, kann man die Festigkeit des Modells nicht vernachlässigen; denn dann würde man das Modell einfach zerstören.

Die Einführung durchsichtiger Scheiben an den Versuchsständen, z. B. aus Plexiglas, verursacht Reibungskräfte, für die wir keine Ähnlichkeitsgesetze haben oder für die wir den Maßstab nicht kennen. Wir können den Maßstab auch nicht willkürlich verändern. Deshalb ist die Frage nach dem Übergang auf räumliche Modelle so wichtig.

Das ist die Entwicklungsrichtung, die in der Sowjetunion und auch in Westdeutschland von Dr. Jacobi und Dr. Everling beschritten, also die Richtung der Schaffung von räumlichen Modellen. Das ist meinem Dafürhalten nach einer der wesentlichsten Wege für eine neue Richtung. Man muß sagen, daß es Jacobi und Everling gelungen ist, ein sehr glückliches räumliches Modell für Strecken herzustellen. Aber für Abbaue ist leider so eine glückliche Lösung noch nicht vorhanden.

Wenn ich jetzt noch einmal zu den Fragen der Schaffung solcher räumlichen Modelle zurückkehren will, dann muß man sagen, daß nun die fotoelastischen räumlichen Modelle höchstwahrscheinlich eine größere Bedeutung erlangen werden, als die räumlichen Modelle mit äquivalenten Materialien, weil es uns eher gelingen wird, solche fotoelastischen räumlichen Modelle herzustellen. Ich bin mit den Herren Diskussionsrednern einverstanden, die gesagt haben, daß die Zentrifugalmethode auf Grund der angeführten Nachteile keine große Bedeutung erlangen wird.

Unsere Kritik an der Methode hat jedoch nicht den Punkt erreicht, der gestatten würde, diese Methode überhaupt nicht mehr anzuwenden, denn die Zentrifugalmethode ermöglicht uns — wenn auch in einem sehr kleinen Maßstabe — die Herstellung von räumlichen Modellen.

Zum Abschluß möchte ich noch folgendes sagen:

Jeder Forscher stellt sich die Frage: Was wäre, wenn die Modellvorstellungen mit äquivalenten Materialien nicht da wären? Hätte die Wissenschaft dann irgend etwas verloren oder nicht? Denn die Modellvorstellungen wiederholen alle die Gesetzmäßigkeiten, die wir bereits kennen. Wenn also jetzt die Methode nichts prinzipiell Neues gibt, aber einen sehr einfachen und billigen Weg bietet, dann ist das eine Form der Einschätzung. Ich denke aber, daß uns die Modellierung zwei neue Faktoren gegeben hat.

Der erste wichtige Faktor ist:

Die Untersuchung der Verschiebungen an Karbongestein, also an geschichteten Gesteinen, hat uns gezeigt, daß die Absenkungen in einzelnen Schichten vor sich gehen, und zwar durch Aufblätterung dieser einzelnen Schichten und durch Zertrümmerung dieser einzelnen Schichten in bestimmte Blöcke. Dieses System führt zur Zerstörung des unmittelbar Hangenden.

Die Wechselbeziehung zwischen beiden Auflagepunkten gewährleistet eine gewisse Standfestigkeit der Schichten. Das heißt also: Die Modellierung hat die Hypothese über die Wechselbeziehungen einzelner Blöcke und Platten bestätigt.

Die Plattentheorie hat eine analytische Lösung für Flöze mit einer entsprechend großen Mächtigkeit und einer entsprechenden Ausdehnung gefunden.

Ich meine jetzt die Berechnungen, die beispielsweise in der DDR in Kalischächten durchgeführt wurden, oder solche Lösungen, wie sie in Frankreich gefunden wurden. Die Modellversuche haben gezeigt, daß diese Berechnungen richtig waren, daß man sie gut anwenden kann für die Behandlung solcher Fragen.

Die Tragfähigkeit solcher Platten ist dadurch bedingt, daß an diesen beiden Stellen Druckkräfte bei Gesteinen mit geringen Festigkeitseigenschaften auftreten.

Zu dem normalen Karbongestein: Wir haben in der letzten Zeit Versuche durchgeführt und auch Berechnungen angestellt. Die Ergebnisse rechtfertigen zu sagen, daß wir auch in der Lage sind, für ganz gewöhnliche Karbongesteine die Berechnungsgrundlagen zu liefern. Aber diese Berechnungen wären nicht möglich gewesen, wenn wir vorher nicht ein exaktes physikalisches Bild von den Vorgängen durch Modellvorstellungen gewonnen hätten.

Die zweite Frage ist das Verhalten des Nebengesteines bei großen Verhiebsgeschwindigkeiten. In mechanisierten Abbauen der flachen Lagerung werden in der nächsten Zeit — das kann man jetzt schon annehmen — ungefähre Verhiebsgeschwindigkeiten von 15 bis 20 m pro Tag erreicht werden. Die Dynamik des Gesteinsverhaltens unter solchen Bedingungen ist vorläufig nicht bekannt.

Auf dem letzten Kongreß in Leipzig im Jahre 1958 haben wir einige vorläufige Versuchsergebnisse mitgeteilt. Wir sind der Meinung, daß dieser erste Versuch ein sehr nützlicher war, der uns aber noch keine befriedigende Lösung gebracht hat. Es gibt eine ganze Reihe von Problemen, auf die ich jetzt nicht eingehen möchte. Ich möchte damit schließen und noch einmal sagen, daß das ein sehr wichtiges Problem ist und daß es sehr zweckmäßig ist, auf diesem Gebiete weiter zu arbeiten.

Herr Herne

Ich möchte zum Ausdruck bringen, daß ich mit dem, was Herr Dr. Panov gesagt hat, durchaus nicht einverstanden bin. Bisher hat noch niemand über den ganz präzisen Gedanken gesprochen, daß ein Modell aus zweierlei Gesichtspunkten heraus geschaffen wird. Der erste Grund, ein Modell herzustellen, besteht darin, physikalische Eigenschaften innerhalb eines bestimmten Volumens zu studieren. Normalerweise kann man das in Form einer Differentialgleichung darstellen — für Wärmefluß, für Elastizität. Der zweite Grund, ein Modell herzustellen, besteht darin, daß wir bestimmte schwierige Grenzbedingungen haben. In verschiedenen Gebieten der Wissenschaft macht man deswegen Modelle, weil es schwierig ist, die Differentialgleichungen eben wegen dieser schwierigen Grenzbedingungen zu lösen. Bei einem Kreis ist es leicht, bei einer Ellipse schwieriger, bei einem Quadrat noch schwieriger. Hierbei handelt es sich eben um die schwierigen Grenzbedingungen. Ein Modell wird eben wegen dieser Grenzbedingungen gemacht. Bei unseren heutigen Möglichkeiten mit den elektronischen Rechenmaschinen sind die Grenzbedingungen weniger schwierig geworden. Wir verwenden ein Gelatinemodell, lösen aber auch dasselbe Problem mathematisch nach der von Muschelisvili vorgeschlagenen Weise. Hier verwenden wir ein Modell, weil es einfacher und schneller geht und weil auf diese Weise auch ein einfallendes Flöz zu messen ist. Es ist einfacher, ein Modell herzustellen, als das Problem auf mathematischem Wege zu lösen.

Wir treffen jetzt diese Problematik, über die Herr Dr. Panov gesprochen hat. Wenn wir einen Hohlraum haben — von zerbrochenem Material unmittelbar und von festem Material in einem gewissen Abstand umgeben —, dann können wir den letzten Teil in einem Modell darstellen oder auf mathematischem Wege lösen. Im ersten Bereich müssen wir ein Modell machen, weil wir hier die physikalischen Gesetze innerhalb dieses Volumens nicht kennen. Hier besteht die Aufgabe darin, weil wir eben nichts wissen, das Problem mit Hilfe eines Modells zu lösen.

Die Grenze ist hier nicht so wichtig; sie ist nur von zweitrangiger Bedeutung. Meine Meinung ist, wenn wir ein komplexes Modell herstellen wollen, worüber Herr Professor Panov gesprochen hat, dann vermischen wir bei unseren Vorstellungen die verschiedenen Probleme, die ganz unterschiedlicher Natur sind. Der Bergbau ist eine ziemlich grobe Wissenschaft. Wir wissen nicht, was um unseren Hohlraum herum vorgeht. Wenn wir wissen wollen, was dort vorgeht, müssen wir einzelne Abschnitte getrennt angreifen. Was wir tun müssen, ist, daß wir diesen Bereich gebrochenen Materials nehmen und einfachere Flächen, indem wir einfachere Grenzen um unser gebrochenes Material herum aufbauen, um das physikalische Problem innerhalb des Materials zu verstehen.

Wenn wir ein Modell aus verschiedenen Materialien und mit sehr komplizierten Formen herstellen, dann werden wir überhaupt nichts mehr verstehen. Was uns also fehlt, ist ein größeres Verständnis, ein größeres Wissen um die Vorgänge unmittelbar um den Hohlraum herum; denn über die entfernt liegenden Teile wissen wir schon ausreichend Bescheid.

Die Herstellung von Modellen gleicht dem Rauchen. Es ist eine Gewohnheit, und man setzt diese Gewohnheit fort, obgleich man weiß, sie ist nicht gerade gut.

Wir brauchen jetzt solche Modelle, die uns das Verständnis über die Verteilung des Verformungs- und Spannungsfeldes innerhalb gebrochenen Materials vermitteln. Es wird am besten mit einer ganz einfachen Darstellung gelöst, zum Beispiel einem ganz einfachen Sandmodell.

In England wird auf diesem Gebiet gearbeitet, allerdings noch nicht genug. Aber das ist die Richtung, in der wir fortschreiten. Wenn Herr Panov ein kompliziertes Modell mit vielen Einzelheiten baut, dann glaube ich den damit erzielten Resultaten nicht, und ich bin mir nicht ganz sicher, ob Herr Panov selbst daran glaubt.

Herr Panov

Ungeachtet dessen, was Herr Herne über die Meinungsverschiedenheiten, die wir haben, ausgeführt hat, habe ich mit großem Interesse und Vergnügen seine Ausführungen gehört und muß feststellen, daß wir sehr viele gemeinsame Gesichtspunkte haben. Ich möchte sagen, daß wir uns in den Problemen mehr einig sind, als wir in einigen Fragen auseinandergehen.

Sie haben weniger Vertrauen zur Modellierung, und ich habe mehr dazu. Vollständig einig sind wir in der Frage, daß Sie gesagt haben, wir können nicht alle Probleme, die mit dem Gebirgsdruck zusammenhängen, im Modell erfassen. Da bin ich vollständig mit Ihnen einverstanden. Wenn die Modellvorstellungen alles das wiederholen, was in der Natur vor sich geht, dann wären sie vielleicht gar nicht notwendig.

Das Wesen der Modellierung besteht darin, eine bestimmte Schematisierung herbeizuführen, d. h. aus den ganzen Erscheinungen die wesentlichen Faktoren herauszuschälen und mit ihnen zu experimentieren. Die Grundlage eines Experimentes ist das Herausschälen bestimmter Faktoren und die Untersuchung dieser Faktoren.

Die Übereinstimmung zwischen Ihren und meinen Anschauungen geht noch weiter. Die Ähnlichkeitstheorien, die entwickelt worden sind von Bertram, von Ihrem Landsmann Newton, von Geppischow, Sietow usw., sind ein Teil der Wissenschaft der Mechanik. Dieser

Teil der Mechanik wird sehr erfolgreich in einer ganzen Reihe von Wissenschaftszweigen angewandt, und ich glaube, Sie sind auch einverstanden, wenn man diesen nützlichen Zweig der Mechanik ebenfalls anwendet auf das Gebiet der Gebirgsmechanik. Ich glaube, auch in dieser Frage haben wir eine einheitliche Meinung.

Weiter: In England — sagen Sie — wird die Meinung vertreten, über Tatsachen braucht man nicht zu streiten. Ich glaube, hierin sind wir auch einer Meinung.

Stellen wir einmal die Tatsachen gegenüber: Bis jetzt sind schon ungefähr tausend Modelle hergestellt worden, und dazu noch zwei Modelle, die von Ihren Studenten hergestellt worden sind. Es kann doch nicht sein, daß diese ganzen Modellvorstellungen nur durch irgendwelche Zufälligkeiten entstanden sind. Es muß doch so sein, daß sie tatsächlich die Erscheinungen richtig widerspiegeln. Sowohl Sie als auch ich können feststellen, daß die Modellierung noch keine exakte Wissenschaft ist. Aber wir können beispielsweise doch nicht widersprechen, daß die Modelle von JACOBI und EVERLING die Erscheinungen, die um eine Strecke passieren, tatsächlich gut und sehr erfolgreich widerspiegeln. Also wenn wir selbst bei einer ungenügenden Modelltechnik gute, zuverlässige Resultate bekommen, kann eine Vervollständigung der Methode nur noch bessere Resultate geben. Wenn Sie mit dieser Darlegung einverstanden sind, brauchten wir uns nicht weiter zu streiten.

Wir haben nur kleine Differenzen. Sie glauben etwas weniger, ich glaube mehr. Aber ich meine, wir brauchen uns nicht darüber zu streiten, daß Sie beispielsweise nur 37 Prozent glauben und ich 40 Prozent glaube.

Herr JANELID

Von den Ausführungen dieser Sitzung habe ich die Auffassung gewonnen, daß die Verhältnisse in Schweden ziemlich unterschiedlich sind von denen, die hier diskutiert werden. Wir haben fast nur hartes Erz und Gestein und wenig Kohle.

Ich stimme zu, daß Modellversuche gute Informationen geben können, und in Schweden sind Modellversuche angewendet worden im Zusammenhang mit Aussprengung von unterirdischen Kraftstationen. Um natürliche Verhältnisse nachbilden zu können, muß man jedoch die Hauptspannungen im Gestein und deren Richtung kennen. Man muß außerdem die physikalischen Eigenschaften der Gesteinsarten und Erze kennen, um mathematische Berechnungen anstellen zu können.

In Schweden ausgeführte Gebirgsdruckmessungen haben gezeigt, daß man selten einen Druck hat, der dem hydraulischen Druck in einer gewissen Tiefe entspricht. Bedeutend größere Drücke sind gemessen worden und in gewissen Fällen auch große horizontale Drücke bei geringer Tiefe.

Ich bin völlig damit einverstanden, daß Modellversuche sehr anwendbar sein können, aber man muß dann die Spannungsellipsoide im Gestein kennen, d. h. die Hauptspannungen in Größe und Richtung. Durch die Messungsmethode, die von Herrn Professor HAST ausgearbeitet wurde, ist die Messung dieser Größen möglich gewesen. Außerdem sind Versuche im Gange mit anderen Meßzellen, welche im Laboratorium gute Resultate erbracht haben.

Ich möchte außerdem in Kürze einige praktische Erfahrungen und Entwicklungstendenzen betreffs Grubenabbau in Schweden berühren, die in nahem Zusammenhang mit Gesteinsdruck und Gesteinsfestigkeit stehen.

Bei Aussprengung von Tunneln, Schächten und unterirdischen Räumen wird in großem Maße Profilierung angewendet, d. h. die Bohrung und Sprengung geschieht in der Weise, daß man eine glatte Bergoberfläche mit möglichst geringer Rissebildung erhält. Statt Stempel unter Tage wird in großem Ausmaß Gesteinsverankerung, Spritzbeton und ähnliches angewendet. Modellversuche mit solchen Verstärkungsvorkehrungen sind nicht in nennenswertem Grade durchgeführt worden.

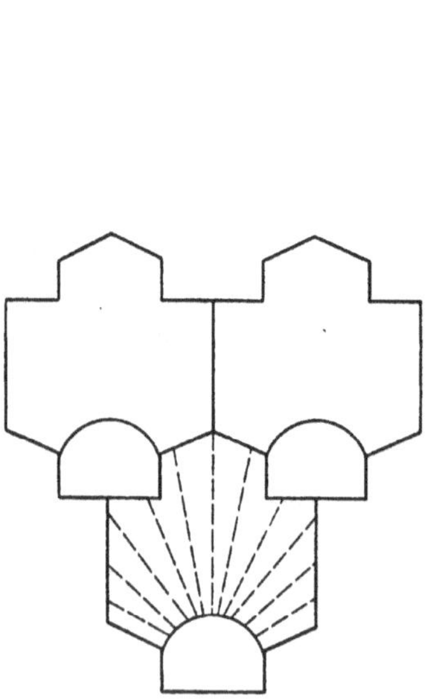

Bild 1

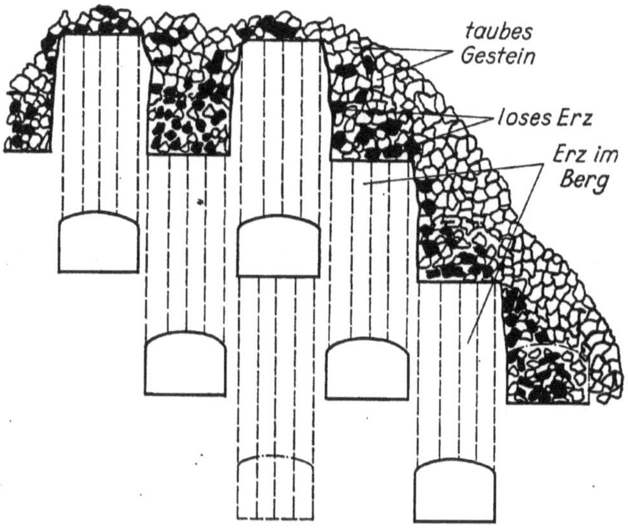

Bild 2

Dagegen sind umfassende Modellversuche betreffs Scheibenbruchbau durchgeführt worden, der in großem Ausmaß u. a. in Kiruna und Grängesberg angewendet wird. Totalproduktion ist über 15 Mill. t Erz mit Scheibenbruchbau. Bei Scheibenbruchbau gehen 10—15% des Erzes verloren, die im Alten Mann zurückbleiben, außerdem wird das Erz durch 10 bis 20% taubes Gestein verdünnt.

Die Bohrung einer Scheibe wird vorläufig gemäß Bild 1 durchgeführt. Modellversuche haben gezeigt, daß bedeutend bessere Resultate bei Bohrung gemäß Bild 2 erzielt werden. Die Bohrlöcher dürfen sich außerdem nicht im Verhältnis zur Längsrichtung der Scheibenorte neigen, sondern müssen vertikal gebohrt werden. Durch diese Verfahrensweise kann die Erzausbeute gesteigert und Beimischungen von taubem Gestein im Erz bedeutend verringert werden.

Herr Höfer

Die Gesteine haben leider die unangenehme Eigenschaft, daß das Verhältnis zwischen Druckfestigkeit und Zugfestigkeit sehr ungünstig ist. Wie wir im allgemeinen wissen, schwankt es zwischen 1:20 bis 1:27. Nehmen wir beispielsweise ein Verhältnis von 1:20 an. Wir haben in Mitteldeutschland viele Gesteine mit einer mittleren Druckfestigkeit um 400 kp/cm² und einer entsprechenden Zugfestigkeit von etwa 20 kp/cm². Bei einem Modellmaßstab von 1:100 bedeutet das für die Herstellung äquivalenter Materialien, daß wir hinsichtlich der Druckfestigkeit ganz gut hinkommen. Wir brauchen ein Material von 4 kp/cm² Druckfestigkeit, die Zugfestigkeit des Materials soll aber dann nur 0,2 kp/cm² betragen.

Aus den entsprechenden Veröffentlichungen aus der Sowjetunion, in denen Rezepturen für die Herstellung von verschiedenen Modellmischungen angegeben werden, ist mir nicht bekannt, daß dieses Verhältnis in etwa eingehalten wurde, sondern daß meistens die Zugfestigkeit etwas höher ausfiel. Ich glaube nicht, daß das ein schwerwiegender Punkt ist, der uns berechtigt, die Modellversuche mit äquivalenten Materialien abzulehnen oder zu negieren.

Für uns kommt aber noch ein anderer Punkt hinzu. Wie Herr Dr. Panov ausgeführt hat, liegt die Grenze der Anwendbarkeit der Modellversuche mit äquivalenten Materialien etwa bei 300 bis 400 Meter; Kuznecov gibt etwa 400 bis 500 m an. Wir müßten aber Modellversuche für Teufen zwischen 400 und 1000 m bei den entsprechenden, vorhin genannten

Materialfestigkeiten durchführen. Zum Teil liegen die Festigkeiten des Materials noch wesentlich niedriger, z. B. die Druckfestigkeit um 100 kp/cm².

Hinzu kommt als nächster Punkt, daß z. T. nicht nur ein Einsohlenabbau in flacher Lagerung abgebildet werden müßte, sondern ein Zweisohlenabbau. Wir könnten nun auf den Ausweg verfallen, daß wir z. B. nur die unmittelbaren Hangendschichten und das Haupthangende bis etwa 200 m über dem Abbau nachbilden und die übrigen Schichten durch künstliche Belastung darstellen.

Nun zeigte Herr Dr. Denkhaus in seinem gestrigen Vortrag, daß speziell beim Zweisohlenabbau ein großer Unterschied besteht bei einer von außen aufgegebenen Belastung gegenüber der Belastung in der Zentrifuge. Wir sind hier also in einer gewissen Zwickmühle, wo im gewissen Sinne für uns eine Grenze der Anwendbarkeit der einen Modellart gegeben ist, da wir einmal die Teufen nicht nachbilden können und sich zum anderen bei äußerer Belastung Unterschiede ergeben können. Wie groß die sind, ist die zweite Frage.

Hier ergibt sich vielleicht ein Fall, wo es ratsam wäre, zu überlegen: Sollte man in solchen Fällen nicht versuchen, doch auf Zentrifugenversuche überzugehen anstelle der äquivalenten Materialien, wo ich im Moment für die größeren Teufen große Schwierigkeiten sehe. Wir sind uns klar, daß diese Versuche mit einer Zentrifuge nicht so einfach sind.

Ich selbst habe in der ehemaligen Forschungsstelle Professor Spackeler Versuche mit einer Zentrifuge durchgeführt, die allerdings nicht zu ermutigenden Resultaten führten. Wir haben hier einen Grenzfall und müssen überlegen, welche Art der Modellversuche für uns die richtige ist.

Herr Denkhaus

Meine Herren!

Ich habe nun die Aufgabe, den bisherigen Stand der Diskussion kurz zusammenzufassen.

Meine Zusammenfassung des bisherigen Standes der Diskussion lautet wie folgt:

1. Wir hatten zwei Gruppen von Referaten und Diskussionen, solche grundsätzlicher Art und solche spezieller Art. Aus der Kategorie der speziellen Referate wurde das von Herrn Kohoutek heute als besonders gut und aufschlußreich erwähnt.

2. Es ist unsere Aufgabe hier, uns darüber klar zu werden, welchen Wert Modellversuche in der Gebirgsmechanik haben. Ich beschränke mich daher in meiner Zusammenfassung auf grundsätzliche Fragen.

3. Jede technische Wissenschaft arbeitet mit Gedankenmodellen, d. h. mit abstrakten Modellen. Die Elastizitätstheorie, zum Beispiel, gründet sich auf das Gedankenmodell eines linear-elastisch kontinuierlichen Körpers, dessen Spannungs-Verformungs-Verhalten man mit Hilfe der Theorie berechnen kann, wenn man die richtigen Lastannahmen und Grenzbedingungen in die entsprechenden Formeln einsetzt.

   Die Gebirgsmechanik befaßt sich mit den inneren Kräften (Spannungen) und Bewegungen (Verformungen) im Gebirge, die durch die Schaffung bergmännischer Hohlräume hervorgerufen oder beeinflußt werden. Zur Beantwortung der Fragen, die in der Gebirgsmechanik gestellt werden, stehen uns die folgenden Methoden zum Aufbau einer Wissenschaft zur Verfügung:

   (a) die theoretisch-mathematische Theorie, bei der man sich — wie bereits erwähnt — ein der Berechnung zugängiges Gedankenmodell macht;

   (b) das Experiment unter Tage, bei dem man die Erscheinungen beobachtet und, wenn möglich, mißt;

   (c) der Modellversuch, d. h. Beobachtungen und Messungen an konkreten Modellen des Gebirges oder eines Teils des Gebirges. Über diese Methode haben wir heute gesprochen.

4. Wenn über Modelle gesprochen wird, müssen zwei Typen streng voneinander unterschieden werden, nämlich:

   (a) Demonstrationsmodelle, die — worüber Übereinstimmung besteht — keinen Wert als Forschungsmittel haben, die jedoch wichtig sein können für Schulungszwecke, etwa um Steigern oder Bergschülern gewisse Vorgänge zu veranschaulichen;

   (b) Echte physikalische Modelle, die den Gesetzen der Ähnlichkeitsmechanik gehorchen müssen, wenn man sie als Forschungsmittel gebrauchen will. Nur mit dieser Art von Modellen befaßt sich unsere Tagung.

5. Nach einem Vorschlag von Herrn Watznauer sollte zwischen *spannungsähnlichen* und *stoffähnlichen* Modellen unterschieden werden, und in Berichten über Modellversuchsergebnisse sollte stets angegeben werden, welche physikalischen Größen, Kennziffern und Funktionen in dem betreffenden Modell abgebildet wurden. Zu den spannungsähnlichen Modellen gehören natürlich die spannungsoptischen Modelle; zu den stoffähnlichen Modellen gehören sowohl die mit äquivalenten Materialien als auch jene, die von der Zentrifugalbelastung Gebrauch machen, um das spezifische Gewicht in dem erforderlichen Maßstab abzubilden.

6. Es gibt Modellversuche über Vorgänge, für die eine Theorie in mathematischem Gewande bereits bekannt ist und solche über Vorgänge, für die keine oder noch keine ausreichende Theorie besteht. Im ersten Falle ist das Modell eine Rechenmaschine; im zweiten Fall ist man auf die Intuition des Forschers angewiesen, der jene physikalischen Größen erkennen (und dann im Modell abbilden) muß, die das gegebene Problem hinreichend beschreiben. Die Lösung erhält man dann empirisch mit Hilfe von Beobachtungen und Messungen am Modell.

7. Echte Modellversuche sind stets ein Mittel zum Zweck. Im Vordergrund steht das Bergwerk, der Hohlraum, in dem Kräfte wirken, Bewegungen stattfinden und Brüche auftreten, deren Ursachen und Gesetzmäßigkeiten ergründet werden sollen. Es darf nicht vergessen werden, daß Voraussetzung zu Modellversuchen eine gewisse Kenntnis der physikalischen Größen ist, die man nur unter Tage messen kann. Schließlich kann man Modelle nur dann bauen, wenn man eine gewisse Zahl von Eigenschaften des Prototyps quantitativ kennt, die man abbilden will. Großversuche und Probeentnahmen unter Tage und Modellversuche im Laboratorium müssen sich daher gegenseitig ergänzen. Immerhin kann man mit Hilfe von Modellversuchen auch empirische Ergebnisse erhalten, die sich nicht durch direkte Messungen unter Tage bestätigen lassen und doch gültig und wertvoll für das Verständnis und die Beherrschung von Vorgängen unter Tage sind.

8. Meinungsverschiedenheiten haben sich zwischen einigen Herren ergeben über die Frage, ob man ein Modell so einfach wie möglich machen solle, d. h. gewisse Faktoren vernachlässigen solle, oder ob das Modell dem Prototyp so ähnlich wie möglich — und daher recht kompliziert — sein solle.

   Erlauben Sie mir in diesem Zusammenhang darauf hinzuweisen, daß man in der Wissenschaft selbstverständlich immer mit dem Einfachen beginnt und darauf aufbaut. Die Elastizitätstheorie, die schon einige hundert Jahre alt ist, wird auch heute noch zur Berechnung von Maschinenteilen und Bauwerken gebraucht, nicht weil alle Körper elastisch sind, sondern weil die Theorie relativ einfach ist. Man bleibt jedoch hier nicht stehen, sondern versucht kompliziertere Theorien aufzustellen, etwa um plastische Vorgänge zu berücksichtigen, mit dem Ziel, Bauwerke und Bauteile sicherer und wirtschaftlicher berechnen zu können.

Das gleiche gilt für Modellversuche in der Gebirgsmechanik. Lassen Sie uns mit dem Einfachen beginnen, aber lassen Sie uns auch Pioniere der technischen Forschung sein und vor komplizierten Modellen — selbstverständlich unter Berücksichtigung der Ähnlichkeitsgesetze — nicht zurückschrecken.

Meine Herren. Ich habe versucht, eine Zusammenfassung unserer Diskussion bisher zu geben. Sie ist spontan entstanden und daher vielleicht fragmentarisch. Mein einziger Trost ist, daß Herr GIMM noch sprechen wird und — wie er mir sagte — versuchen will, einander scheinbar widersprechende Meinungen auf einen Nenner zu bringen.

Herr EVERLING

Meine Herren, Herr HÖFER hatte zwei Punkte erwähnt, die zweifellos die Durchführung von Modellversuchen mit äquivalenten Materialien erschweren könnten.

Der erste Punkt betraf das Verhältnis der Druckfestigkeit zur Zugfestigkeit natürlicher Gesteine. Man findet in der Literatur sehr häufig Werte für dieses Verhältnis, die in der Größenordnung von 20 liegen.

Unsere ersten eigenen Versuche schienen dieses Ergebnis zu bestätigen. Dabei hatten wir die Zugfestigkeit an Bohrkernen ermittelt, die bankrecht, das heißt senkrecht zur Sedimentation erbohrt worden sind. In der letzten Zeit haben wir aus den sedimentierten Bänken Proben herausgeholt, die parallel zur Sedimentation gelegen hatten, haben diese Proben sehr sorgfältig auf der Drehbank bearbeitet, so daß sie eine Taille erhielten, und haben sie dann eingeklebt in Stahlköpfe, Gelenke angebracht und daran gezogen. Die Zugfestigkeit eines normalen Sandschiefers erreicht in einigen Versuchen dieser Art einen Wert von 300 kp/cm^2, zu unserem eigenen größten Erstaunen. Falls irgendwelche Meßfehler vorgelegen hätten, hätte das Ergebnis höchstens niedriger liegen können. Einen zu großen Wert kann man durch Fehler in der Einspannung oder durch sonstige Fehler in diesem Falle ja nicht erreichen. Eine aus dem gleichen Material hergestellte Druckprobe ergab einen Wert von etwa 1200 kp/cm^2.

Die absoluten Werte interessieren mich in diesem Falle nicht so sehr wie das Verhältnis von Druckfestigkeit zu Zugfestigkeit, das in diesem Falle etwa 4 betrug und nicht 20. Wenn wir eine Probe in bankrechter Richtung aus dem Hangenden nehmen, ist die Zugfestigkeit selbstverständlich sehr viel niedriger, weil die Sedimentationsebenen Schwachstellen darstellen.

Bei äquivalenten Materialien müssen wir meiner Meinung nach zunächst die Zugfestigkeit nachbilden, die man in einem derartigen Versuch erhält. Die sehr viel niedrigere Zugfestigkeit senkrecht zur Sedimentation wird in den Modellen ohnehin dadurch nachgebildet, daß ja auch in den Modellen Trennflächen eingebaut sind, deren Zugfestigkeit viel niedriger liegt als die Festigkeit des Materials. Ich glaube also, daß die Bedenken von Herrn HÖFER zu diesem Punkt nicht ganz so schwer wiegen, wie ich es selber noch vor einem Jahr geglaubt hatte.

Der zweite von Herrn HÖFER berührte Punkt betrifft die Anwendungsgrenzen des Modellverfahrens mit Zentrifugen. Wenn ich einen Gebirgsausschnitt untersuchen will, der von der Tagesoberfläche bis zum Abbau reicht, muß ich in jedem Fall dafür sorgen, daß der Druck im Modell ebenso wie der Druck in der Natur von einem Wert 0 an der Tagesoberfläche ansteigt bis auf den Wert, der der Teufe entspricht. Wenn ich dieses gesamte Gebiet in einem Modell nachbilden will, brauche ich einen sehr kleinen Maßstab, zum Beispiel 1:1000, und für diesen Fall gibt es zwei Möglichkeiten: Entweder ich wähle einen äquivalenten Werkstoff, dessen physikalische Eigenschaften ebenfalls im Maßstab 1:1000 verkleinert sind. Dann brauche ich keine Zentrifuge. Dieses Verfahren wendet zum Beispiel Herr KOHOUTEK an, und ich glaube, auch Herr AVERŠIN. Oder ich wende Materialien an, die nicht diesem Maßstab entsprechen, zum Beispiel spannungsoptische Materialien. Dann brauche ich eine Zentrifuge.

Wenn mich nur ein Teil dieses Gebirgskomplexes interessiert, dann ist es für die Belastung dieses Teiles gleichgültig, wie der Druck entstanden ist, ob er aus dem Eigengewicht einer

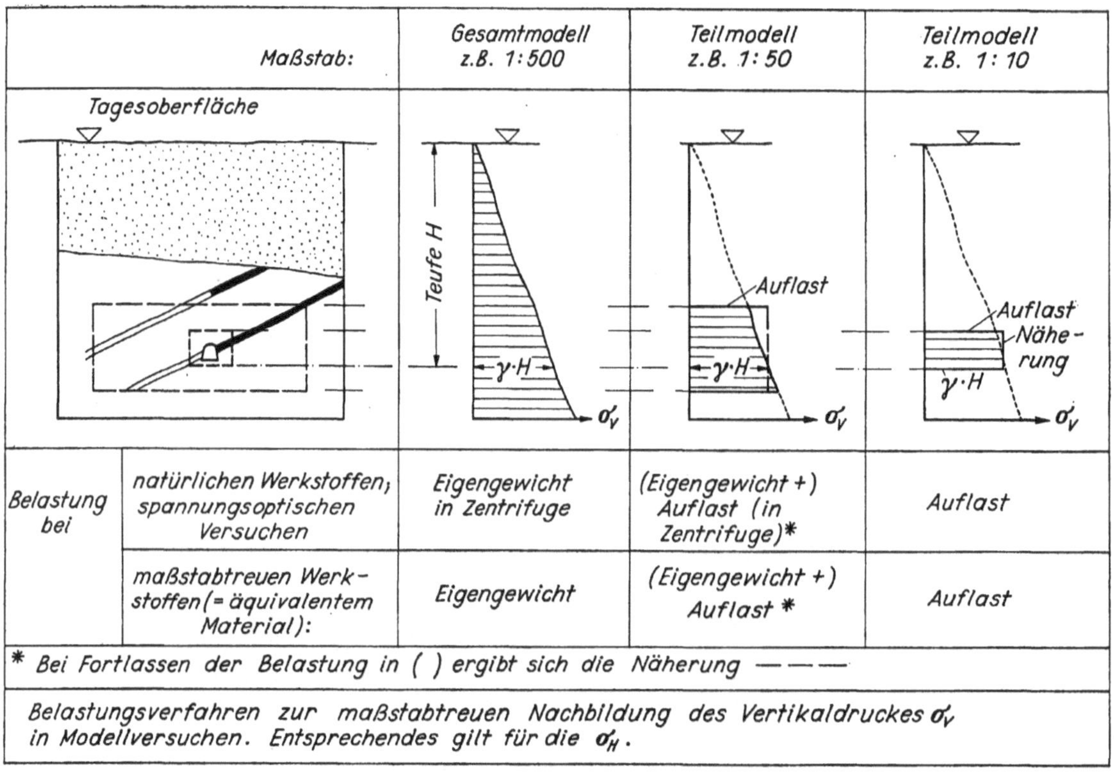

Bild 1. Belastungsverfahren

darüberliegenden Gebirgsschicht herrührt, oder ob er hier als äußere Belastung aufgegeben wird. Ich kann diesen Gebirgsteilausschnitt jetzt in einem größeren Maßstab, zum Beispiel 1:20, nachbilden, was sehr viel einfacher ist als 1:1000, weil die physikalischen Eigenschaften eines äquivalenten Werkstoffes für den Maßstab 1:20 viel einfacher zu erreichen sind. Auch in dem Falle, wenn es sich um Probleme von über- oder unterbauten Strecken handelt, genügt es, ein Modell in einem geeigneten größeren Maßstab herzustellen und den Anteil des Druckes, der auf diesem Modell ruht, aus dem überlagerten Gebirge darzustellen durch eine äußere Belastung. Der Einfluß des Eigengewichtes innerhalb dieses Bereiches wird durch das Gewicht des äquivalenten Materials dann noch richtig berücksichtigt.

Herr Höfer

Die Ergebnisse Ihrer Zugversuche sind uns sehr interessant. Wir haben auch Zugversuche durchgeführt, wo wir nicht auf $^1/_{20}$ der Druckfestigkeit, sondern auf $^1/_8$ kamen.

Herr Denkhaus

Vielleicht darf ich zusätzlich zu dem, was Herr Everling zur Frage der Zentrifugalmethode gesagt hat, noch folgendes bemerken:

Herr Everling hat dieses berühmte Gamma mal h, mit dem jeder Vortrag über Gebirgsdruck beginnt, an der Tafel angedeutet. Das ist auch richtig so. Aber es ist natürlich — wie wir wissen — eine Vereinfachung. Der nächste Schritt, um die Verhältnisse in der Natur anzunähern, ist, daß man sich ein Deckgebirge vorstellt, dessen Schichten voneinander verschiedene Dichte und Dicke haben. Das kann man auch in einem Zentrifugalversuch nachahmen, indem man verschiedene Materialien verwendet, die verschiedene Dichten haben, die man durch die Zentrifugalbelastung „vergrößert". Ob dies nötig ist, hängt davon ab, ob man an Vorgängen im Deckgebirge interessiert ist. Wenn wir — wie Herr EVERLING sagte — nur interessiert sind an dem, was in der Umgebung eines Hohlraumes geschieht, können wir sehr wohl den Einfluß des Deckgebirges, also die Massenkräfte, durch größeren äußeren Druck auf ein Modell eines Gebirgsteils der nicht bis zur Tagesoberfläche reicht, ersetzen und dieses Modell zusätzlich noch in der Zentrifuge belasten, wenn wir auch noch an den Massenkräften in der Nähe der Hohlräume, z. B. zwischen zwei übereinanderliegenden Hohlräumen, interessiert sind.

Wir haben unsere Zentrifuge aus verschiedenen Gründen gebaut: Folgendes wird vielleicht interessant sein: Wir haben in Südafrika an einer bestimmten Stelle ein Problem, wo eine Grube sehr großer Teufe geplant wird. Aber das Deckgebirge ist ein wasserhaltiger Dolomit. Wenn wir im harten Quarzit darunter einen bergmännischen Hohlraum sehr großer Ausdehnung machen, so sind wir der begründeten Meinung, daß sich eine Bruchzone rund um den Hohlraum ausbildet. Wenn diese Bruchzone die gefährlichen Deckschichten erreicht, dann besteht — da es sich um ein sprödes gebrochenes Material handelt, nicht um Tonschiefer, der ja anschwillt und dichter wird, wenn er naß wird — die Gefahr, daß Wasser in den Hohlraum eindringt. Aus diesem Grunde ist man daran interessiert zu studieren, wieweit man erwarten kann, daß sich diese Bruchzone ausdehnt und inwieweit man diese Ausdehnung durch geeignete Maßnahmen — etwa durch Pfeilerzonen — kontrollieren kann. Das ist sehr schwierig zu beurteilen. Aber der Modellversuch ist eine Möglichkeit, um weiterzuhelfen. Wir müssen dann, da es sich um einen Hohlraum sehr großer Ausdehnung handelt, einen sehr kleinen Maßstab, 1:1000 oder 1:10000, nehmen, und daraus ergibt sich (Ähnlichkeitsmechanik), daß wir ein Modellmaterial mit sehr hoher Dichte brauchen, sagen wir 900mal die Gesteinsdichte. Darum haben wir eine Zentrifuge gebaut, die uns Beschleunigungen bis zu 1200mal der Fallbeschleunigung geben kann und die Dichte des Modellmaterials entsprechend „vergrößert".

Vielleicht abschließend noch einige grundsätzliche Bemerkungen zur Frage der Zentrifugalmethode im allgemeinen, die ja einige Male kritisiert wurde, oder — sagen wir — mit Vorbehalt aufgenommen wurde:

Wenn man auf die Bedingungen für ein echtes Modell zurückgeht, also auf die Ähnlichkeitsmechanik, dann bekommt man u. a. etwa diese dimensionslose Größe

$$\frac{\sigma}{w\,l},$$

Dabei ist σ zum Beispiel die Spannung oder auch der Elastizitätsmodul oder irgendeine in kp/mm^2 gemessene Größe, w das spezifische Gewicht und l irgendeine Länge.

Es gibt nun zwei Methoden, diesen dimensionslosen Parameter für Modell und Prototyp gleich zu machen:

Die eine macht Gebrauch von äquivalenten Materialien, die andere ist die Zentrifugal methode, wobei das w künstlich „vergrößert" wird. Schwierigkeiten mit äquivalenten Materialien treten dann auf, wenn man noch andere Eigenschaften, sagen wir die Viskositäten oder die Bruchgrenzen oder Fließgrenzen oder irgendwelche anderen Materialeigenschaften im Modell abbilden muß; dann wird es sehr kompliziert mit dem Modellmaterial.

Wenn man aber die Zentrifugalmethode anwendet, kann man eine dieser Eigenschaften, nämlich die Dichte, bei der Modellmaterialauswahl schon vergessen, und die Suche nach einem Material, was die anderen geforderten Eigenschaften besitzt, wird einfacher.

Ich glaube, daß die Zentrifugalmethode nicht die alleinseligmachende ist. Es ist *eine* Methode, um Ähnlichkeitsbedingungen zu erfüllen.

Herr Litwiniszyn

Die Aussprache Dr. Everlings veranlaßt mich, folgende Frage zu stellen:

Die Leitidee der Modellversuche, von denen Dr. Everling sprach, beruht darauf, daß wir aus dem ganzen Gebirge ein uns interessierendes Fragment aussondern, z. B. den Raum der Umgebung des Untertagebaues und den in diesem Raum herrschenden Spannungszustand untersuchen. Der Spannungszustand in diesem Raum ist von der Belastung der Oberfläche abhängig, die diesen Raum mit Grenzbedingungen in Gestalt des dort herrschenden Spannungszustandes begrenzt.

Diese Oberfläche ist im gegebenen Falle die Oberfläche des Abbauraumes sowie diejenige Oberfläche, die aus dem Gebirge das uns interessierende Fragment ausschneidet.

Meine Frage ist folgende: Entsprechen die im Modellversuch an dessen Außenfläche realisierten Grenzbedingungen den Grenzbedingungen, die in der Natur auf der gedachten Oberfläche, die das uns interessierende Fragment von der übrigen Gebirgsmasse trennt, herrschen?

Herr Everling

Ich habe der Einfachheit halber nur von den lotrechten Drücken gesprochen. Unsere Modelleinrichtungen lassen aber zu, sowohl lotrechte wie auch horizontale Drücke sowie diagonale Kräfte aufzubringen. Wir können alle denkbaren Grenzbedingungen mit einiger Annäherung nachbilden. Außerdem ist es möglich, längs der vier Seiten des Modells die Drücke ungleichmäßig angreifen zu lassen, also z. B. in der Mitte oder auch nach den Ecken hin stärker zu belasten. Dadurch ist eine große Anpassungsfähigkeit an die Bedingungen unter Tage erreicht.

Herr Fodor

Die Ziele der Methoden, bei denen es um Modelle aus äquivalenten Materialien geht, wurden von Herrn Kuznecov, von Herrn Martos und von anderen Herren gezeigt, auch die theoretischen Grundlagen der Flachmodelle aus äquivalenten Materialien, und sie sind auch aus der entsprechenden Fachliteratur bekannt.

Ich möchte ganz kurz über die in der Volksrepublik Rumänien bisher durchgeführten Versuche berichten.

Die Nebengesteine unserer Lagerstätten sind charakterisiert in den meisten Fällen durch die geringen Werte der Festigkeitsziffern — von 15 bis 25 kp/cm². Die Druckfestigkeit der Kohle beträgt etwa 150 bis 190 kp/cm². Diese Festigkeitsangaben für die ganze Schichtenfolge sind aus Bild 1 sichtbar, für die Verhältnisse der Lignitgrube von Filipesti der Padure.

Bei den Modellen, deren linearer Maßstab 1 zu 50 war, lagen die Druckfestigkeitswerte der äquivalenten Materialien zwischen 0,23 bis 0,46 kp/cm².

Das Verhältnis der Raumgewichte war γ_M zu $\gamma_N = 0{,}78$. Dieses Material wurde aus verschiedenen Mischungen hergestellt, von Quarzsand, Schwerspat, und als Bindemittel wurde Öl verwendet (STAS — Normen Gruppe 413).

Auf dem Modell wurden folgende Probleme untersucht:

die Bewegung der Gesteine in der Umgebung der Hohlräume und an der Oberfläche,

die Veränderungen des Druckes in der Umgebung des Hohlraumes,

die Wechselwirkung zwischen Gebirge und Ausbau bei verschiedenen mechanischen Eigenschaften des Ausbauelementes (z. B. starr, halbstarr, elastisch und mit gewissem Einsinken unter konstanter Belastung).

Die Gesamtansicht des Modells ist in Bild 2 sichtbar.

Die Bewegungen der Modellschichten und der Tagesoberfläche wurden durch entsprechendes Photographieren verfolgt. Die Lage der Meßpunkte wurde mit einer Genauigkeit von 0,005 mm festgestellt.

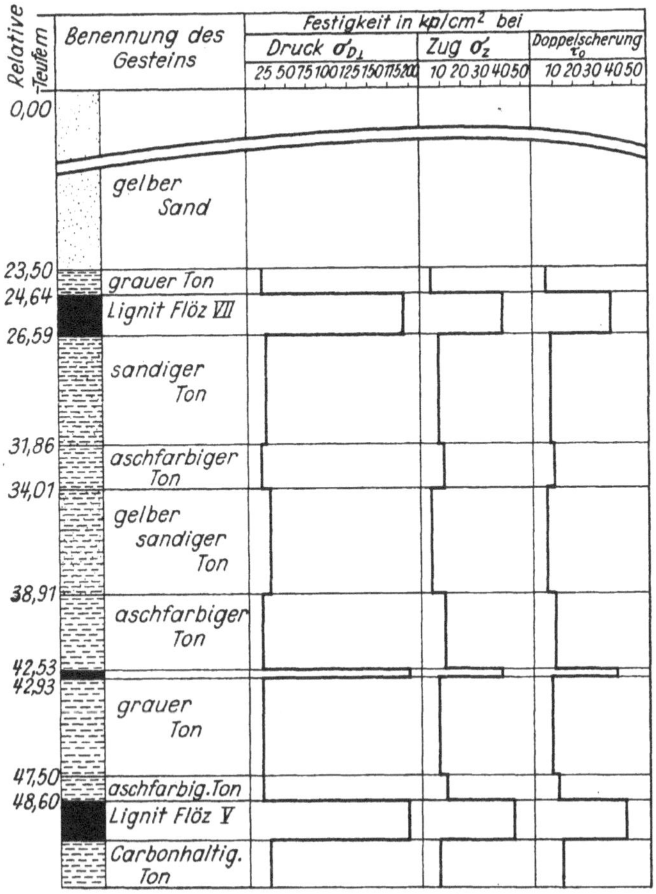
Relative Teufe m
Benennung des Gesteins
Festigkeit in kp/cm² bei
Druck $\sigma_{D\perp}$
Zug σ_z
Doppelscherung τ_0
25 50 75 100 125 150 175 200
10 20 30 40 50
10 20 30 40 50
0,00
gelber Sand
23,50
grauer Ton
24,64
Lignit Flöz VII
26,59
sandiger Ton
31,86
aschfarbiger Ton
34,01
gelber sandiger Ton
38,91
aschfarbiger Ton
42,53
42,93
grauer Ton
47,50
aschfarbig. Ton
48,60
Lignit Flöz V
Carbonhaltig. Ton

Bild 1

Bild 2

Der Druck wurde mittels elektrischer Mikrodynamometer gemessen. Der Durchmesser dieses Dynamometers ist 13 mm, die Höhe 1,5 bis 1,7 mm. Im Liegenden wurden hydraulische Geber eingebracht, die automatisch arbeiten mit einer Genauigkeit von ± 100 gr. für eine Druckfläche von 200 × 22 mm. Die Amplitude der Bewegung war begrenzt bei ± 0,1 mm. Im Ausbaurahmen waren ebenfalls hydraulische Elemente eingebaut, deren charakteristischen Eigenschaften regulierbar waren. Die Parameter der Naturverhältnisse waren uns bekannt aus Untertagemessungen. Diese Versuche haben eine gute Übereinstimmung zwischen den Messungen in der Natur und im Modell gezeigt.

Diese Resultate geben uns die Hoffnung, daß die Modellversuche zusammen mit anderen Forschungsmethoden auch zur Lösung einiger Probleme führen werden, die die Erhöhung der Kohlenförderung Rumäniens als Endresultat haben werden.

Herr Meisser

Ich möchte vom Standpunkt des Geophysikers kurz zur Diskussion über die Bedeutung der Modellversuche in der Gebirgsmechanik Stellung nehmen. Die Aufgabe der Modelltechnik, so wie ich sie mehr für den Außenstehenden sehe, besteht darin, die tatsächlichen Vorgänge in der Grube und dem umgebenden Nebengestein anschaulich verständlich zu machen und darüber hinaus auch für meßtechnische Zwecke so zu nutzen, daß schließlich eine Prognose für die Vermeidung von Schäden ermöglicht wird.

Die Verfahren der Geophysik wollen in der Perspektive über die Verhältnisse unmittelbar in der Strecke aus dem anstehenden Gebirge, also in situ, Meßwerte herausholen. Diese Meßangaben sollen auf Grund von physikalischen Beziehungen, durch Eichungen im Labor oder, noch besser, durch Eichung im Anstehenden selbst die Spannungsverhältnisse des Gebirges ermitteln lassen. Solche Verfahren sind zur Zeit, wie Professor Neubert schon andeutete, im Kommen. Sie sind jedoch noch nicht soweit entwickelt, daß man sie dem Bergmann für den praktischen Betrieb schon als abgeschlossen in die Hand geben kann.

Für die Zentrifugalversuche haben sie in Aussicht gestellt, auch einen Gebirgsschlag nachmachen zu können. Dies wäre außerordentlich interessant, wenn dieser Versuch gelingt. Bis jetzt können nur die Ballistiker beim Durchschlagen eines Geschosses von Glas oder von anderen durchsichtigen Körpern mittels Hochfrequenzfotografie solche Verhältnisse wie bei einem Gebirgsschlag modellmäßig studieren.

Darüber hinaus kann man heute schon laufend mittels seismischer Beobachtungsverfahren die elastischen Wellen eines Gebirgsschlages unter und über Tage als entsprechende Impulse registrieren. Man kann das, was aus dem Gebirge kommt, über das gesamte Wellenspektrum aufnehmen und deuten. Eine solche Arbeitsrichtung deutet die Arbeit von L. Bendel, „Schwingungsanalyse im Gebirgsbau“ auf dem zweiten Ländertreffen 1960 an (DAW, I.B.G., Akademie-Verlag, Berlin, 1961, S. 122). Eine praktische Auswertung solcher künstlicher Wellenzüge werde ich auf dem nächsten Ländertreffen vorlegen (siehe H. Militzer, Nahseismische Untersuchungen mit einem Bodenvibrator, Z. Geophysik, 27 (1961), S. 49—58).

Weiter möchte ich Ihre Aufmerksamkeit noch auf andere physikalische Kennwerte des Gebirges lenken, die unter günstigen Umständen dazu benutzt werden können, die an Modellen abseits der Strecke im Gebirge erhaltenen besonderen Spannungsverhältnisse auch im Bergwerk mittels Bohrlöcher direkt messen zu können. Dazu gehört auch der elektrische Widerstand des Gebirges in seiner Gesamtheit. Leider liegen hier die Meßbedingungen nicht so einfach wie bei Untersuchungen über Tage.

Weiter wurden auf der Konferenz in Krakau 1961 von polnischer Seite radioaktive Messungen im Bohrloch unter Tage mitgeteilt, die in Verbindung mit dem Gebirgsdruck durchgeführt worden waren. In Anbetracht der großen Bedeutung solcher Untersuchungen möchte ich bitten, daß man von dem interessanten Bericht in Krakau auch in unseren Veröffentlichungen etwas mit aufnehmen sollte.

Darüber hinaus möchte ich auf Temperaturmessungen außerhalb der Strecken über ihren Kühlmantel hinaus hinweisen. Energetische Betrachtungen weisen darauf hin, daß beim Arbeiten des Gebirgsdruckes und bei den Gesteinszerstörungen im Gebirge zeitliche Temperaturdifferenzen auftreten müssen. Neben theoretischen Betrachtungen erfordert dieses Gebiet eine hohe Präzisionsmeßtechnik.

Auch die von Herrn Ing. Sibek entwickelte Schlauchwaage für Bohrlöcher eröffnet die Möglichkeit, in einem Bohrloch vertikale Bewegungen zu bestimmen.

Gerade Ihre Modelldarstellungen und Versuche an Modellen geben nicht nur Ihnen als Bergleute, sondern auch den Geophysikern einen Einblick in das, was sich alles um einen bergmännischen Hohlraum im Gebirge abspielt, und wir können so gemeinsam untersuchen, welche neuen physikalischen Effekte sich mit einer angepaßten geophysikalischen Meßtechnik zum weiteren Studium der gebirgsmechanischen Erscheinungen mobilisieren lassen.

Herr Kvapil

Ich möchte Ihnen ein kleines Beispiel einer Lösung durch die Spannungsoptik zeigen. In unseren Gruben bereiten uns die Streckenkreuze oft große Sorgen. Um diese Schwierigkeiten beheben zu können, haben wir mit Hilfe der Spannungsoptik Untersuchungen durchgeführt und nachgewiesen, daß wir die Standfestigkeit von Streckenkreuzen erheblich steigern können, wenn wir über ihnen einen Hohlraum schaffen, durch den die Spannungen von dem Kreuz weg in das anstehende Gebirge geleitet werden.

Herr Denkhaus

Ich möchte zwei Dinge zu dem sagen, was Herr Professor Meisser gesagt hat. Das erste ist eine Vorsichtsmaßnahme. Ich möchte hier nicht als Hochstapler dadurch auftreten, daß ich gesagt habe, daß es unser Fernziel ist, einen Gebirgsschlag künstlich zu erzeugen. Ich bitte, deutlich zu machen, daß ich nicht gesagt habe, daß wir das im nächsten Jahr oder in vier Jahren machen. Das ist ein Fernziel.

Zweitens will ich nur sagen, daß ich die letzte Kraft meines Disziplinempfindens aufbringen muß, um jetzt nicht über seismische, elektrische oder andere Verfahren zu diskutieren, denn das ist ungeheuer interessant, und ich erwidere nur darum nichts, weil wir keine Zeit haben.

Herr Gimm

Schlußwort über Bedeutung und Grenzen der Modellversuche

Meine Herren!

Ich habe nicht die Absicht, alle vorgetragenen Referate und Diskussionsbeiträge zu einer großangelegten Zusammenfassung auszuwerten; ich will vielmehr versuchen, das Gemeinsame in unseren Ansichten über die Bedeutung der Modellversuche und über die Grenzen ihrer Anwendbarkeit darzustellen.

Wir Bergleute reden immer so viel von der Beherrschung des Gebirges. Leider sind wir von der angestrebten idealen Beherrschung des Gebirges in vielen Fällen doch noch recht weit entfernt. Wenn das nicht der Fall wäre, dürfte es keine Strebbrüche, keine Gebirgsschläge und auch keine Gasausbrüche geben. Eine wirklich vollkommene Beherrschung des Gebirges wird erst dann gegeben sein, wenn wir

1. die Auswirkung aller bergmännischen Eingriffe in den Gebirgskörper exakt berechnen und voraussagen können, was in diesem und jenem Fall nun mit Sicherheit geschehen wird, und

2. den zeitlichen Ablauf der Spannungsänderungen, der Verformungen und der Zerstörungsvorgänge im Gebirgskörper laufend durch komplexe Messungen kontrollieren können.

Nun sind wir von diesem Idealziel noch weit entfernt. Beim gegenwärtigen Stand der Meßtechnik wird es wahrscheinlich in absehbarer Zeit auch rein ökonomisch nicht möglich sein, in jeder Grube alle bergmännischen Eingriffe und ihre Auswirkungen (z. B. die Auswirkung jeder einzelnen Strecke und jedes einzelnen Abbaues) meßtechnisch zu erfassen. Wir brauchen also Hilfsmittel, die uns eine Vorstellung von den Vorgängen im Gebirgskörper geben können. Solche Hilfsmittel sind auch die Modellversuche. Wir sind uns einig — ich habe wenigstens den persönlichen Eindruck —, daß die Modellversuche notwendig sind; wir sind uns aber auch darüber einig, daß die Modellversuche in vielen Fällen, vor allem bei komplexen Bedingungen, keine exakte Lösung geben können.

Ich möchte zuerst einmal auf die Frage eingehen: Warum können denn die Modelle in vielen Fällen (ich sage ausdrücklich nicht in allen, sondern in vielen Fällen) keine exakten Lösungen geben?

Es gibt in der Natur verschiedene Faktoren, die wir im Modell nur näherungsweise oder überhaupt nicht nachahmen können. Die wichtigsten Faktoren sind folgende:

1. Die einzelnen Gesteine und noch mehr das Gebirge als Ganzes sind mehrfach heterogen, mehrfach anisotrop und außerdem diskontinuierlich.

2. Es ist zweifelhaft, ob die bei den Modellen gewählten Längenmaßstäbe und Flächenmaßstäbe, die Verhältnisse der Natur in allen Fällen richtig wiedergeben können. Ich erinnere dabei an die kritische Bemerkung von Herrn Prof. Watznauer. Ich möchte diese Bedenken an der Richtigkeit der maßstabsgetreuen Umwandlung einmal erläutern am Problem der Gebirgsschläge in Gruben mit Kammerbau.

   Wir wissen heute, daß in manchen Bergbaugebieten, die Kammerbau betreiben, z. B. in der französischen Minette, im Kalibergbau der DDR, im Steinkohlenbergbau der USA, Gebirgsschläge erst dann eingetreten sind, wenn die Größe des im Kammerbau zusammenhängend abgebauten Baufeldes ein gewisses Ausmaß erreicht hat. Bei diesem Vorgang ist doch zweifellos das absolute Ausmaß dieser Gesamtfläche für das Einsetzen einer schnellen Durchbiegung des Hangenden und der dadurch verursachten gefährlichen Änderung der Belastung der Pfeiler wichtiger als die relativen Verhältnisse zwischen Feldesgröße, Kammerbreite und Pfeilerbreite.

3. Die Gesteine haben bei unterschiedlichen Belastungsgeschwindigkeiten und bei Änderungen des Belastungscharakters und auch schon bei verschiedener zeitlicher Dauer der Belastungseinwirkung keine konstanten Festigkeitseigenschaften. Die meisten Gesteine haben vielmehr sowohl die Fähigkeit zu elastischem als auch zu inelastischem Verhalten. Je nach den äußeren Bedingungen wird bei ein- und demselben Gestein manchmal ein mehr elastisches Verhalten vorherrschen, manchmal dagegen ein mehr plastisches oder eine andere Form des inelastischen Verhaltens. Diese Tatsache ist allgemein bekannt. Es gibt jedoch keine einheitliche zahlenmäßige Relation, die für alle Gesteine gleiche Gültigkeit hätte. Es wird sehr schwierig sein, diese Abhängigkeit des Festigkeitsverhaltens der Gesteine von äußeren Faktoren im Modell exakt nachzuahmen.

4. Im gleichen Zusammenhang möchte ich auch noch hinweisen auf die Zweifelhaftigkeit des gewählten Maßstabes für die Zeit. Herr Denkhaus hat gestern sehr richtig darauf hingewiesen, daß es gar nicht gesagt ist, ob man einen Vorgang, der in der Natur mehrere Jahre dauert, im Modell in einigen Minuten oder Stunden exakt nachahmen und ob der Zeitmaßstab wirklich richtig sein kann.

Alle diese Tatsachen, um die wir meiner Ansicht nach nicht herumkommen, begrenzen die Aussagekraft der Modellversuche. Trotzdem kann man aber aus der Anerkennung dieser Begrenzung keineswegs die Schlußfolgerung ziehen, daß Modellversuche überflüssig wären. Auch Herr Herne, der unter den Diskussionsrednern wohl am deutlichsten seine Zweifel an der Realität der Aussage von Modellversuchen zum Ausdruck gebracht hat, gab doch deren Notwendigkeit zu. Herr HERNE hat sinngemäß etwa gesagt, daß wir leider als Menschen keine Röntgenaugen haben, um in das Gebirge überall hineinschauen zu können und auch keine Mikroben seien, die ungehindert im Gebirge spazieren und messen können. Wir freuen uns, daß die Geophysiker derartige „Röntgenaugen" entwickeln wollen, aber sie sind vorläufig für gebirgsmechanische Zwecke noch nicht ganz so weit. Wir sind uns alle darüber einig, daß wir Modelle trotz aller Grenzen und aller Zweifel an der Exaktheit derselben doch brauchen.

Anschließend möchte ich auf die positive Seite der Modelle eingehen. Worin besteht der Wert der Modellversuche?

1. Alle Modelle sind hervorragend geeignet zur Demonstration der Vorgänge im Gebirge. Auch die sog. physikalischen Modelle sind auf jeden Fall auch Demonstrationsmodelle.
2. Die Modellversuche können mit relativ großer Annäherung einfache Teilprobleme durchaus lösen. Zum Beispiel gestattet uns die Modelltechnik eine ziemlich einwandfreie Lösung der Erfassung der Wechselwirkung zwischen Ausbau und Gestein, z. B. Beanspruchung des Flözliegenden bei Anwendung eines bestimmten Stempelfußes und einer bestimmten Belastung.
3. Die Modelle gestatten uns, bekannte oder vermutete Gesetzmäßigkeiten oder auch den Einfluß bestimmter Faktoren nachzuprüfen und die Erkenntnisse über diese Gesetzmäßigkeiten zu verfeinern. In manchen Fällen sind dabei auch, wie Herr PANOV sehr treffend bemerkte, durchaus neue Erkenntnisse durch Modellversuche möglich.
4. die Modelle gestatten uns, die Lage bestimmter Spannungszonen (mit bestimmten Verformungen und Zerstörungen) im Gebirge mit einer mehr oder weniger groben Annäherung zu bestimmen. Aus Modellversuchen mit dieser Zielsetzung können wertvolle Schlußfolgerungen gezogen werden über das, was wir im Gebirge messen wollen, und über den Ort im Gebirge, wo wir mit den relativ günstigsten Aussichten auf Erfolg bestimmte Messungen durchführen können.

Zum Schluß noch einige Worte zur Beurteilung der verschiedenen Modelltypen. Ich möchte hier nicht die Vorteile und Nachteile der einzelnen Typen behandeln. Ich möchte lediglich etwas Grundsätzliches über die Notwendigkeit der Weiterentwicklung der Modelltechnik erklären. Herr HERNE sagte gestern, daß alle Modellversuche im Endeffekt doch nicht ganz exakte Ergebnisse liefern können und es deshalb unökonomisch sei, weiter verfeinerte und damit teurere Modelle entwickeln zu wollen. Herr HERNE empfiehlt also eine Beschränkung auf einfache, billige Modelle. Nach meiner Meinung müssen wir uns aber doch den Forderungen anschließen, die eine weitere Verbesserung der Modelltechnik anstreben. Es ist also durchaus richtig, wenn in einigen Ländern, z. B. in der Sowjetunion, ganz klar gesagt wird, daß man zu räumlichen Modellen kommen muß. Wir dürfen dabei aber nicht aus dem Auge verlieren, daß die ganze Modelltechnik nicht Selbstzweck ist (wie schon Herr DENKHAUS gesagt hat), weil sonst die Gefahr besteht, daß die Modelle zu kompliziert und zu teuer werden. Wir müssen also den Standpunkt einnehmen, daß die Modelle beim gegenwärtigen Stand unserer Kenntnis ein unerläßliches Hilfsmittel mit beschränkter Aussagekraft sind.

Abschließend möchte ich feststellen, daß man die Modelltechnik durchaus als gleichberechtigte Methode der gebirgsmechanischen Forschung neben den Methoden der Mathematik, der Meßtechnik, der Laborversuche zur Ermittlung der Gesteinseigenschaften und der nach wie vor unerläßlichen makroskopischen Beobachtung unter Tage anerkennen kann. Eine sinnvolle Kombination der Modelltechnik mit anderen Methoden wird uns helfen, dem angestrebten Ziel einer vollkommeneren Beherrschung des Gebirges näher zu kommen, zum Wohle des Bergbaues und der Bergleute aller Länder.

ARBEITSPROGRAMM 1962

SCHLUSSWORT

Arbeitsprogramm des Internationalen Büros für Gebirgsmechanik für das Jahr 1962

Nach eingehender Aussprache beschlossen die Teilnehmer am 3. Ländertreffen des Internationalen Büros für Gebirgsmechanik folgendes Arbeitsprogramm für das Jahr 1962:

1. Fortsetzung der Arbeit in den Arbeitsgruppen des I.B.G.

   a) Gruppe Begriffsbestimmungen;

   b) Gruppe Gerätetechnik für Untertagemessungen;

   c) Gruppe Festigkeitsuntersuchungen

   Die Arbeitsgruppen werden nach Festlegung durch die Gruppenleiter Sitzungen im Laufe des I. Halbjahres 1962 durchführen.
   Die Geschäftsführung des Internationalen Büros für Gebirgsmechanik und das Büro unterstützen die Arbeit der Gruppen nach besten Kräften.

   Die Anregungen der Gruppenbildung für

   d) Gebirgsmechanische Berechnungen

   e) Oberflächenbewegungen und Bergschäden

   f) Mechanisierter Ausbau
   sind zu überprüfen.

2. Die begonnenen Arbeiten für die Drucklegung des Wörterbuches und der Gebirgsmechanik-Weltliteratur sind weiter voranzutreiben.
   Ebenso ist der Aufbau der gebirgsmechanischen Bibliothek laufend zu verfolgen.
   Die Informationen des I.B.G. sind weiter auszubauen.

3. Über das 3. Ländertreffen ist ein Bericht zusammenzustellen und zu drucken.

4. Durchführung des 4. Ländertreffens in der Zeit vom 4. bis 10. November 62.

Abschlußprotokoll und Schlußwort

Über den Verlauf des 3. Ländertreffens des Internationalen Büros für Gebirgsmechanik wurde ein Protokoll ausgearbeitet und zum Abschluß der Arbeitstagung von den Teilnehmern unterzeichnet.

Herr Prof. KRUPINSKI sprach den Dank der Teilnehmer am 3. Ländertreffen aus, und Herr Prof. BILKENROTH schloß die Arbeitstagung.

Herr KRUPINSKI

Ich wiederhole hier den Ausdruck des Herrn Professor BILKENROTH an der Tagung in Prag: „das Maß aller Dinge ist die Zahl". Ich möchte dies durch die Angabe einiger Ziffern aus dem Bergbau der gesamten Welt unterstreichen.

Die Zeitschrift „Annales des mines" veröffentlicht in der Nummer vom Monat Mai Material über den Bergbau. Nach Angaben von Blondel betrug im Jahre 1960 die gesamte Weltförderung dem Wert nach 50 bis 70 Milliarden Dollars. Im Verlauf der letzten zehn Jahre stieg sie um 64%, in demselben Zeitraum stiegen jedoch die Selbstkosten der Erzeugnisse des Bergbaus um etwa 26%. Daraus kann man zwei Schlußfolgerungen ziehen: erstens wächst der Bergbau in sehr starkem Maße zur Befriedigung der Bedürfnisse des Menschen, andererseits aber wird die Förderung immer teurer. Das heißt, daß an die Wissenschaft die Forderung gestellt wird, der Förderung zu helfen, gleichzeitig aber die Selbstkosten zu senken, also ihr Ansteigen zu hindern. Außerdem liegen die Hauptforderungen auf dem Gebiet der Sicherheitstechnik und Intensivierung des Bergbaus.

Es ist klar, daß das Haupthindernis in den unvollkommenen Vorstellungen über das Erdinnere besteht. Ich glaube, daß es verständlich ist, weshalb wir den Arbeiten, die sie hier durchführen, eine so große Bedeutung beimessen.

Die Deutsche Akademie der Wissenschaften rief im Jahre 1958 einen Kongreß über die Fragen der Gebirgsmechanik zusammen. Noch günstiger ist die Schaffung eines ständigen Büros zur Lösung gebirgsmechanischer Fragen.

Gegenwärtig sind wir Teilnehmer an der dritten Tagung, und die Haupteigenschaft dieser Tagung ist ein Zusammentreffen prominenter Fachleute auf diesem Gebiet. Alle, die Sie hier durch Ihre Vorträge und Diskussionen an dieser Tagung teilgenommen haben, schätzen scheinbar noch nicht genügend die Arbeit selbst ein, die Sie leisten. Besonders wichtig ist, daß die Fragen allgemeinen Charakters konkretisiert und für die Arbeiten ausgenutzt werden. Ich nehme an, daß meine Einschätzung nicht den Wert ausdrückt, welcher Sie an Ihre Arbeit bindet. Ich bin der Meinung, daß Sie das Gefühl eines Menschen haben, der seine Aufgabe gut erfüllt hat.

Die beste Lösung der Deutschen Akademie der Wissenschaften war die, daß sie die Leitung dieser Aufgaben Herrn Professor Bilkenroth anvertraut hat. Wir kannten schon Herrn Professor Bilkenroth als einen sehr begabten Menschen, als einen sehr arbeitseifrigen Menschen, aber das, was Sie als Leiter des Internationalen Büros durchführen, stellt Sie als einen ausgezeichneten Organisator dar.

In dieser Welt, wo so viele strittige Fragen drohen, haben wir es im Verlauf von vier Jahren verstanden, diese Dinge in einer innigen Zusammenarbeit und in einem freundlichen Zusammenleben zu führen. Sie haben es sogar erreicht, einen fanatischen Atheisten, Herrn Herne aus England mit dem lieben Glauben von Professor Panov zu verbinden.

Ich möchte jetzt nicht auf die Methoden und Anstrengungen eingehen, welche in allen diesen Vorträgen liegen. Ich glaube jedoch betonen zu müssen, daß alles im Interesse des Bergbaus getan wurde. Und ebenso, wie sich hier am Ende des Tisches Professor Panov erhob, ebenso gut wie Professor Janelid bereit war, sich am anderen Ende des Tisches zu erheben, so waren wir doch immer einer Meinung.

Die Deutsche Akademie der Wissenschaften hat in ihrem Rahmen ein sehr nützliches Büro geschaffen, und es ist alles gut geleitet worden. Wir sind deshalb Ihnen wie auch allen Ihren Mitarbeitern sehr dankbar.

Wenn Sie auch behaupten, daß der Druck nicht in den Modellen sondern unter Tage herrscht, so ergibt sich doch aus der Arbeitsrichtung, aus den Arbeitsresultaten nur ein Gedanke: daß unabhängig von allen Weltanschauungen die Aufgaben des Bergbaus uns besonders stark vereinen. Sie haben dies durch Ihre Arbeit bewiesen.

Ich bitte Sie deshalb, der Deutschen Akademie der Wissenschaften unsere Dankbarkeit zu übermitteln, und im Namen aller Teilnehmer drücken wir Ihnen und allen Ihren Mitarbeitern unseren Dank aus. Wir sind im Bergbau einen Schritt weitergekommen.

In einem Gedicht sagt Majakowski: „Die Natur ist die Mutter.“ Aber in Wirklichkeit ist sie nicht eine Mutter, sondern eine Stiefmutter. Den Bergleuten gegenüber verhält sich nämlich die Natur sehr feindlich, und wir lernen mittels dieser Arbeit, uns von der Natur zu entfernen. Wenn uns das Erdinnere für diese Arbeit dankbar sein wird, dann wird auch mit großen Buchstaben dort geschrieben stehen: „Dank der Deutschen Akademie der Wissenschaften und auch Dank Professor Bilkenroth“.

Herr BILKENROTH

Meine Herren!

Vielen Dank für die schönen Worte, die Herr KRUPINSKI gefunden hat, und auch für die geistvollen Vergleiche, die uns Gebirgsmechaniker und Bergleute in den Rahmen der Naturwissenschaften richtig einfügen.

Meine Herren! Wenn ich nunmehr unsere Arbeitstagung schließen kann, so tue ich das, um zunächst von mir aus meinen Mitarbeitern, in erster Linie Herrn Dr. HÖFER, Herrn SCHMIDT und Frau NEITZKE vom Büro und den übrigen Helfern, die Sie hier kennengelernt haben, zu danken. Aber ganz besonders, meine Herren, möchte ich Ihnen danken, die Sie hier so fleißig mit um die Probleme gerungen haben, die Sie nicht nur hier, sondern auch aus der Ferne doch in großem Umfange unser 3. Ländertreffen haben vorbereiten helfen und selbstverständlich auch mitgestaltet haben. Ich danke Ihnen für Ihre Mitarbeit und für das Vertrauen, das Sie dem Büro schenken, und ich bitte Sie, wenn Sie nun wieder nach Hause kommen, uns diese Mitarbeit auch in Zukunft nicht zu versagen; denn sie ist ja nicht für uns, sie ist ja — wie Herr KRUPINSKI auch feststellte — wichtig für den Bergbau in allen Ländern.

Ich darf Ihnen also nochmals für die Mitarbeit danken und schließe hiermit die Arbeit anläßlich des 3. Ländertreffens.

Glück auf!

EXKURSION IN DEN MANSFELDER KUPFERSCHIEFERBERGBAU

Neuere Ergebnisse der Gebirgsdruckforschung im Mansfelder Kupferschieferbergbau

von W. Dietze, Eisleben

1. Die Stratigraphie der an der Absenkung wesentlich beteiligten Schichten im Bereich des Strebes

Über die stratigraphischen Verhältnisse des im Kegelschen Sinne [1], S. 60 das Haupthangende bildenden Anhydrites A1 wurde bereits auf der Gebirgsdrucktagung in Leipzig 1958 [2], S. 85, berichtet. Auch die Feinstratigraphie der das unmittelbare Hangende bildenden Zechsteinkalkschichten Ca 1 liegt jetzt vor. Tabelle 1 zeigt das für das gesamte Gebiet des Mansfelder Bergbaus geltende Ergebnis. Dabei ist zu bemerken, daß die Gesamtmächtigkeit des Ca 1 im Mansfelder Raum 5 bis 6 m, im Sangerhäuser Raum 4 bis 5 m und im Niederröblinger Raum (südlich Sangerhausen) bis zu 4 m beträgt. Diese Mächtigkeitsverringerung geht im allgemeinen ausschließlich zu Lasten der Bankkalkmächtigkeit.

Tabelle 1. Profil zur Feinstratigraphie des Zechsteinkalkes Ca 1 für die Sangerhäuser und Mansfelder Mulde

Gruppe	Zone	Texturtyp	Durchschnitts-mächtigkeit in m
Ca 1	Ca 1 δ	Verunreinigter bis stark toniger Kalk mit Anhydritperlen und -wolken	0,60—0,80
Ca 1	Ca 1 γ	Wenig verunreinigter bis toniger Kalk, brekziös, pseudo-oolithisch und oolithisch, mitunter viel Anhydritperlen führend	0,15—0,20
Ca 1	Ca 1 β	Mäßig verunreinigter bis toniger Kalk, deutlich gebankt	0,20—4,50
Ca 1	Ca 1 α_2	Sandiger Kalkmergel bis sandiger Mergel mit fieder- u. sichelförmigen Anhydriteinlagerungen	1,20—1,40
Ca 1	Ca 1 α_1	Sandig-toniger Kalk bis sandiger Kalkmergel mit Pyritbohnen und Anhydritperlen	0,15—0,20

Untersuchungen der Druckfestigkeit durch O. Fleischer [2] nach der Methode Protodjakonovs [3], ergaben insbesondere im Vergleich zwischen den Zonen Ca 1 α_1, und Flöz sowie Ca 1 α_1 und α_2 recht erhebliche Unterschiede.

2. Absenkung und Zerklüftung des Flözes, der Ca 1- und A 1-Schichten infolge Abbaueinwirkung

Die Zerklüftung in diesem Sinne findet grundsätzlich nur in den Schichten Ca1 α und β, im Flöz und im Liegenden statt. Dabei trat eine Zerklüftung des Liegenden nur in seltenen Fällen auf. In allen anderen Fällen findet Rißbildung nur infolge Durchbiegungsbeanspruspruchung statt.

Die folgende Darlegung von Beobachtungen und die beigefügten Bilder sollen dieses näher erläutern.

Die folgenden Bilder zeigen die grundsätzlichen Formen der Zerklüftung in den genannten Schichten.

Bild 1 Mitte zeigt die Zerklüftung der Fäule wie sie in der Regel auftritt für den Fall, daß die Zerstörung bereits vor dem Strebstoß stattfindet.

Diese Risse können nicht nur auf Grund von reinen Durchbiegungsbeanspruchungen in der Fäuleschicht entstanden sein, da diese im Vorfeld relativ biegungssteif ist, vor allem dann nicht, wenn die Abdrücke derart geringmächtig sind (5 cm). Durchbiegungen der Fäule kommen auch vor. Sie führen dann aber zu anderer Profilausbildung (2b „glatte Lage", Bild 2).

Bild 1 oben zeigt die Rißbildung im darüberliegenden Bankkalk. Auch diese Risse können nicht allein durch reine Biegung entstanden sein. Das gilt aber nur in den unteren Partien des Bankkalkes, die dickbankig ausgebildet sind. In den oberen dünnbankig abgelagerten Teilen (Bild 3, Mitte) scheinen dagegen allein Biegespannungen zu wirken. Das gilt auch für die dann überlagernden Anhydritschichten, die eine derart starke Zerklüftung nie aufweisen.

Diese Risse (Klüfte) im Bankkalk entstehen genauso wie in der Fäule und im Flöz beim Durchlaufen der Zusatzspannungen bzw. beim „Abbau" der Spannungen vor dem Strebstoß. Das derartig zerklüftete Gestein wird weiter beansprucht, einmal durch die weitergehende Absenkung des Anhydrits (als Funktion der Schwerkraft) und der Spannungs- und Reibungsverhältnisse in diesen Schichten selbst und die damit verbundene Wiederverfestigung. Auch die untersten Zonen des unteren Werra-Anhydrites beginnen sich aufzulockern [4].

Anders liegen die Verhältnisse bei Ausbildung des Profils 2b wie es in Bild 2 dargestellt ist, also bei, wie man sagt, „Ausbildung glatter Lagen" im Dach. Hier biegen sich sehr wohl der Bankkalk und die oberen Partien der Fäule durch, wobei die Abstände der dabei entstehenden Klüfte metergroß sein können. In diesem Fall senkt sich auch die Fäule bankig ab, ohne dabei wesentlich zerstört zu werden (nur Biegerisse). Scheidungen können sich hierbei bekanntlich auch in der Fäule selbst auf neutralen Ebenen, die bei der Biegung Hauptschubspannungsebenen sind, bilden.

Die Fäule legt sich auf den Versatz auf. Ein solches Dach ist dann gefährlich, wenn die Abstände dieser Scheidungsflächen gering sind bzw. wenn die Fäule dünnbankig ausgebildet ist und die Bänke auf große Länge 10—50 cm mächtig in den Streb hereinbrechen. Bei dickbankiger Ausbildung ist das Dach völlig sicher.

3. Schlußfolgerung auf die Arten der Zerklüftung

Wir sehen, daß es drei grundsätzlich verschiedene Typen der Ausbildung des Strebprofils gibt:

1. Zerklüftung von Fäule und Zechstein unter verschiedenem Einfallen der Kluftflächen (30 bis 60°), (im Strebstoß auch $> 90°$) immer zum Strebstoß einfallend und parallel zu diesem. Der Anhydrit setzt sich dabei bankig ab, d. h., die Abstände der sich in den einzelnen Zonen bei der Absenkung bildenden Risse liegen in der Größenordnung von mehreren bis 20 m und darüber entsprechend der Mächtigkeit und Biegungssteifigkeiten der Zonen bzw. Bänke.

2. Zerklüftung nur des ca. in Strebhöhe anstehenden Gesteins, wobei sich bereits die oberen Teile der darüberliegenden Fäule bankig absenken (durchbiegen) und oftmals stärkere Scheidungsbildung und Zerklüftung im Liegenden einhergeht. Hierunter ist das Profil 2b (Bild 2) zu verstehen (ohne Klüftung im Dach).

3. Keine sichtbare Zerklüftung in beiden. Das entspricht Profil 1 (Bild 2).

Das Flöz ist immer zerklüftet.

Bild 1. Zerklüftung von Fäule und Bankkalk bei größeren Abbaudruckwirkungen vor dem Strebstoß

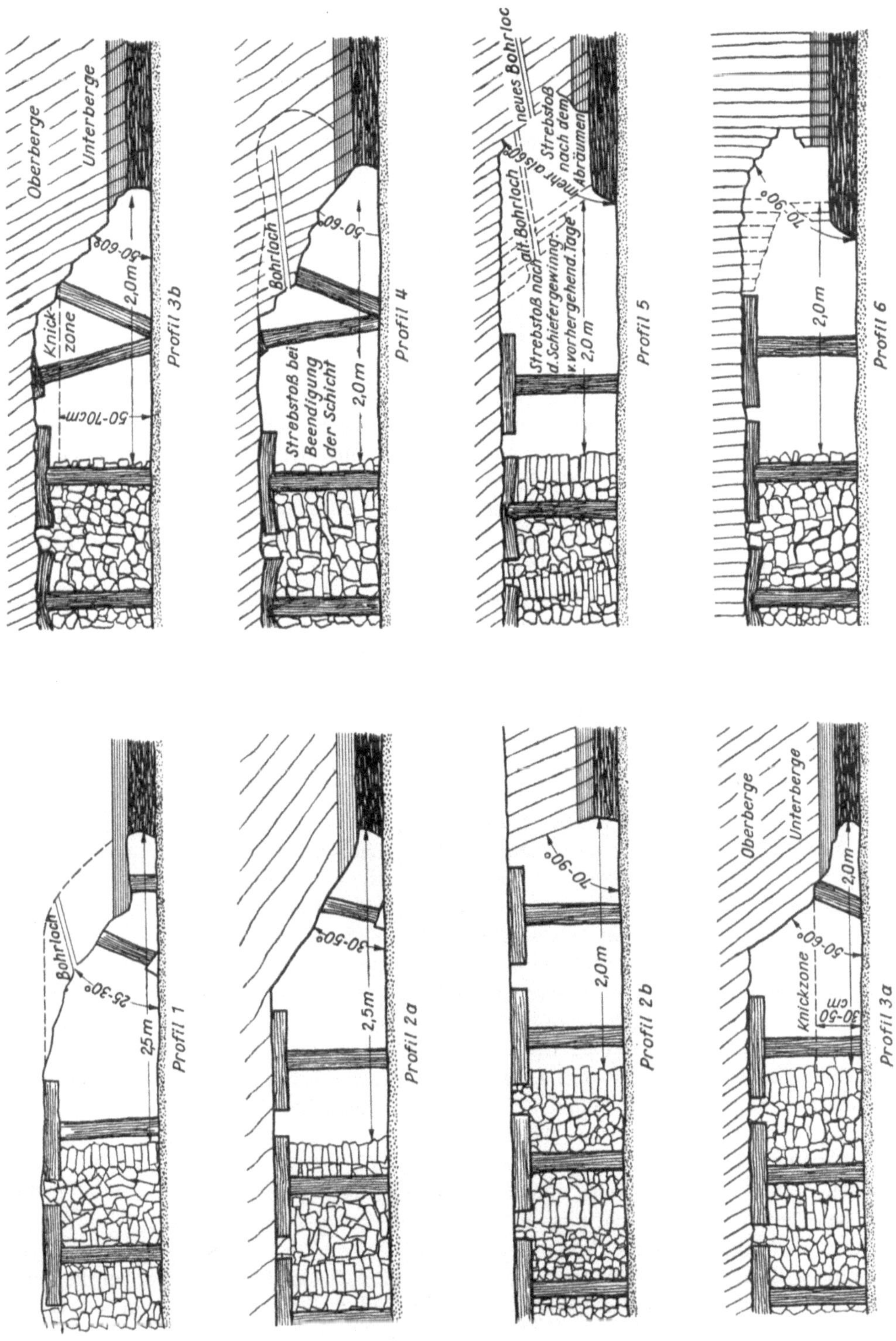

Bild 2. Zerklüftung der Fäule als Folge der Abbaudruckwirkung (Strebprofile)

4. Entstehung von Strebbrüchen

Die Sicherheit im Streb (Unfallgeschehen) und die Ökonomie der Gewinnung ist grundsätzlich gegeben, wenn bei dem ersten Ausbildungstyp das zerklüftete Dach die Möglichkeit zur Auflockerung hat. Das tritt in der Praxis auf durch Zerrungen infolge Eckenbildung [4] und bzw. oder durch schlechten Versatz, geologische Einflüsse, Vortriebsgeschwindigkeit, Schießarbeit usw. Erstere Bedingungen lassen die Reibung auf den Kluftenflächen Null werden und die Bruchbewegungen ungehemmt vor sich gehen, die schließlich mit dem Strebbruch enden können (Ausbau wegschießen u. dgl.).

Die Gefahr des Herausrutschens ist natürlich um so größer, je größer das Einfallen der Klüfte ist.

Bei dem zweiten Zerklüftungstyp besteht Gefahr von Strebbrüchen und Ausbrüchen grundsätzlich, wenn die Scheidungsbildung in der Dachschicht (Fäule) sehr stark war und die Bänke relativ geringmächtig ausgebildet sind.

Die Entstehung der Strebbrüche und auch Strebausbrüche ist also nicht, wie früher angenommen, darauf zurückzuführen, daß die über den zerstörten Dachschichten hängenden Schichten (Gewölbeschale) durch Herabfallen diese in den Streb hineinwerfen, sondern dadurch, daß die auf den Klüften vorhandene Reibung durch Verschwinden der Normalspannungen auf ihnen Null wird. Damit wird das Herausrutschen der Abdrücke nicht mehr verhindert (Bild 4). Der Bankkalk dagegen bricht nie herein, da er meist nur Biegerisse aufweist. Diese Verhältnisse entstehen deshalb immer dort, wo Zerrspannungen im Dach auftreten und Periodendrücke, Schießarbeit u. a. in Verbindung mit ungenügendem Ausbau Strebbrüche auslösen können. Dabei entstehende Erschütterungen des Gebirges lassen die vorhandene Ruhereibung auf den Klüften in die viel geringere Bewegungsreibung übergehen und die Abdrücke rutschen heraus.

Eine zweite Möglichkeit dazu besteht bei bankiger Ausbildung des Daches (glatte Lagen) infolge zu starker Durchbiegung dieser Bänke und Zubruchegehen. Beide können sich überlagern und zu schweren Strebbrüchen führen.

5. Einfluß auf die Gewinnung und deren Mechanisierung

Die Druckauswirkungen im Flöz, also die Zerklüftung des Flözes und die Scheidungsbildung im Flöz, sollen so sein, daß vor dem ganzen Streb hinsichtlich der Gewinnungsarbeit von Hand gleichmäßig günstige Verhältnisse vorhanden sind. Aus den Darlegungen ergibt sich als notwendige Schlußfolgerung, die Absenkung entsprechend zu beeinflussen und die Vortriebsgeschwindigkeit auf das mindestens erforderliche Maß zu bringen.

Die in der Vergangenheit und auch heute noch benutzten Mittel, die Konvergenz zu beeinflussen, sind: Veränderung der Verhaulinienform (Bogenform, Eckenbildung am Alten Mann) und Absetzen der Strebe auf geringere Streblänge. Die Praxis zeigt, daß aber nicht allein die Form (Bogen) der Streblinie und damit die Eckenbildung ausschlaggebend sind, sondern gleichmäßiger Strebvortrieb und gute Ausbau- und Versatzführung. Der Einfluß der Verhiebsgeschwindigkeit ist augenscheinlich bei der z. Z. möglichen Variierung der Abschlagtiefen. Er wird aber sehr groß, wenn Strebe längere Zeit stehen. Sie sind dann bis weit ins Vorfeld (3 bis 8 m) hinein völlig zerklüftet (Bild 5).

In ihnen läßt sich beispielsweise eine Schießarbeit ohne entsprechenden Ausbau nicht durchführen. Auch die Handarbeit ist in solchen Streben erschwert und die Verdünnung steigt durch nachfallende Berge.

Die tägliche Konvergenz (Zeitfaktor) ist maßgebend. Auch im täglichen Verhieb können dieselben Auswirkungen durch Hängenlassen von Strebteilen (Wiederfestigung von zerklüfteten Schichten) eintreten. Hierbei sind verschiedene Profilausbildung und Strebbruchgefahr und damit Produktionsausfall und Unsicherheit die Folge.

Bild 3. Zechsteinkalkschichten

Bild 4. Strebbruch bei Profil 2 bis 3

Bild 5. Zerklüftung um den Strebhohlraum herum nach etwa zweijähriger Standdauer

Die Krümmung des Strebes ist unter Berücksichtigung des stetigen Überganges aus dem Abhieb am unverhauenen Gebirge in den Streb und der guten Durcharbeitung der Ecke am Alten Mann von seiner Länge abhängig [4]. Er läßt sich dann, wie die Praxis zeigt, sicher führen. Gleiches Profil wird dabei allerdings nicht immer erreicht. Das ist aus den Darlegungen heraus verständlich.

Wesentlichen Einfluß auf die einwandfreie, d. h. möglichst einheitliche Absenkung der Dachschichten hat die Versatzgüte (gute Versatzdichte bei Vermeidung von Hohlräumen im Versatz, weil dadurch genau wie bei der Eckenbildung ungleiche Beanspruchungen im Dach durch zu starke Absenkung in diese Hohlräume hinein möglich sind). Strebbrüche lassen sich grundsätzlich beim Bogenstreb durch einwandfreie und vor allem gleichmäßige Führung bzw. Bearbeitung der Verhaulinie in Verbindung mit regelmäßig eingebrachten Ausbau und durch einwandfreie Versatzführung vermeiden. Das gilt grundsätzlich genauso für den geraden Streb.

6.

Aus diesen Beobachtungen und den angeführten Messungen [4] und [5] lassen sich folgende Grundsätze ableiten, die in der Praxis bereits ihre Bestätigung gefunden haben:

6.1

Die Zerklüftung tritt momentan nur zwischen zwei mechanisch wirksamen Scheidungsflächen ein.

6.2

Solche Scheidungsflächen bilden sich bereits im Strebfeld auf Grund einer wellenförmigen Spannungsverteilung vor.

6.3

Die Konvergenz auch der Anhydritschichten (vgl. auch [4], Abb. 18) geht bis auf kleine Sprünge und Periodendrücke ständig vor sich.

6.4

Die Zerklüftung bewirkt bei genügend geringer Konvergenz die momentane Entspannung der benachbarten Schichten. Erst die weitere Kovergenz führt zu weiteren klastischen Bewegungen und damit zur Wiederverfestigung der zerklüfteten Schichten. Danach folgt die Rißbildung in den Nachbarschichten. Bei Nichtgewinnung der zerklüfteten Schichten gehen diese Vorgänge für diese gemeinsam weiter bis alle beteiligten Schichten im entsprechenden Bereich zerklüftet sind und sich klastisch verfestigen.

6.5

Die Einfallsrichtung der Klüfte und damit die Art der Profilbildung ergibt sich aus dem Zusammenwirken dieser Parameter. Es zeigt sich, daß hohe Spannungen steiler verlaufende Risse erzeugen als geringere. Damit reicht die reine Zerklüftung bei Profil 1, 2 nur bis ins Nieveau der Fäule, darüber findet reine Durchbiegung und somit periodisches Abreißen bzw. Rissebilden statt. Bei den Profilen 3 bis 6 reicht dieser Bereich höher hinauf. Infolge des entsprechenden Einflusses des Strebraumes können die Anhydritschichten nie zerklüften. Sie unterliegen nur reinen Biegebeanspruchungen.

6.6

Daraus resultiert wiederum die wellenförmige Spannungsverteilung im Strebvorfeld.

6.7

Die Konvergenz läßt sich durch gute Versatzführung in die richtige Größenordnung bringen.

7. Zusammenfassung

Es wurde versucht, die Grundsätze der Mansfelder Strebführung auf Grund der jetzt durchgeführten Messungen und makroskopischen Beobachtungen zu erklären. Das ist ausnahmslos möglich. Es sind darüber hinaus Schlußfolgerungen bzgl. der Verhaulinienführung und der Vermeidung von Strebbrüchen und damit auf die Leistungsminderungen sowie auf die Bemessung und Ausführung des Ausbaus möglich.

Die bisher praktisch ausgeführten Lösungen führten bereits zu fühlbaren Leistungssteigerungen und Arbeitskräfteeinsparungen in der Gewinnung auf einzelnen Schachtanlagen.

Literatur

[1] Kegel, K.: Bergmänn. Gebirgsmechanik, Teil 2, Band III der Berg- und Aufbereitungstechnik, Knapp-Verlag, Halle 1950.

[2] Fleischer, O.: Unveröffentlichte Arbeit, Mansfeld 1961

[3] Protodjakonov, M. M.: Neue Verfahren zur Bestimmung der mechanischen Eigenschaften der Gesteine im Bergbau. Intern. Gebirgsdrucktagung, Paris 1960.

[4] Dietze, W.: Stand der weiteren Erforschung der Gebirgsmechanik im Mansfelder Kupferschieferbergbau. Abhandlungen der DAW zu Berlin Nr. 2a, 1958.

[5] Dietze, W.: Über die weitere Erforschung der Gebirgsbewegungen und Spannungsänderungen vor dem Strebraum im Mansfelder Kupferschieferbergbau. In Ausarbeitung befindliche Dissertation, Eisleben 1961/62.

[6] Jacobi, O.: Die Bewegungen zerbrochener Gesteinsschichten um bergmännische Hohlräume, Glückauf 93 (1957) 1393.

VERZEICHNIS DER TEILNEHMER AM 3. LÄNDERTREFFEN DES INTERNATIONALEN BÜROS FÜR GEBIRGSMECHANIK

Berger, H.
Professor Dipl.-Ing.
Direktor des Institutes für Grundbau und Baugrundmechanik der Hochschule für Bauwesen, Leipzig

Bilkenroth, G.
Professor Dr.-Ing.
Technischer Direktor des VEB PKB „Kohle", Berlin

Chambon, C. H. A.
Ingenieur Civil des Mines
Professor à l'Ecole des Mines, Nancy

Denkhaus, H. G.
Dr.-Ing.
Direktor National Mechanical Engineering Research Institute, Pretoria

Everling, G.
Dr.-Ing.
Wissenschaftlicher Mitarbeiter Steinkohlenbergbauverein, Essen

Fodor, J.
Dipl.-Ing.
Leiter des Laboratoriums der Gebirgsmechanik am Forschungsinstitut für Bergbau und Metallurgie in Petrosani

Ganev, I. Ch.
Professor
Bulgarische Akademie der Wissenschaften, Sofia

Gimm, W.
Professor Dr.-Ing.
Institut für Bergbaukunde, Lehrstuhl für Bergbaukunde II, Freiberg

Herne, J. J. L.
Wissenschaftler
National Coal Board, London

Höfer, K.-H.
Dr.-Ing.
Stellv. Direktor des Instituts für Grubensicherheit, Leipzig

Janelid, I.
Professor
The Royal Institute of Technology Kungl. Tekniska Hogskolan, Stockholm

Knothe, St.
Professor Dr.-Ing.
Polnische Akademie der Wissenschaften und Berg- und Hüttenakademie, Krakow

Kobliska, M.
Professor
Fakultät für Bergbau und Geologie der Universität Belograd

Kohoutek, J.
Dr.-Ing.
Leiter des Laboratoriums für Gebirgsmodellierung im Bergbauinstitut der CSAV, Prag

Krüger, E.
Dr.-Ing.
Abteilungsleiter im VEB PKB „Kohle", Berlin

Krupinski, B.
Professor Dr.-Ing.
Vizeminister für Bergbau, Vorsitzender des Staatlichen Bergbaurates, Warszawa

Kvapil, R.
Dr.-Ing.
Leiter der Abteilung für theoretische und angewandte Gebirgsmechanik OTAM-SAV, Košice

Liegeois, R.
Ingenieur
Institut National de l'Industrie Charbonnière, Liège

Litwiniszyn, J.
Professor Dr.-Ing.
Polnische Akademie der Wissenschaften und Berg- und Hüttenakademie, Krakow

Martos, F.
Dr.-Ing.
Kandidat der Technischen Wissenschaften Dipl.-Ing.,
Abteilungsleiter im Forschungsinstitut für Bergbau, Budapest

Meisser, O.
Professor Dr.-phil
Direktor des Institutes für angewandte Geophysik an der Bergakademie Freiberg

MINČEV, I. T.
Kandidat der Technischen Wissenschaften
Bulgarische Akademie der Wissenschaften,
Sofia

MOHR, F.
Professor Dr.-Ing. habil, Honorarprofessor an der Bergakademie Clausthal,
Geschäftsführer, Essen

NEUBERT, K.
Professor Dr.-Ing. habil.
Direktor des Institutes für Markscheidewesen und Bergschadenkunde, Freiberg

PANOV, A. D.
Dr.-Ing.
Leiter der Abteilung Gebirgsdruck und Ausbau im Institut für Bergbau an der Akademie der Wissenschaften der UdSSR, Moskau-Panki

POPJORDANOV, H.
Professor
Institut für Bergbau und Geologie der Bulgarischen Akademie der Wissenschaften, Sofia

PROTODJAKONOV, M. M.
Professor Dr.-Ing.
Bergbauinstitut der Akademie der Wissenschaften der UdSSR, Moskau

RICHTER, R.
Dr.-Ing.
Dozent an der Technischen Universität für Schwerindustrie Miskolc

ROTTER, D.
Dipl.-Ing.
Wissenschaftlicher Referent der Klasse für Bergbau, Hüttenwesen und Montangeologie der Deutschen Akademie der Wissenschaften zu Berlin

RÓZSA, L.
Kandidat der technischen Wissenschaften,
Sekretär des Ausschusses für Bauwissenschaften der Ungarischen Akademie der Wissenschaften, Budapest

SCHWARTZ, B.
Professor
Directeur des l'Ecole des Mines, Nancy

SIBEK, V.
Dipl.-Bergingenieur
Leiter der Abteilung für Grundlagenforschung des Gebirgsdruckes des Bergbauinstitutes der CSAV, Prag

STASSEN, P.
Directeur des Recherches
Institut National de l'Industrie Charbonnière,
Liège

SZÉCHY, K.
Professor Dr.
Ungarische Akademie der Wissenschaften,
Budapest

WARDELL, K.
Markscheider
Consulting Engineer, Newcastle Staffs

WATZNAUER, A.
Professor Dr. rer. nat.
Direktor des Geologischen Instituts der Bergakademie Freiberg

WÖHLBIER, H.
Professor Dr.-Ing. habil.
Institutsdirektor an der Bergakademie Clausthal-Zellerfeld

FSC
www.fsc.org
MIX
Papier | Fördert gute Waldnutzung
FSC® C083411

Kolibri 360 GmbH
Ferdinand-Jühlke-Straße 7
99095 Erfurt, Deutschland
produktsicherheit@kolibri360.de